海技士 4・5N（法規）
合格テキスト

青　柳　紀　博　著

海　文　堂

はしがき

このたびは，『海技士 4・5N(法規)合格テキスト』をお手にとって頂き，有難うございます。

◆ 本書の紹介

まずは，本書がどのような本であるかを，簡単に紹介します。

本書は，主として内航船の船長に必要な海技免状を取得するための受験講習会で，実際に使用したテキストを基にして書かれました。そのため，4級海技士(航海)及び5級海技士(航海)試験の「法規に関する科目」を受験する諸兄に最適な受験参考書となっています。

本書の記載内容は，国土交通省令で定める海技士国家試験の学科試験科目における「法規に関する科目」の細目をほぼ満たしており，無駄のない効果的な学習ができます。

本書では，法律の条文を覚えやすくすることに最重点をおいて書かれています。法規の国家試験を受けてよくあるのは，「海事六法のあそこに，条文は何と書いてあったかな？」ということです。本書を使われる読者諸兄に，そのような思いをさせたくありません。そのため本書では十分な例題と練習問題を用意していますので，これらの問題を一問ずつ根気よく解きながら海事六法の関係条文に親しんでください。

口述試験では，「海事六法」を受験者自身が試験会場に持ち込み，試験官の問いに対して，その中から必要な個所を探して答えなさいと問われることがあります。これは海事六法に関する検索能力を試すもので一見やさしいようですが，試験会場で必要な条文を探し出すのは大変です。この問題に対しては，日頃から「海事六法」の原文に親しみ，「海事六法」の取扱いに慣れておく必要があります。

なお，本書では，読者が自分自身で学習効果を確かめることができる「実力テスト」と，実際の国家試験を模擬体験できる「修了試験」が組み込まれています。これは本書の大きな特徴のひとつです。

◆　国家試験に合格する条件

国家試験に合格する条件は，人より多く学んだとか，学ばなかったとかの問題ではなく，また，人よりも頭がよいとか，悪いとかの問題でもありません。要は，試験官が安心できる答を書き，または口頭で答えることです。試験官は，受験者の答を読み，または聞き，この人なら安心して船を任せることができると判断したとき，初めて合格を決定している筈です。つまり，国家試験に合格する条件は，試験官が安心できる答を書き，または答えを返すことです。そのためには受験参考書等により知識の整理をしっかりすることも大事ですが，船舶を確実に運航できる知識と技能を実務を通して身に付けておくことが大変重要になってきます。しかし，何といっても国家試験に合格する基本的な条件は，受験者諸兄の決意でしょう。「何があっても，必ず国家試験に合格する。」という堅い決意があれば，必ずや夢は実現できるものです。賢明な受験者諸兄は，このことを忘れないで頑張ってください。最後になりましたが，この本が受験者諸兄の夢の実現にお役に立てれば幸いです。

◆　謝辞

本書の出版にあたっては，単なる問題解答集ではなく，真に内航船の船長を指導できる内容でなければならないと心掛けました。そのため大変熱心な御後援を頂いた海文堂出版株式会社の臣永真氏及び執筆に際して参考にさせて頂いた貴重な文献の著者の方々に，記して深甚の謝意を表します。

2020 年 5 月 30 日

青柳　紀博

表紙のイラストは，常に灯台の光が船舶を安全な航路へ導くように，本書が読者諸兄の確実な合格への道標になることを心から願って描いたものである。

本書の使い方

本書の使い方について，簡単に説明します。

1.　章扉に書いてあること

本書のⅠ～Ⅶの各章扉には，法律名及びその法律を構成する章，節及び条の各項目名をまとめて書いています。それにより章の目標が明らかになり，その法律全体の構造を知ることができます。法律の条文を覚えるときに，法律の全体像を把握しておくことは，条文を記憶するうえで大変役に立ちます。章扉は，これから法規の学習を進める読者諸兄の道標として利用することもできます。

2.　学習を進める順序

本書の記載内容は，国土交通省令で定める海技士国家試験の学科試験科目における「法規に関する科目」の細目にほぼ沿っており，読者は国家試験の合格を目指して，最も効果的な学習ができます。学習を進める順序については，特に決まりはありませんが，本書の目次に掲げた項目順に進めるのがよいでしょう。

3.　解答すべき問題の選別

本書で学習を進めていくと，途中でたくさんの例題や練習問題を解くことになります。これらの問題には，右端に 4級，5級 又は 4級・5級 のいずれかのマークが付いています。これらのマークは，読者のうち 4 級受験者と 5 級受験者が，解答すべき問題を選別できるように付けたものです。次に最も効率的と思われる選別方法を記しておきますので参考にして下さい。

5 級受験者は，5級 と 4級・5級 のマークが付いた問題を選んで解答して下さい。4 級受験者で既に 5 級資格を所有している者は，4級 と 4級・5級 のマークが付いた問題を選んで解答して下さい。4 級受験者で 5 級資格を所有していない者は，本書の全ての問題を解答して下さい。

4.　実力テストと修了試験の実施方法

本書には，読者が自分自身で学習効果を確かめて学習を進めることができる

「実力テスト」と国家試験を疑似体験できる「修了試験」が組み込まれています。特に，修了試験は，実際の国家試験と同じ内容（5 級は平成 30 年 2 月定期，4 級は平成 29 年 4 月定期）で実施しますので，答案の採点結果から，学習効果の確認のほか，国家試験の合否を事前に予測することができます。

これらの試験の実施回数は，実力テストにつては 3 回，修了試験については 1 回となっています。試験を実施する時期は，実力テストについては本書の目次中又は本文中に書かれた指示に従って下さい。修了試験につては，一応，本書の全ての学習を修了してから実施します。つまり，最後の実力テイスト（第 3 回）を行った後に実施して下さい。修了試験は，必要に応じて，苦手な章の復習を終えてから行っても構いません。

実力テストと修了試験で使用する「試験問題」及びその「解答と配点」は，本書の最終章の「実力テスト / 修了試験」の中にあります。これらの試験を行った後は，必ず「解答と配点」を参照して，自己採点して下さい。

実力テストの採点結果が，3 回とも 65 点以上の得点であれば，国家試験を受けるための十分な実力が習得されています。また，修了試験の結果が，65 点以上の得点であれば，法規に関する科目の国家試験に合格する十分な実力に達しています。そのときは，自信をもって国家試験に挑戦しましょう。

〔**参考**〕国家試験（筆記試験）の合格基準は，3 科目の得点がそれぞれ 50 パーセント以上で，かつ，それらの総合得点の平均値が 65 パーセント以上となっています。

1. 本書の海上衝突予防法と海上交通安全法の灯火の図は，正横から見えないものも掲載していますので，注意してください。
2. 本文中の例題と練習問題，巻末の実力テストと修了試験の解答では，海上衝突予防法を予防法，海上交通安全法を海交法及び船員労働安全衛生規則を労安則とそれぞれ略して表記しています。

目 次

I

海上衝突予防法

及び同法施行規則

第 1 章　総則(1 条～ 3 条)
目的(1 条)，適用船舶(2 条)，定義(3 条)
第 2 章　航法
第 1 節　あらゆる視界の状態における船舶の航法(4 条～ 10 条)
適用船舶(4 条)，見張り(5 条)，安全な速力(6 条)，衝突のおそれ(7 条)，
衝突を避けるための動作(8 条)，狭い水道等(9 条)，分離通航方式(10 条)
第 2 節　互いに他の船舶の視野の内にある船舶の航法(11 条～ 18 条)
適用船舶(11 条)，帆船(12 条)，追越し船(13 条)，行会い船(14 条)，
横切り船(15 条)，避航船(16 条)，保持船(17 条)，各種船舶間の航法(18 条)
第 3 節　視界制限状態における船舶の航法(19 条)
視界制限状態おける船舶の航法(19 条)
第 3 章　灯火及び形象物(20 条～ 31 条)
通則(20 条)，法定灯火の定義(21 条)，灯火の視認距離(22 条)，
航行中の動力船の灯火(23 条)，航行中の曳航船等の灯火及び形象物(24 条)，
航行中の帆船等の灯火等(25 条)，
漁ろうに従事している船舶の灯火及び形象物(26 条)，
運転不自由船及び操縦性能制限船(27 条)，
航行中の喫水制限船の灯火及び形象物(28 条)，
航行中の水先船の灯火等(29 条)，
錨泊中の船舶及び乗り揚げている船舶の灯火及び形象物(30 条)
第 4 章　音響信号及び発光信号(32 条～ 37 条)
定義(32 条)，音響信号設備(33 条)，操船信号及び警告信号(34 条)，
視界制限状態における音響信号(35 条)，注意喚起信号(36 条)，
遭難信号(37 条)
第 5 章　補則(38 条～ 42 条)
切迫した危険のある特殊な状況(38 条)，
注意等を怠ることについての責任(39 条)

〔注〕海上衝突予防法は，5 章 3 節 42 条で構成されている

第１章　総則

第１条　目的

予防法は，1972 年の海上における衝突の予防のための国際規則の規定に準拠（拠り所とすること。）して，船舶の①遵守すべき航法，②表示すべき灯火及び形象物並びに③行うべき信号に関し必要な事項を定めることにより，「海上における船舶の衝突を予防し，もって船舶交通の安全を図ること」を目的とする。

第２条　適用船舶

予防法は，海洋及びこれに接続する航洋船が航行することができる水域の水上にある全ての船舶類（水上航空機を含む。）に適用する。

用語説明

① **海洋**とは，外洋，内海，湾内，港内の如何を問わない全ての海域をいう。

② **海洋に接続する航洋船が航行することができる水域**とは，海洋から総トン数 150 トン程度の船舶が直接遡って行ける河川及び湖をいう。

参考　琵琶湖は，水深もあり遊覧船等が航行しているが，航洋船が海洋から直接遡って行ける水域ではないので，琵琶湖の湖面を航行している船舶には予防法は適用されない。

第３条　定義

本条は，12 種類の用語について，それぞれ次のように定義している。

⑴　**用語の定義**

① 「**船舶**」とは，水上輸送の用に供する船舟類（水上航空機を含む。）をいう。

② 「**動力船**」とは，機関を用いて推進する船舶（機関のほか帆を用いて推進する船舶であって帆のみを用いて推進しているものを除く。）をいう。

③ 「**帆船**」とは，帆のみを用いて推進する船舶及び機関のほか帆を用いて推進する船舶であって帆のみを用いて推進しているものをいう。

④ 「**漁ろうに従事している船舶**」とは，船舶の操縦性能を制限する網，なわその他の漁具を用いて漁ろうをしている船舶（操縦性能制限船に該

当するものを除く。）をいう。

⑤　「**水上航空機**」とは，水上を移動することができる航空機をいい，「**水上航空機等**」とは，水上航空機及び特殊高速船（第 23 条第 3 項に規定する特殊高速船をいう。）をいう。

⑥　「**運転不自由船**」とは，船舶の操縦性能を制限する故障その他の異常な事態が生じているため他の船舶の進路を避けることができない船舶をいう。

⑦　「**操縦性能制限船**」とは，次に掲げるⓐ～ⓕの作業その他の船舶の操縦性能を制限する作業に従事しているため他の船舶の進路を避けることができない船舶をいう。

ⓐ　航路標識，海底電線又は海底パイプラインの敷設，保守又は引揚げ

ⓑ　しゅんせつ，測量その他の水中作業

ⓒ　航行中における補給，人の移乗又は貨物の積替え

ⓓ　航空機の発着作業

ⓔ　掃海作業

ⓕ　船舶及びその船舶に引かれている船舶その他の物件がその進路から離れることを著しく制限する曳航作業

⑧　「**喫水制限船**」とは，船舶の喫水と水深との関係によりその進路から離れることが著しく制限されている動力船をいう。

⑨　「**航行中**」とは，船舶が錨泊（係船浮標又は錨泊をしている船舶にする係留を含む。以下同じ。）をし，陸岸に係留をし，又は乗り揚げていない状態をいう。

⑩　「**長さ**」とは，船舶の全長をいう。

⑪　「**互いに他の船舶の視野の内にある**」とは，船舶が互いに視覚によって他の船舶を見ることができる状態にあることをいう。

⑫　「**視界制限状態**」とは，霧，もや，降雪，暴風雨，砂あらしその他これらに類する事由により視界が概ね２～３海里以下に制限されている状態をいう。

(2)　注意を要する定義

①　本条では，「漁ろうに従事している船舶」とは，船舶の操縦性能を制限する網，なわその他の漁具を用いて漁ろうに従事している船舶であると定義している。従って，船舶の操縦性能を制限しない一本釣り漁業や

引きなわ漁業に従事している船舶は，本条で定める「漁ろうに従事している船舶」とはみなされないので注意する。

② 本条では，「運転不自由船」とは，船舶の操縦性能を制限する故障その他の異常な事態が生じているため他の船舶の進路を避けることができない船舶であると定義している。従って，発生した機関等の故障や異常な事態が，船舶の操縦性能を制限する程度のものでなければ，当該船舶は本条で定める「運転不自由船」とはみなされないので注意する。運転不自由船の具体的な例を挙げると，発電機が故障して主機の運転が止まった船舶，操舵機の故障で舵が効かなくなった船舶又は無風状態に陥った帆船などである。

③ 本条では，「操縦性能制限船」とは，本条第７項の第１号から第６号に掲げる作業その他の船舶の操縦性能を制限する作業に従事しているため他の船舶の進路を避けることができない船舶であると定義している。操縦性能制限船は，運転不自由船と同様に他の船舶の進路を避けることができないが，その原因が作業であることに注意する。

例題 1 海上衝突予防法に規定されている次の用語の定義を述べよ。 4級・5級

（1）漁ろうに従事している船舶
（2）運転不自由船

解
（1）漁ろうに従事している船舶とは，船舶の操縦性能を制限する網，なわその他の漁具を用いて漁ろうしている船舶をいう。
（2）運転不自由船とは，船舶の操縦性能を制限する故障その他の異常な事態が生じているため他の船舶の進路を避けることができない船舶をいう。

例題 2 海上衝突予防法に規定されている次の用語の定義を述べよ。 4級・5級

（1）喫水制限船
（2）航行中

解
（1）喫水制限船とは，船舶の喫水と水深との関係によりその進路から離れることが著しく制限されている動力船をいう。
（2）航行中とは，船舶が錨泊をし，陸岸に係留をし，又は乗り揚げていない状態をいう。

例題 3 海上衝突予防法に規定されている次の用語の定義を述べよ。 4級

（1）動力船

（2）視界制限状態

解　（1）動力船とは，機関を用いて推進する船舶をいう。
（2）視界制限状態とは，霧，もや，降雪，暴風雨，砂あらしその他これらに類する事由により視界が概ね２～３海里以下に制限されている状態をいう。

例題4　海上衝突予防法の規定により，運転不自由船であることを示す灯火又は形象物を表示しなければならない船舶は，次のうちどれか。　**5級**

（1）洋上で接舷して，他船に漁獲物を積み替え中の漁船
（2）機関故障のため，他船に引かれている船舶
（3）舵の故障のため，錨泊して修理中の船舶
（4）機関故障のため，漂泊して修理中の船舶

解　（4）機関故障のため，漂泊して修理中の船舶

例題5　海上衝突予防法の運転不自由船に該当する船舶は，次のうちどれか。　**4級**

（1）航行中における燃料等の補給，人の移乗又は貨物の積み替えを行っている船舶
（2）操舵装置に故障が生じているため，他の船舶の進路を避けることができない船舶
（3）進路から離れることが著しく困難な曳航作業に従事している船舶
（4）海底パイプラインの敷設や保守点検を行っている船舶

解　（2）操舵装置に故障が生じているため，他の船舶の進路を避けることができない船舶

第２章　航法

第１節　あらゆる視界の状態における船舶の航法

第４条　適用船舶

この節の規定は，あらゆる視界の状態における船舶に適用する。

「**あらゆる視界の状態における船舶**」とは，全ての視界の状態における船舶である。従って，第１節の航法規定は，視界が良くても悪くても適用される。

第５条　見張り

船舶は，周囲の状況及び他の船舶との衝突のおそれについて十分に判断することができるように，視覚，聴覚及びそのときの状況に適した他の全ての手段により，常時適切な見張りをしなければならない。

本条における「**適切な見張り**」とは，周囲の状況及び他の船舶との衝突のおそれについて十分に判断することができるように，視覚，聴覚及びそのときの状況に適した他の全ての手段による見張りである。

例題　船舶は，常時，適切な見張りをしなければならないが，これはどのような見張りをいうか。　（海上衝突予防法）5級

解　適切な見張りとは，周囲の状況及び他の船舶との衝突のおそれについて十分に判断することができるように，視覚，聴覚及びそのときの状況に適した他の全ての手段による見張りをいう。

第６条　安全な速力

船舶は，他の船舶との衝突を避けるための適切かつ有効な動作をとること又はそのときの状況に適した距離で停止することができるように，常時安全な速力で航行しなければならない。

この場合において，その速力の決定にあたっては，特に次に掲げる事項（レーダーを使用していない船舶にあっては，①～⑥までに掲げる事項）を考慮しなければならない。

① 視界の状態
② 船舶交通の輻輳の状況
③ 自船の停止距離，旋回性能その他の操縦性能
④ 夜間における陸岸の灯火，自船の灯火の反射等による灯光の存在
⑤ 風，海面及び海潮流の状態並びに航路障害物に接近した状態
⑥ 自船の喫水と水深との関係
⑦ 自船のレーダーの特性，性能及び探知能力の限界
⑧ 使用しているレーダーレンジによる制約
⑨ 海象，気象その他の干渉原因がレーダーによる探知に与える影響
⑩ 適切なレーダーレンジでレーダーを使用している場合においても，小型船舶及び氷塊その他の漂流物を探知することができないときがあること
⑪ レーダーにより探知した船舶の数，位置及び動向
⑫ 自船と付近にある船舶その他の物件との距離をレーダーで測定することにより視界の状態を正確に把握することができる場合があること

(1) この条は，船舶は常時「安全な速力」で航行することを強制したものである。
(2) 第6条の安全な速力とは，他の船舶との衝突を避けるための適切かつ有効な動作を取ることができる速力，又はそのときの状況に適した距離で停止することができる速力をいう。
(3) 安全な速力を決定するにあたって考慮すべき事項：船長が，船橋に立って，安全な速力を具体的に決定するときは，上記の①～⑫に掲げる事項（レーダーを使用していない船舶にあっては，①～⑥までに掲げる事項）を考慮しなければならない。

例題 1 船舶は，常時，安全な速力で航行しなければならないが，この速力は，どのような動作をとることができるものでなければならないか。（海上衝突予防法）**5 級**

解 ① 他の船舶との衝突を避けるための適切かつ有効な動作をとることができる

速力でなければならない。

② 又は，そのときの状況に適した距離で停止することができる速力でなければならない。

例題２ レーダーを使用していない船舶が，安全な速力を決定するにあたり特に考慮しなければならない事項として，次の(1)と(2)のほかどのような事項があるか。

（海上衝突予防法） 4級・5級

(1) 視界の状態

(2) 船舶交通の輻輳の状況

解

① 自船の停止距離，旋回性能その他の操縦性能

② 夜間における陸岸の灯火，自船の灯火の反射等による灯光の存在

③ 風，海面及び海潮流の状態並びに航路障害物に接近した状態

④ 自船の喫水と水深との関係

第７条　衝突のおそれ

第７条　船舶は，他の船舶と衝突するおそれがあるかどうかを判断するため，そのときの状況に適した全ての手段を用いなければならない。

第２項　レーダーを使用している船舶は，他の船舶と衝突するおそれがあることを早期に知るための長距離レーダーレンジによる走査，探知した物件のレーダープロッティングその他の系統的な観察等を行うことにより，当該レーダーを適切に用いなければならない。

第３項　船舶は，不十分なレーダー情報その他の不十分な情報に基づいて他の船舶と衝突するおそれがあるかどうかを判断してはならない。

第４項　船舶は，接近してくる他の船舶のコンパス方位に明確な変化が認められない場合は，これと衝突するおそれがあるものと判断しなければならず，また，接近してくる他の船舶のコンパス方位に明確な変化が認められる場合においても，大型船舶若しくは曳航作業に従事している船舶に接近し，又は近距離で他の船舶に接近するときは，これと衝突するおそれがあり得ることを考慮しなければならない。

第５項　船舶は，他の船舶と衝突するおそれがあるかどうかを確かめることができない場合は，これと衝突するおそれがあるものと判断しなければならない。

⑴　そのときの状況に適した全ての手段を用いること（第１項）

船舶は，他の船舶との衝突のおそれの有無を判断するため，そのときの状況に適した全ての手段を用いなければならないとは，視界良好時には他船のコンパス方位の変化を確認し，視界制限状態時には他船のレーダー方位の変化を確認し，又はこれらの機器が故障して使用できないときは目視により他船の相対方位の変化を確認する等である。

⑵　レーダーを適切に用いること（第２項）

他の船舶との衝突のおそれの有無を判断するためレーダーを使用している船舶は，①他の船舶と衝突するおそれがあることを早期に知るための長距離レーダーレンジによる走査，②探知した物件のレーダープロッティングその他の系統的な観察等を行うことにより，当該レーダーを適切に用いなければならない。

⑶　不十分なレーダー情報等に基づく判断について（第３項）

船舶は，不十分なレーダー情報その他の不十分な情報に基づいて他の船舶と衝突するおそれがあるかどうかを判断してはならない。衝突のおそれの有無を判断するためには，あらゆる努力をしなければならないが，一方では慎重を要する。この規定は，不十分なレーダー情報等を過信して，他の船舶と衝突するおそれがあるかどうかを軽率に判断してはならないと戒めたものである。

⑷　衝突のおそれの有無の判断方法（第４項）

本項は，接近してくる他の船舶のコンパス方位に明確な変化が認められない場合は，これと衝突するおそれがあるものと判断しなければならないと定めている。この規定における「明確な変化」とは，コンパス方位の大きな変化である。従って，船舶が接近してくる他の船舶と衝突するおそれがあるものと判断しなければならないのは，次の２つの場合である。

①　接近してくる他の船舶のコンパス方位に全く変化が認められない場合

②　接近してくる他の船舶のコンパス方位にわずかな変化が認められる場合

また，本項の後段規定は，接近してくる他の船舶のコンパス方位に明確な変化が認められる場合においても，次に掲げる３つの場合は，これと衝突するおそれがあり得ることを考慮しなければならないと定めている。

①　大型船舶に接近するとき

② 曳航作業に従事している船舶に接近するとき

③ 近距離で他の船舶に接近するとき

これらの船舶については，船体の特定部分のコンパス方位に明確な変化が認められても船体の他の部分又は引かれている船舶と物理的に衝突する可能性があることを考慮したものである。

(5) **確かめることができない場合は衝突のおそれがあるものと判断**(第５項)

船舶は，他の船舶と衝突するおそれがあるかどうかを確かめることができない場合は，これと衝突するおそれがあるものと判断しなければならない。この規定は，衝突するおそれがあるかどうかを確かめることができない場合に，漫然と航行する危険を予防するものである。

例題１ 海上衝突予防法に関する次の問いに答えよ。 **4級・5級**

他の船舶と衝突するおそれがあることを判断するため，レーダーを適切に用いなければならないとされているが，これはレーダーをどのように使用することか。

解 ① 他の船舶と衝突するおそれがあることを早期に知るための長距離レーダーレンジによる走査を行うこと。

② 探知した物件のレーダープロッティングその他の系統的な観察等を行うこと。

例題２ 海上衝突予防法に関する次の問いに答えよ。 **5級**

船舶が，接近してくる他の船舶のコンパス方位に明確な変化が認められる場合においても，これと衝突するおそれがあり得ることを考慮しなければならないのは，どのような場合か。

解 ① 大型船舶に接近する場合

② 曳航作業に従事している船舶に接近する場合

③ 近距離で他の船舶に接近する場合

例題３ 海上衝突予防法に関する次の問いに答えよ。 **4級**

船舶が，他の船舶と衝突するおそれがあるかないかを判断する場合，接近してくる他の船舶のコンパス方位については，どのように判断し，また，どのようなことを考慮しなければならないか。

解 船舶は，接近してくる他の船舶のコンパス方位に明確な変化が認められないときは，これと衝突するおそれがあるものと判断しなければならない。

また，接近してくる他の船舶のコンパス方位に明確な変化が認められる場合においても，大型船舶若しくは曳航作業に従事している船舶に接近し，又は近距離で他の船舶に接近するときは，これと衝突するおそれがあり得ることを考慮しなければならない。

第８条　衝突を避けるための動作

第８条　船舶は，他の船舶との衝突を避けるための動作をとる場合は，できる限り，十分に余裕のある時期に，船舶の運用上の適切な慣行に従ってためらわずにその動作をとらなければならない。
第２項　船舶は，他の船舶との衝突を避けるための針路又は速力の変更を行う場合は，できる限り，その変更を他の船舶が容易に認めることができるように大幅に行わなければならない。
第３項　船舶は，広い水域において針路の変更を行う場合においては，それにより新たに他の船舶に著しく接近することとならず，かつ，それが適切な時期に大幅に行われる限り，針路のみの変更が他の船舶に著しく接近することを避けるための最も有効な動作となる場合があることを考慮しなければならない。
第４項　船舶は，他の船舶との衝突を避けるための動作をとる場合は，他の船舶との間に安全な距離を保って通過することができるようにその動作をとらなければならない。この場合において，船舶は，その動作の効果を当該他の船舶が通過して十分に遠ざかるまで慎重に確かめなければならない。
第５項　船舶は，周囲の状況を判断するため，又は他の船舶との衝突を避けるために必要な場合は，速力を減じ，又は機関の運転を止め，若しくは機関を後進にかけることにより停止しなければならない。

⑴　衝突を避けるための動作に要求される３条件（第１項）

船舶は，他の船舶との衝突を避けるための動作（保持動作を含む。）をとる場合，できる限り，次の３条件を満たしていなければならない。

①　十分に余裕のある時期にとること。
②　船舶の運用上の適切な慣行に従ってとること。
③　ためらわずとること。

上記②の「船舶の運用上の適切な慣行に従って」とは，昔から多くの船員が培ってきた船舶運用上の適切な習慣に従ってという意味である。例えば，急潮流の存在する狭水道では逆潮船が順潮船の進路を避ける等である。

⑵　**大幅な変針又は変速**（第２項）

船舶は，他の船舶との衝突を避けるための針路又は速力の変更を行うときは，できる限り，その変更を他の船舶が容易に認めることができるように「大幅」に行わなければならない。

⑶　**針路のみの変更によって他の船舶に著しく接近することを避けることができる条件**（第３項）

船舶は，次に掲げる①～④の条件を全て満たしている場合は，針路のみの変更によって他の船舶に「著しく接近する」ことを避けることができる。

①　そこに広い水域があること。

②　針路の変更によって，新たに他の船舶に著しく接近することとならないこと。

③　適切な時期に変針すること。

④　大幅に変針すること。

この規定における他の船舶に「著しく接近すること」とは，他の船舶との最接近距離（CPA：Closest Point of Approach）が概ね２～３海里以下になることをいう。

⑷　**安全な距離と効果の確認**（第４項）

船舶は，他の船舶との衝突を避けるための動作をとる場合は，他の船舶との間に安全な距離を保って通過することができるようにその動作をとらなければならない。この場合において，船舶は，その動作の効果を当該他の船舶が通過して十分に遠ざかるまで慎重に確かめなければならない。

⑸　**減速又は停止**（第５項）

船舶は，次の①又は②の場合には，速力を減じ，又は機関の運転を止め，若しくは機関を後進にかけることにより停止しなければならない。

①　周囲の状況を判断するため必要な場合

②　他の船舶との衝突を避けるために必要な場合

本項は，衝突直前における船舶に対して減速又は停止を強制したものである。減速中であれば，周囲の状況判断が容易であり，万が一衝突しても損害が少ない。また，停止した船舶は衝突することがない。

例題1 海上衝突予防法に関する次の問いに答えよ。　**5級**

船舶が，他の船舶との衝突を避けるための動作をとる場合について：

(1) できる限り，十分に余裕のある時期に，どのように，その動作をとらなければならないか。

(2) 針路又は速力の変更を行う場合には，できる限り，どのように行わなければならないか。

解 (1) 船舶の運用上の適切な慣行に従って，ためらわずにその動作をとらなければならない。

(2) その変更を他の船舶が容易に認めることができるように大幅に行わなければならない。

例題2 海上衝突予防法に関する次の問いに答えよ。

あらゆる視界の状態において，船舶は，他の船舶との衝突を避けるための動作をとる場合は，他の船舶との間にどのような距離を保って通過することができるようにしなければならないか。また，避航動作をとった後は，どのようにしなければならないか。　**4級・5級**

解 他の船舶との間に安全な距離を保って通過することができるようにその動作をとらなければならない。また，この動作をとった後は，とった動作の効果を他の船舶が通過して十分に遠ざかるまで慎重に確かめなければならない。

第9条　狭い水道等

第9条　狭い水道又は航路筋（以下「狭い水道等」という。）をこれに沿って航行する船舶は，安全であり，かつ，実行に適する限り，狭い水道等の右側端に寄って航行しなければならない。ただし，次条第2項の規定の適用がある場合は，この限りでない。

第2項　航行中の動力船（漁ろうに従事している船舶は除く。次条第6項及び第18条第1項において同じ。）は，狭い水道等において帆船の進路を避けなければならない。ただし，この規定は，帆船が狭い水道等の内側でなければ安全に航行することができない動力船の通航を妨げることができることとするものではない。

第3項　航行中の船舶（漁ろうに従事している船舶を除く。次条第7項において同じ。）は，狭い水道等において漁ろうに従事している船舶の進路を避けなければならない。ただし，この規定は，漁ろうに従事している船舶が狭い水道等の内側を航行している他の船舶の通航を妨げることができることとするものではない。

第4項　第13条第2項又は第3項の規定による追越し船は，狭い水道等において，追い越される船舶が自船を安全に通過させるための動作をとらなければこれを追い越すことができない場合は，汽笛信号を行うことにより追越しの意図を示さなければならない。この場合において，当該追い越される船舶は，その意図に同意したときは，汽笛信号を行うことによりそれを示し，かつ，当該追越し船を安全に通過させるための動作をとらなければならない。

第5項　船舶は，狭い水道等の内側でなければ安全に航行することができない他の船舶の通航を妨げることとなる場合は，当該狭い水道等を横切ってはならない。

第6項　長さ20メートル未満の動力船は，狭い水道等の内側でなければ安全に航行することができない他の動力船の通航を妨げてはならない。

第7項　第2項から前項までの規定は，第4条の規定にかかわらず，互いに他の船舶の視野の内にある船舶について適用する。

第8項　船舶は，障害物があるため他の船舶を見ることができない狭い水道等の湾曲部その他の水域に接近する場合は，十分に注意して航行しなければならない。

第9項　船舶は，狭い水道においては，やむを得ない場合を除き，錨泊をしてはならない。

⑴　第1項の「**狭い水道**」とは，一般に水路幅が2海里以下の水道をいう。

⑵　第1項の「**航路筋**」とは，十分な水深を有し，かつ，どのような船舶でも安全に航行できる細い船の通り道をいう。一般に狭い水道の中央部は航路筋となっている場合が多い。

⑶　第1項の狭い水道等の「**右側端**」とは，狭い水道等を縦に3等分した場合，その中央の3分の1を除く残りの左右それぞれ3分の1をいう。なお，中央の3分の1を「**内側**」という。

⑷　**狭い水道等の右側端によって航行しなくてもよい場合**

狭い水道等に沿って航行している船舶が，狭い水道の右側端によって航行しなくてもよいのは，右側端を航行することが客観的に見て安全でないか，又は，実行に適さない場合である。例えば，右側端に浅瀬が存在する箇所では，右側端を航行することが客観的に見て安全でないので，そのような箇所では，狭い水道等の内側，又は左側を航行することができる。

⑸　進路を避けなければならないという用語の意味

第２項及び第３項の規定で使われている「**進路を避けなければならない**」という用語の意味は，次のように解釈しなければならない。例えば，「AはBの進路を避けなければならない。」という文の場合，AはBに対して避航船となるという意味である。従って，この場合，Aは必ずBの進路を避けなければならない。一方，Bはこの場合はAに対して保持船となる。つまり，AはBに対し避航義務を負い，BはAに対して保持義務を負うということになる。

⑹　通航を妨げてはならないという用語の意味

第２項及び第３項の規定で使われている「通航を妨げてはならない」という用語の意味は，次のように解釈しなければならない。例えば，「AはBの通航を妨げてはならない。」という文の場合，AはBがブレーキを踏むような行動をとってはならないという意味である。もし,BがAの前方でブレーキを踏んだ」とすれば，AはすでにBの通航を妨げていることになる。ただし，通航を妨げてはならないという規定の下では，Aは，Bに対して避航船とはならず，また，BはAに対して保持船ともならない。

⑺　狭い水道等において追越し船の追越しの意図を示す汽笛信号

第４項の追越し船が追越しの意図を示すために鳴らす汽笛信号は，次の方法で行わなければならない。

①　追越し船は，他の船舶の右舷側を追い越そうとする場合は，「長長短」による汽笛信号を鳴らさなければならない。

②　追越し船は,他の船舶の左舷側を追い越そうとする場合は,「長長短短」による汽笛信号を鳴らさなければなない。

⑻　追い越される船舶が他船の追い越しの意図に同意したことを示す汽笛信号

第４項の追い越される船舶は，他の船舶の追い越しの意図に同意したときは,「長短長短」による汽笛信号を鳴らさなければならない。

【注】 予防法第9条の「狭い水道等」において注意すべき事項

① 第4項前段に規定されている追越しの意図を示す汽笛信号を鳴らさなければならない船舶は，全ての追越し船ではない。この規定が適用されるのは，狭い水道等において追い越される船舶が自船(追越し船)を安全に通過させるための動作をとらなければこれを追い越すことができない追越し船に限定されている。

② 第9項に定める船舶の錨泊の制限規定は，狭い水道のみで適用される。

例題1 海上衝突予防法第9条に定める狭い水道等の航法に関する次の問いに答えよ。

(1)「狭い水道等」とは，「狭い水道」のほか，どのようなところをいうか。

(2) 狭い水道等をこれに沿って航行する船舶は，どのように航行しなければならないか。 4級・5級

解 (1) 航路筋

(2)（狭い水道等をこれに沿って航行する船舶は）安全であり，かつ，実行に適する限り，狭い水道等の右側端に寄って航行しなければならない。

例題2 海上衝突予防法第9条に定める狭い水道等の航法に関する次の問いに答えよ。

狭い水道等において，航行中の一般動力船(漁ろうに従事している船舶を除く。)と漁ろうに従事している船舶が接近する場合，両船はそれぞれどのような航法をとらなければならないか。 4級・5級

解 〔一般動力船のとるべき航法〕

一般動力船は，漁ろうに従事している船舶の進路を避けなければならない。

〔漁ろうに従事している船舶のとるべき航法〕

漁ろうに従事している船舶は，狭い水道等の内側を航行している一般動力船の通航を妨げてはならない。

例題3 海上衝突予防法の「狭い水道等における航法」について： 4級・5級

(1) 航行中の動力船（漁ろうに従事している船舶を除く。）と漁ろうに従事している船舶とが互いに接近して衝突するおそれがあるときは，両船はそれぞれどのような航法をとらなければならないか。

(2) 船舶はどのような場合に狭い水道等を横切ってはならないか。

(3) 後方から接近してくる他の船舶の「長音2回に引く続く短音2回」の追越し信号を聞き，他の船舶の意図に同意した追い越される船舶は，どのような処置をとらなければならないか。

解 (1) 航行中の動力船は，漁ろうに従事している船舶の進路を避けなければならない。

漁ろうに従事している船舶は，保持船となるので，できる限り，そのままの針路と速力を保って，動力船に十分注意して航行する。動力船の避航動作

に不安を感じたときは，急速に短音５回以上鳴らすことにより汽笛信号を行い，動力船に積極的な避航動作をとるように促す。その後，動力船の動きに注意し，最善の協力動作はいつでもとれるようにしておく。

(2) 狭い水道等の内側でなければ安全に航行することができない他の船舶の通航を妨げることとなる場合

(3) 他の船舶の追い越しの意図に同意した場合は，「長音，短音，長音，短音」による汽笛信号を行い，かつ，追越し船を安全に通過させるための動作をとらなければならない。

例題４ 海上衝突予防法第９条に定める狭い水道等の航法に関する次の問いに答えよ。 **5級**

狭い水道等において，航行中の一般動力船と帆船が接近する場合，両船はそれぞれどのような航法をとらなければならないか。

解〔一般動力船のとるべき航法〕

一般動力船は，帆船の進路を避けなければならない。

〔帆船のとるべき航法〕

帆船は，狭い水道等の内側でなければ安全に航行することができない一般動力船の通航を妨げてはならない。

例題５ 海上衝突予防法第9条に定める狭い水道等における「追越し」について次の問いに答えよ。 **4級・5級**

(1) 追越し船が，追い越しの意図を示す汽笛信号を鳴らさなければならないのは，どのような場合か。

(2) (1)の場合の追越し船は，どのような信号を行うか。

(3) (2)の信号を聞いた追い越される船舶は，どのようにしなければならないか。

解

(1) 狭い水道等において，追い越される船舶が自船（追越し船）を安全に通過させるための動作をとらなければこれを追い越すことができない場合

(2) 他の船舶の右舷側を追い越そうとする場合は，「長音，長音，短音」による汽笛信号，他の船舶の左舷側を追い越そうとする場合は，「長音，長音，短音，短音」による汽笛信号を行わなければならない。

(3) 他の船舶の追い越しの意図に同意した追い越される船舶は，「長音，短音，長音，短音」による汽笛信号を行い，かつ，追越し船を安全に通過させるための動作をとらなければならない。

例題６ 海上衝突予防法第９条に定める狭い水道等の航法に関する次の問いに答えよ。

狭い水道等においては，長さ 20 メートル未満の動力船は，どのような動力船の通航を妨げてはならないか。 **4級・5級**

解 狭い水道等の内側でなければ安全に航行することができない動力船

例題7 海上衝突予防法第9条に定める狭い水道等の航法に関する次の問いに答えよ。
狭い水道における錨泊については，どのように規定されているか。 4級・5級

解 船舶は，狭い水道においては，やむを得ない場合を除き，錨泊をしてはならない。

第10条　分離通航方式

第10条　この条の規定は，1972年の海上における衝突の予防のための国際規則に関する条約（以下，条約という。）に添付されている1972年の海上における衝突の予防のための国際規則（以下，国際規則という。）第1条(d)の規定により国際海事機関が採択した分離通航方式について適用する。

第2項　船舶は，分離通航帯を航行する場合は，この法律の他の規定に定めるもののほか，次の各号に定めるところにより，航行しなければならない。

一　通航路をこれについて定められた船舶の進行方向に航行すること。

二　分離線又は分離帯からできる限り離れて航行すること。

三　できる限り通航路の出入口から出入すること。ただし，通航路の側方から出入する場合は，その通航路について定められた船舶の進行方向に対しできる限り小さい角度で出入しなければならない。

第3項　船舶は，通航路を横断してはならない。ただし，やむを得ない場合において，その通航路について定められた船舶の進行方向に対してできる限り直角に近い角度で横断するときは，この限りでない。

第4項　船舶（動力船であって長さ20メートル未満のもの及び帆船を除く。）は，沿岸通航帯に隣接した分離通航帯の通航路を安全に通過することができる場合は，やむを得ない場合を除き，沿岸通航帯を航行してはならない。

第5項　通航路を横断し，又は通航路に出入する船舶以外の船舶は，次に掲げる場合その他やむを得ない場合を除き，分離帯に入り，又は分離線を横切ってはならない。

一　切迫した危険を避ける場合
二　分離帯において漁ろうに従事する場合

第6項　航行中の動力船は，通航路において帆船の進路を避けなければならない。ただし，この規定は，帆船が通航路をこれに沿って航行している動力船の安全な通航を妨げることができることとするものではない。

第7項　航行中の船舶は，通航路において漁ろうに従事している船舶の進路を避けなければならない。ただし，この規定は，漁ろうに従事している船舶が通航路をこれに沿って航行している他の船舶の通航を妨げることができることとするものではない。

第8項　長さ20メートル未満の動力船は，通航路をこれに沿って航行している他の動力船の安全な通航を妨げてはならない。

第9項　前3項の規定は，第4条の規定にかかわらず，互いに他の船舶の視野の内にある船舶について適用する。

第10項　船舶は，分離通航帯の出入口付近においては，十分に注意して航行しなければならない。

第11項　船舶は，分離通航帯及びその出入口付近においては，やむを得ない場合を除き，錨泊をしてはならない。

第12項　分離通航帯を航行しない船舶は，できる限り分離通航帯から離れて航行しなければならない。

第13項　第2項，第3項，第5項及び第11項の規定は，操縦性能制限船であって，分離通航帯において船舶の航行の安全を確保するための作業又は海底電線の敷設，保守若しくは引揚げのための作業に従事しているものについては，当該作業を行うために必要な限度において適用しない。

第14項　海上保安庁長官は，第1項に規定する分離通航方式の名称，その分離通航方式について定められた分離通航帯，通航路，分離線，分離帯及び沿岸通航帯の位置その他分離通航方式に関し必要な事項を告示しなければならない。

下図は，分離通航方式の設定方法の１例を図示したものである。

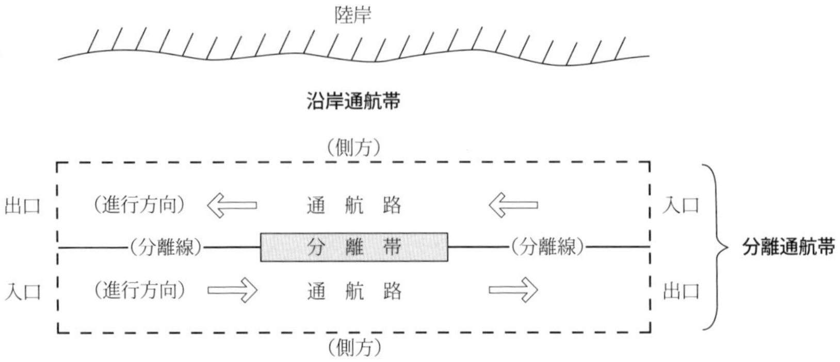

第２項で使われている用語の説明

① 「分離通航帯」とは，分離通航方式の設定されている水域のことで，通航路，分離線，分離帯から成り立っている。

② 「通航路」とは，分離通航帯の中にあって船舶が一方通航すべき水域をいう。

③ 「分離線」，「分離帯」とは，真向い又は殆ど真向かいに行き会う通航を分離するために設けられた線又は帯状の水域をいう。

④ 「沿岸通航帯」とは，分離通航帯の陸側の境界と陸岸との間の一定の水域をいい，通常，船舶交通には使用されていない。

例題 海上衝突予防法第10条に規定する分離通航方式について，次の文の［　　］内に当てはまる語句を，記号とともに記せ。 **4級**

（1） 通航路をこれについて定められた船舶の［ イ ］に航行すること。

（2） 分離線又は［ ロ ］からできる限り離れて航行すること。

（3） できる限り通航路の出入口から出入すること。ただし，通航路の側方から出入する場合は，その通航路について定められた船舶の進行方向に対しできる限り［ ハ ］で出入しなければならない。

解　イ：進行方向　　ロ：分離帯　　ハ：小さい角度

第２節　互いに他の船舶の視野の内にある船舶の航法

第11条　適用船舶

第11条　この節の規定は，互いに他の船舶の視野の内にある船舶について適用する。

「互いに他の船舶の視野の内にある船舶」とは，船舶が互いに「肉眼と肉眼で見合っている状態」をいう。従って，第２節の航法規定は，船舶が互いに肉眼と肉眼で見合っている状態のときのみに適用される。

第12条　帆船

第12条　２隻の帆船が互いに接近して，衝突するおそれがある場合における帆船の航法は，次の各号に定めるところによる。ただし，第９条第３項，第10条第７項又は第18条第２項若しくは第３項の規定の適用がある場合は，この限りでない。

一　２隻の帆船の風を受ける舷が異なる場合は，左舷に風を受ける帆船は，右舷に風を受ける帆船の進路を避けなければならない。

二　２隻の帆船の風を受ける舷が同じである場合は，風上の帆船は，風下の帆船の進路を避けなければならない。

三　左舷に風を受ける帆船は，風上に他の帆船を見る場合において，当該他の帆船の風を受ける舷が左舷であるか右舷であるかを確かめることができないときは，当該他の帆船の進路を避けなければならない。

第２項　前項第２号及び第３号の規定の適用については，風上は，メインスル（横帆船にあっては，最大の縦帆）の張っている側の反対側とする。

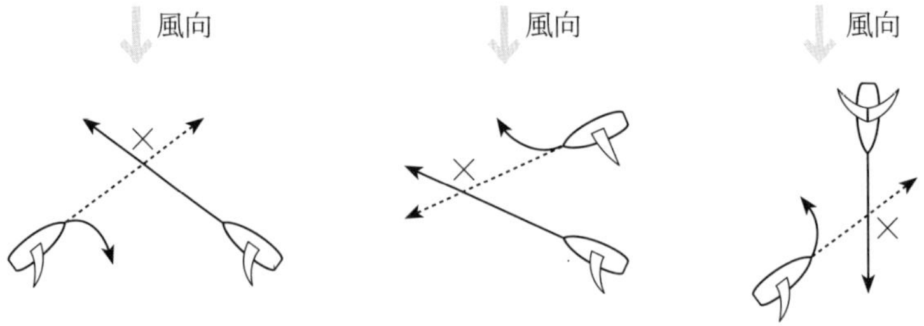

①　②　③

第13条　追越し船

第13条　追越し船は，この法律の他の規定にかかわらず，追い越される船舶を確実に追い越し，かつ，その船舶から十分に遠ざかるまでその船舶の進路を避けなければなない。
第2項　船舶の正横後22° 30′を超える後方の位置（夜間にあっては，その船舶の第21条第2項に規定する舷灯のいずれも見ることができない位置）からその船舶を追い越す船舶は，追越し船とする。
第3項　船舶は，自船が追越し船であるかどうかを確かめることができない場合は，追越し船であると判断しなければならない。

⑴　**追越し船の航法**（第1項）

「この法律の他の規定にかかわらず」とは，予防法の他の航法規定とはかかわりがないということである。従って，追越し船の航法は，予防法の他の航法規定よりも最優先して適用される。

また，追越し船は，追い越される船舶を「確実に追い越し，かつ，その船舶から十分に遠ざかるまで」とは，「追い越される船舶との間に十分な並航間隔を保ってこれを追い越し，その後もしばらく直進を続けて当該船舶から十分に遠ざかるまで」という意味である。

⑵　**追越し船の意義**（第2項及び第3項）

①　第2項，船舶の正横後22° 30′（2点）を超える後方の位置（夜間にあってはその船舶の掲げるいずれの舷灯も見ることができない位置）からその船舶を追い越す船舶を「**追越し船**」とする。

② 第3項，船舶は，自船が追越し船であるかどうかを判断できない場合は，「**追越し船**」と判断しなければならない。

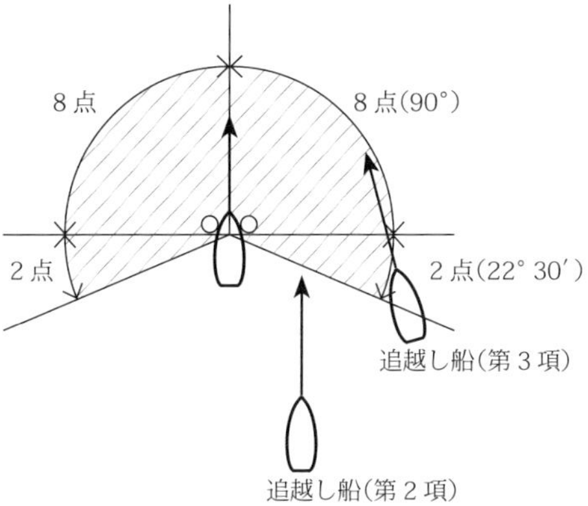

本条の第2項と第3項は，追越し船の意義を定めることにより「横切り船」との区別を明確にしたものである。

【注】「追越し関係」又は「追越し船の関係」とは

追越し船の航法規定が既に適用されている2船の関係を「追越し関係」又は「追越し船の関係」（Overtaking）という。これらの用語は，国家試験でもよく使用されているので注意しておく必要がある。

例題1 海上衝突予防法第13条追越し船について： **4級・5級**

(1) 他の船舶を追い越す船舶は，どのような航法をとらなければならないか。
(2)「追越し船」とは，どのような船舶か。
(3) 船舶は，自船が追越し船であるかどうかを確かめることができない場合は，どのように判断しなければならないか。

解
(1) 他の船舶を追い越す船舶は，この法律の他の規定にかかわらず，追い越される船舶を確実に追い越し，かつ，その船舶から十分に遠ざかるまでその船舶の進路を避けなければなない。
(2) 追越し船とは，船舶の正横後22° 30′（2点）を超える後方の位置（夜間にあってはその船の掲げるいずれの舷灯も見ることができない位置）から接近してきてその船舶を追い越す船舶をいう。
(3) 自船は，追越し船であると判断しなければならない。

例題２ 海上衝突予防法に関する次の問いに答えよ。 **5級**

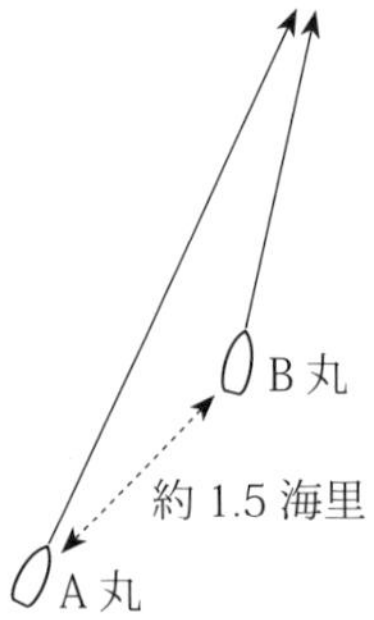

夜間，航行中の一般動力船A丸が一般動力船B丸（長さ20メートル）を，右図の態勢で追い越す場合：

(1) A 丸から見たB 丸の灯火は，次の(ア)と(イ)のとき，それぞれどのように見えるか。略図で示せ。

(ア) A 丸が，B 丸の後方(図の位置)にあるとき。

(イ) A 丸が，B 丸の正横にあるとき。

(2) 接近し衝突のおそれがある場合，A 丸及びB 丸は，それぞれどのような処置をとらなければならないか。

解 (1) (ア) (イ)

(2)〔A 丸のとるべき処置〕

A丸は，「追越し船の航法」（予防法第13条）が適用されて避航船となるので，次のような処置をとる。

① やや針路を左転し，汽笛短音2回を明確に発し，B丸を確実に追い越し，かつ，十分に遠ざかるまでB丸の進路を避ける。

〔B丸のとるべき処置〕

B丸は，「保持船の航法」（予防法第17条）が適用されるので，次のような処置をとる。

① そのままの針路と速力を保ち，A丸に十分注意して航行する。

② もし，A丸の避航動作に疑問や不安を感じたときは，汽笛短音5回以上（警告信号）を急速に鳴らし，A丸に適切な避航を促す。

③ 警告信号を鳴らしたにもかかわらず，A丸が依然として適切な避航動作をとらないときは，針路を右転すると同時に，汽笛短音1回による操船信号を明確に発してA丸との衝突回避動作をとる。

④ なお，A丸との衝突を避けるための最善の協力動作はいつでもとれる態勢にしておく。

〔ポイント〕問題文で使われる「航法を述べよ」と「処置を述べよ」の違い

海上衝突予防法では，航法規定と信号規定は異質なものとして，章を別にして取り扱っている。従って，「航法を述べよ」又は「航法上の処置を述べよ」という問題に対しては，航法規定に関する事項のみ回答する。一方，「処置を述べよ」という問題に対しては，海上で操船者が実際に行う具体的な処置を回答しなければならない。従って，この場合は航法規定のほか信号規定も考慮して回答しなければならない。

第14条　行会い船

第14条　2隻の動力船が真向かい又は殆ど真向かいに行き会う場合において衝突するおそれがあるときは，各動力船は，互いに他の動力船の左舷側を通過することができるようにそれぞれ針路を右に転じなければならない。ただし，第9条第3項，第10条第7項又は第18条第1項若しくは第3項の規定の適用がある場合は，この限りでない。

第2項　動力船は，他の動力船を船首方向又は殆ど船首方向に見る場合において，夜間にあっては当該他の動力船の第23条第1項第1号の規定によるマスト灯2個を垂直線上若しくは殆ど垂直線上に見るとき，又は両側の同項第2号の規定による舷灯を見るとき，昼間にあっては当該他の動力船をこれに相当する状態に見るときは，自船が前項に規定する状況にあると判断しなければならない。

第3項　動力船は，自船が第1項に規定する状況にあるかどうかを確かめることができない場合は，その状況にあると判断しなければならない。

⑴　**行会い船の航法**（第1項）

2隻の動力船が真向かい又は殆ど真向かいに行き会う場合において衝突するおそれがあるときは，各動力船は，互いに他の動力船の左舷側を通過することができるようにそれぞれ針路を右に転じなければならない。

この航法規定は，船舶交通の右側通航の原則に従っており，また，避航船と保持船の関係がないのが特徴である。

⑵　**行会い船とは**（第2項）

動力船は，他の動力船を船首方向又は「殆ど船首方向に見る場合」において，夜間にあっては他の動力船の掲げるマスト灯2個を垂直線上又は殆ど垂直線上に見るとき，又は両側の舷灯を見るとき（交互に見る場合を含む。），昼間にあっては他の動力船をこれに相当する状態に見るとき，自船が**行会い船**の状況にあると判断しなければならない。

この規定における「**他の動力船を殆ど船首方向に見る場合**」とは，自船の正船首方向から左右にそれぞれ約1/2点（5°～6°）に及ぶ範囲内に他の動力船を見る場合をいう。

⑶　行会い船であるかどうかを確かめることができない場合は行会い船と判断（第３項）

動力船は，自船が行会い船であるかどうかを確かめることができない場合は，自船が**行会い船**の状況にあると判断しなければならない。

【注】「行会い関係」又は「行会い船の関係」とは

行会い船の航法がすでに適用されている２船の関係を「行会い関係」又は「行会い船の関係」（Head on 又は Nearly head on）という。

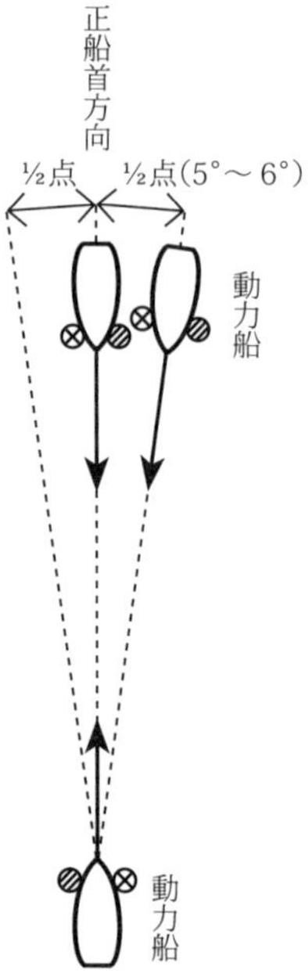

行会い関係

例題１　海上衝突予防法第 14 条に規定する行会い船について：　**５級**

（1）２隻の一般動力船が，夜間，互いに他の動力船の両舷灯を見ながら接近する関係を何というか。

（2）(1)の場合において，他の動力船の両舷灯が見えるときもあるが，片方の舷灯が見えなくなったり，また，もう一方の舷灯が見えなくなったりする状態を繰り返す場合に適用される航法規定を述べよ。

解

（1）行会い船の関係（又は行会い関係）という。

（2）両船は，行会い船の関係にあるので，各動力船は，互いに他の動力船の左舷側を通過することができるようにそれぞれ針路を右に転じなければならない。

〔ポイント〕問題文にある「航法規定を述べよ」の意味

「航法規定を述べよ」という問題に対しては，航法規定の原文を述べなければならない。この問題はかなり厄介であるので，重要と思われる航法規定の原文は，日ごろから繰り返して読んでおくことが大事である。

例題２　海上衝突予防法第 14 条行会い船について：　**４級**

（1）２隻の動力船が真向かい又は殆ど真向かいに行き会う場合において衝突するおそれがあるときの航法を述べよ。

(2)「行会い船」とは，夜間，2 隻の動力船がどのような状況にある関係をいうか。
(3) 動力船は，自船が他の動力船に対して行会い船の状況にあるかどうかを確かめることができない場合，どのような状況にあると判断しなければならないか。

解 (1) 2 隻の動力船が真向かい又は殆ど真向かいに行き会う場合において衝突するおそれがあるときは，各動力船は，互いに他の動力船の左舷側を通過することができるようにそれぞれ針路を右に転じなければならない。
(2) 動力船が，他の動力船を船首方向又は殆ど船首方向に見る場合において，他の動力船のマスト灯 2 個を垂直線上若しくは殆ど垂直線上に見るとき，又は両側の舷灯を見るとき，自船は行き会い船の状況にあると判断しなければならない。
(3) 行会い船の状況にあると判断しなければならない。

例題 3 海上衝突予防法に関する次の問いに答えよ。 **4 級**

一般動力船 A が夜間航行中，自船の船首方向に右図のような他の船舶 B の灯火を認め，互いに接近する場合：

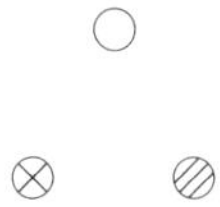

(1) B は，どのような船舶か。
(2) この場合に適用される航法は何か。(「…の航法」の要領で答えよ。)
(3) A 及び B は，それぞれどのような航法上の処置をとらなければならないか。
ただし，図中の○は白灯，◍は紅灯，⊗は緑灯を示す。

解 (1) 航行中の長さ 50 メートル未満の動力船で，正船首を見せているもの。
(2)「行会い船の航法」(予防法第 14 条第 1 項)
(3) A 及び B は，互いに他の船舶の左舷側を通過することができるようにそれぞれ針路を右に転じなければならない。

第 15 条　横切り船

第 15 条　2 隻の動力船が互いに進路を横切る場合において衝突するおそれがあるときは，他の動力船を右舷側に見る動力船は，当該他の動力船の進路を避けなければならない。この場合において，他の動力船の進路を避けなければならない動力船は，やむを得ない場合を除き，当該他の動力船の船首方向を横切ってはならない。
第 2 項　前条第 1 項ただし書の規定は，前項に規定する 2 隻の動力船が互いに進路を横切る場合について準用する。

⑴　**横切り船の航法**（第１項）

第１項の規定において，避航動力船は，やむを得ない場合を除き，当該保持動力船の船首方向を横切ってはならないと定めているが，その理由は，横切り関係の避航動力船が保持動力船の船首方向を横切ると，当該保持動力船との間に衝突する危険が発生するからである。この場合，避航動力船は，針路を右転又は減速して保持動力船の船尾方向に避航すればよい。

⑵　**横切り船の避航方法の例**

下図は，横切り関係の避航船が，通常行っている避航方法の実例を３つ図示したものである。これらの避航方法には，それぞれ合理性があり，実践に利用できる。

①　２隻の動力船の針路が鈍角で交差している場合

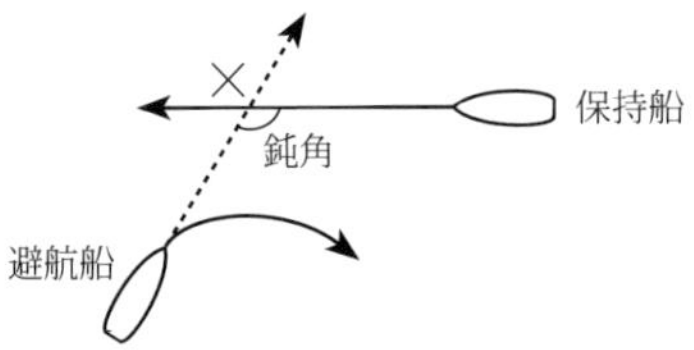

針路右転し，短音１回による汽笛信号を鳴らして避航する。

②　２隻の動力船の針路が鋭角で交差している場合

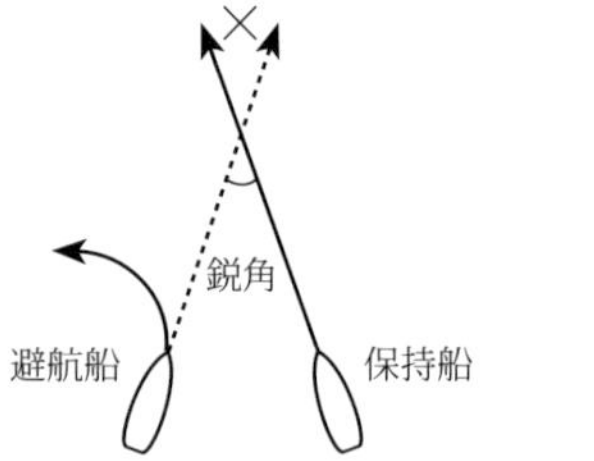

針路を左転又は減速して避航する。
同時に規定の操船信号を鳴らす。

③　針路がほぼ直交し，かつ，保持船の速力が速い場合

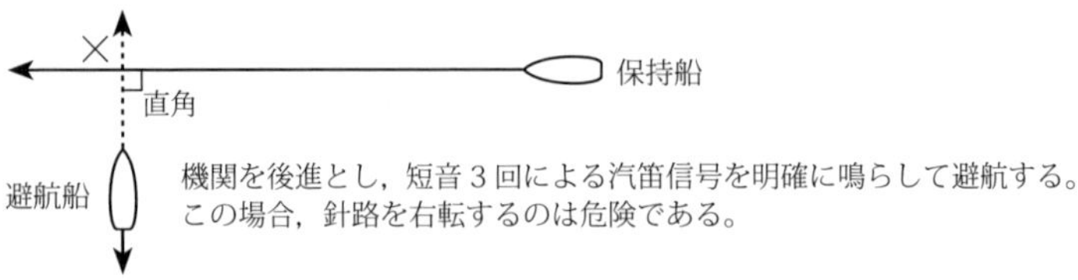

【注】「横切り関係」又は「横切り船の関係」とは

横切り船の航法がすでに適用されている２船の関係を「横切り関係」又は「横切り船の関係」（Crossing）という。

第 16 条　避航船

第 16 条　この法律の規定により他の船舶の進路を避けなければならない船舶（次条において「避航船」という。）は，当該他の船舶から十分に遠ざかるため，できる限り早期に，かつ，大幅に動作をとらなければならない。

この条は，避航船の避航動作が早期に，かつ，大幅にとられることが重要であることを強調したものである。

第 17 条　保持船

第 17 条　この法律の規定により 2 隻の船舶のうち 1 隻の船舶が他の船舶の進路を避けなければならない場合は，当該他の船舶は，その針路及び速力を保たなければならない。

第 2 項　前項の規定により針路と速力を保たなければならない船舶（以下この条において「保持船」という。）は，避航船がこの法律の規定に基づく適切な動作をとっていないことが明らかになった場合は，同項の規定にかかわらず，直ちに避航船との衝突を避けるための動作をとることができる。この場合において，これらの船舶について第 15 条第 1 項の規定の適用があるときは，保持船は，やむを得ない場合を除き，針路を左に転じてはならない。

第 3 項　保持船は，避航船と間近に接近したため，当該避航船の動作のみでは避航船との衝突を避けることができないと認める場合は，第 1 項の規定にかかわらず，衝突を避けるための最善の協力動作をとらなければならない。

⑴　**針路と速力の保持義務**（第 1 項）

2 隻の船舶間に衝突するおそれが発生し，一方の船舶が避航船となる場合は，他方の船舶はそのままの針路と速力を保たなければならない。（この義務を「保持船の第 1 義務」という。）

この規定は，避航船が，保持船の将来の位置を予測可能とし，避航動作をとりやすくするものである。なお，この規定における保持船の保つべき針路と速力は，衝突のおそれが発生した当時の視針路と対水速力である。

⑵ **避航船との衝突を避けるための動作**（第２項）

保持船は，避航船がこの法律の規定に基づく適切な動作をとっていないことが明らかになった場合は，前項の規定にかかわらず，直ちに避航船との衝突を避けるための動作をとることができる（任意）。この場合において，これらの船舶について「**横切り船の航法**」（第15条第１項）の適用があるときは，保持船は，やむを得ない場合を除き，針路を左転してはならない。

この規定は，避航船がこの法律の規定に基づく適切な避航動作をとっていないことが明らかになった場合は，保持船は保持船の第１義務から離れて避航船との衝突回避動作をとることができるとしている。従って，保持船がこの規定に従って避航船との衝突回避動作をときは，避航船に対して警告信号（短音５回以上により汽笛信号）を発し，当避航船が避航動作をとっていないことを確認する必要がある。この動作は決して漫然ととってはならない。また，この場合において，これらの船舶に横切り船の航法の適用があるときは，保持船は，やむを得ない場合を除き針路を左転してはならないとしている。この規定は，横切り関係の保持船が針路を左転することにより発生する避航船との衝突の危険を防止するものである。

⑶ **保持船の最善の協力動作**（第３項）

保持船は，何らかの事由により避航船と間近に接近したため，避航船の避航動作のみでは避航船との衝突を避けることができないと認めたときは，保持船の第１義務から離れて，避航船との衝突を避けるための最善の協力動作をとらなければならない。（これを保持船の「第２義務」という。）

この規定における保持船の「最善の協力動作」は，そのときの状況に応じて臨機の処置をとらなければならないが，機関を後進に使用して減速・停止するのが最も確実であるとされている。

例題１ 互いに他の船舶の視野の内にある２隻の動力船が，互いに進路を横切って衝突するおそれがある場合について，次の問いに答えよ。 **５級**

（1）どちらの船舶が，当該他の船舶の進路を避けなければならないか。

（2）避航船は，やむを得ない場合を除き，どのような避航動作をとってはならないか。

(3) 保持船は，避航船が衝突を避けるために十分な動作をとっていることについて疑いがあるとき，どのような信号を行わなければならないか。

(4) 保持船が(3)の信号を繰り返し行っても，なお避航船が避航動作をとっていないことが明らかになった場合，保持船はどのような動作をとることができるか。　（海上衝突予防法）

解　(1) 他の動力船を右舷側に見ている動力船

(2) 保持船の船首方向を横切ってはならない。

(3) 急速に短音を5回以上鳴らすことにより汽笛信号を行わなければならない。

(4) 直ちに避航船との衝突を避けるための動作をとることができる。

例題2　互いに他の船舶の視野の内にある2隻の動力船が，互いに進路を横切って衝突するおそれがある場合について，次の問いに答えよ。　**4級**

(1) 避航船となるのは，どのような態勢にある船舶か。

(2) 保持船が，避航船と間近に接近する前に，自船のほうから避航船との衝突を避けるための動作をとることができるのは，どのような場合か。

(3) 保持船が(2)の動作をとるときは，やむを得ない場合を除いて，どのような動作をしてはならないか。　（海上衝突予防法）

解　(1) 他の動力船を右舷側に見ている動力船

(2) 避航船がこの法律の規定に基づく適切な動作をとっていないことが明らかになった場合

(3) 針路を左に転じてはならない。

例題3　一般動力船A丸が夜間航行中，自船の右舷前方に右図のような他の船舶B丸の灯火を認め，その方位が変わらずに接近する場合：　**4級**

(1) B丸は，どのような船舶か。

(2) この場合に適用される航法は何か。(「…の航法」の要領で答えよ。)

(3) A丸は，(2)の航法上どのような処置をとらなければならないか。

ただし，図中の○は白灯，⊘は紅灯，⊗は緑灯を示す。　（海上衝突予防法）

解　(1) 航行中の長さ50メートル以上の動力船で，左舷側を見せているもの。

(2)「横切り船の航法」(予防法第15条第1項)

(3) 針路を大きく右転する等して，B丸の進路を避けなければならない。

例題 4 A動力船が夜間航行中，自船の船首から左舷40度方向にB船の灯火を右図のように認め，その方位が変わらずに接近する場合： **4級**

(1) B船はどのような船舶か。

(2) この場合に適用される航法は何か。(「…の航法」)の要領で答えよ。

(3) A船がとらなければならない航法上の処置を述べよ。

ただし，図中の○は白灯，⊘は紅灯，⊗は緑灯を示す。　（海上衝突予防法）

解 (1) 航行中の長さ50メートル以上の動力船で，右舷側を見せているもの。

(2)「保持船の航法」(予防法第17条)

(3) ① そのままの針路と速力を保ちながら，B船に十分注意して航行する。

② B船が，適切な避航動作をとっていないことが明らかになったときは，針路を大きく右転してB船との衝突を避けるための動作をとる。この場合，やむを得ない場合を除き，針路を左転しない。

③ なお，B船が間近に接近し，B船の避航動作のみでは衝突を避けることができないと認めたときは，衝突を避けるための最善の協力動作をとる。

例題 5 互いに他の船舶の視野の内にあって衝突を避けるための動作をとる場合，「やむを得ない場合を除き，針路を左に転じてはならない。」と具体的に指示されているのはどのような場合か。　（海上衝突予防法） **4級**

解 「横切り関係」の保持船が，避航船がこの法律の規定に基づく適切な動作をとっていないことが明らかになったときに，当該避航船との衝突回避動作をとる場合である。

第 18 条　各種船舶間の航法

第 18 条　航行中の動力船は，②，③，⑤の各船舶の進路を避けなければならない。

第 2 項　航行中の**帆船**は，③，⑤の各船舶の進路を避けなければならない。

第 3 項　航行中の**漁ろうに従事している船舶**は，できる限り，⑤の船舶の進路を避けなければならない。

第 4 項（喫水制限船に対する航法）：①，②，③及び④の各船舶は，やむを得ない場合を除き，**喫水制限船**の安全な通航を妨げてはならない。

第 5 項（喫水制限船の航法）：**喫水制限船**は，十分にその特殊な状態を考慮し，かつ，十分に注意して航行しなければならない。

第 6 項　水上航空機は，できる限り，全ての船舶から十分に遠ざかり，かつ，これらの船舶の通航を妨げないようにしなければならない。

⑴　上記の①～⑤は，下に掲げる船舶とする。

①　動力船

②　帆船

③　漁ろうに従事している船舶

④　喫水制限船

⑤　操縦性能制限船及び運転不自由船

⑵　予防法第 18 条は，操縦性能の異なる 2 隻の船舶が互いに接近する場合の航法について定めたものである。同条の航法規定は，「操縦性能の優れた船舶が操縦性能の劣る船舶の進路を避ける」という航法の原則に従っている。なお，⑴で掲げた①～⑤は，その船舶の操縦性能の優先順位に一致している。

例題 1　一般動力船 A が夜間航行中，自船の正船首方向に右図のような他の船舶 B の灯火を認め，互いに接近する場合：　**4 級**

（1）B は，どのような船舶か。

（2）この場合に適用される航法は何か。（「…の航法」の要領で答えよ。）

（3）A 及び B は，それぞれどのような航法上の処置をとらなければならないか。

ただし，図中の○は白灯，⊘は紅灯，⊗は緑灯を示す。　　　（海上衝突予防法）

解　(1)トロール以外の方法で漁ろうに従事している船舶で，正船首を見せ，対水速力を有し，かつ，漁具を水平距離 150 メートルを超えて船外に出していないもの。

(2)「各種船舶間の航法」(予防法第 18 条第 1 項)

(3)〔A のとるべき航法上の処置〕

A は，針路を大きく右転又は左転して，B の進路を避ける。この場合，B が出している漁具に十分注意して避航する。

〔B のとるべき航法上の処置〕

B は，「保持船の航法」(予防法第 17 条)が適用されて A に対して保持船となるので，次のような航法上の処置をとる。

① できる限り，そのままの針路と速力を保って，A に十分注意して航行する。

② A が適切な避航動作をとっていないことが明らかになったときは，A との衝突を避けるための動作をとる。

③ なお，A との衝突を避けるための最善の協力動作は，いつでもとれる態勢にしておく。

例題 2　「各種船舶間の航法」に関し，航行中の帆船（漁ろうに従事している船舶を除く。）と航行中の漁ろうに従事している船舶とが接近し，衝突するおそれがある場合，両船は，それぞれどのような航法をとらなければならないか。

（海上衝突予防法）**5 級**

解　〔帆船のとるべき航法〕

航行中の帆船は，漁ろうに従事している船舶の進路を避けなければならない。

〔漁ろうに従事している船舶のとるべき航法〕

航行中の漁ろうに従事している船舶は，できる限り，そのままの針路と速力を保って，十分に注意して航行しなければならない。もし，帆船の避航動作に不安を感じたときは，警告信号を発して避航を促す。その後，帆船の動向に注意しながら，いつでも最善の協力動作を取れるようにしておく。

例題 3　一般動力船 A が夜間航行中，自船の正船首方向に右図のような他の船舶 B の灯火を認め，互いに接近する場合：　**4 級**

(1) B は，どのような船舶か。

(2) この場合に適用される航法は何か。(「…の航法」の要領で答えよ。)

(3) A は，どのような航法上の処置をとらなければならないか。

ただし，図中の◍は紅灯，⊗は緑灯を示す。 （海上衝突予防法）

解 (1) 航行中の運転不自由船で，正船首を見せ，対水速力を有するもの。

(2)「各種船舶間の航法」（予防法第 18 条第 1 項）

(3) 衝突するおそれが生じたときは，針路を右転又は左転して，B の進路を避ける。

例題 4 一般動力船甲丸が夜間航行中，自船の左舷前方に右図のように他船乙丸の灯火を認め，その方位が変わらずに接近する場合： **4 級**

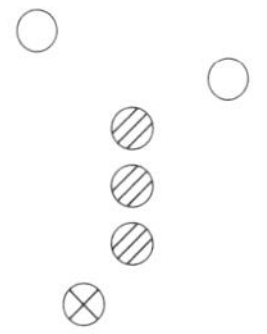

(1) 乙丸はどのような船舶か。

(2) 甲丸は，どのような航法をとらなければならないか。

ただし，図中の○は白灯，◍は紅灯，⊗は緑灯を示す。 （海上衝突予防法）

解 (1) 航行中の長さ 50 メートル以上の喫水制限船であって，右舷側を見せているもの。

(2) 甲丸は，予防法第 18 条第 4 項の航法規定が適用されるので，やむを得ない場合を除き，乙丸の安全な通航を妨げないようにする。

例題 5 航行中の漁ろうに従事している船舶が，他の各種船舶に対してとらなければならない航法について： **4 級・5 級**

(1) 自船が保持船となるのは，どのような船舶に対してか。

(2) 自船が，できる限り，進路を避けなければならないのは，どのような船舶に対してか。

(3) 円筒形の形象物 1 個を垂直線上に掲げている動力船に対しては，どのようにしなければならないか。 （海上衝突予防法）

解 (1) 航行中の動力船及び帆船並びに自船を追い越す船舶

(2) 航行中の操縦性能制限船及び運転不自由船

(3) やむを得ない場合を除き，喫水制限船の安全な通航を妨げないようにしなければならない。

第 2 章第 2 節「互いに他の船舶の視野の内にある船舶の航法」のまとめ

(1) **見合い関係の種類**

2 隻の船舶間に発生する「見合い関係」には，次の 4 種類がある。

① **行会い関係**（又は行会い船の関係）

法第 14 条の「行会い船の航法」が適用されている 2 船の関係をいう。

② **横切り関係**（又は横切り船の関係）

法第15条の「横切り船の航法」が適用されている2船の関係をいう。

③ **追越し関係**（又は追越し船の関係）

法第13条の「追越し船の航法」が適用されている2船の関係をいう。

④ **行過ぎ関係**

衝突するおそれが全くない2船の関係をいう。

下図は，他船との間に発生する見合い関係の種類を図示したものである。

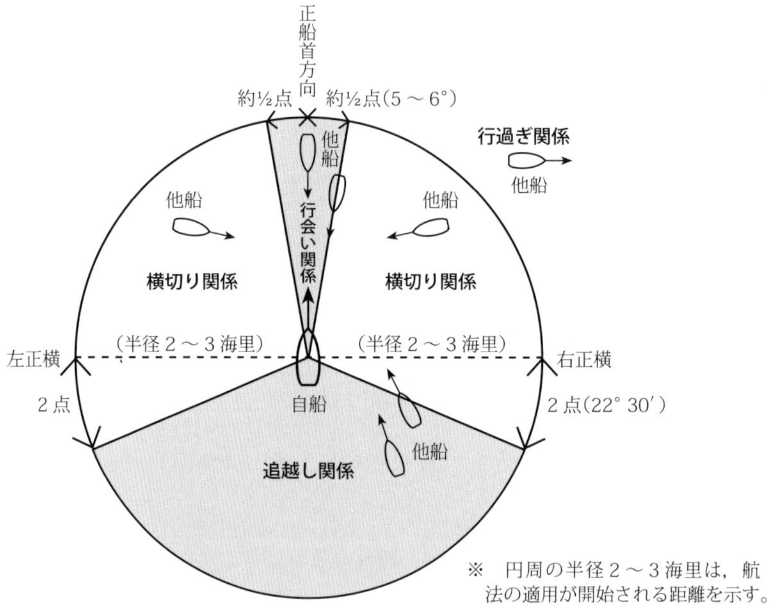

他船との見合い関係の種類

⑵ **航法の適用開始時期と終了時期**

第2章第2節の「互いに他の船舶の視野の内にある船舶の航法」の適用開始時期は，接近してくる他の船舶のコンパス方位に明確な変化が認められず，かつ，当該他船との距離が約2～3海里以下になったときである。この距離は舷灯の最小視認距離に一致する。

また，航法の適用が終了する時期は，2船間に発生した衝突のおそれが完全に解消したときである。

⑶ **見合い関係の不変更の原則**

自船と他船との間に発生した「最初の見合い関係」は，当該衝突のおそれが完全に解消するまで，途中如何なる事由が発生しても変更することはない。この原則は重要であり，もし，最初に発生した見合い関係が途中で変わることがあれば，両船は混乱して事態の収拾ができなくなる危険が発生する。

第3節　視界制限状態における船舶の航法

第19条　視界制限状態における船舶の航法

第19条　この条の規定は，視界制限状態にある水域又はその付近を航行している船舶（互いに他の船舶の視野の内にあるものを除く。）について適用する。

第2項　動力船は，視界制限状態においては，機関を直ちに操作することができるようにしておかなければならない。

第3項　船舶は，第1節の規定による措置を講ずる場合は，そのときの状況及び視界制限状態を十分に考慮しなければならない。

第4項　他の船舶の存在をレーダーのみにより探知した船舶は，当該他の船舶に著しく接近することとなるかどうか又は当該他の船舶と衝突するおそれがあるかどうかを判断しなければならず，また，他の船舶に著しく接近することとなり，又は他の船舶と衝突するおそれがあると判断した場合は，十分に余裕のある時期にこれらの事態を避けるための動作をとらなければならない。

第5項　前項の規定による動作をとる船舶は，やむを得ない場合を除き，次に掲げる針路の変更を行ってはならない。

一　他の船舶が自船の正横より前方にある場合（当該他の船舶が自船に追い越される船舶である場合を除く。）において，針路を左に転じること。

二　自船の正横又は正横より後方にある他の船舶の方向に針路を転じること。

第6項　船舶は，他の船舶と衝突するおそれがないと判断した場合を除き，他の船舶が行う第35条の規定による音響による信号を自船の正横より前方に聞いた場合又は自船の正横より前方にある他の船舶と著しく接近することを避けることができない場合は，その速力を針路を保つことができる最小限度の速力に減じなければならず，また，必要に応じて停止しなければならない。この場合において，船舶は，衝突の危険がなくなるまでは，十分に注意して航行しなければならない。

⑴　**適用船舶**（第 1 項）

本条の規定は，視界制限状態にある水域又はその付近を航行している船舶であって，「互いに他の船舶の視野の内にないもの」について適用する。

従って，本条の規定は，視界制限状態にある水域又はその付近を航行している船舶であっても，互いに他の船舶の視野の内にある船舶については適用されないので注意する。

なお，視界制限状態にある水域の付近を航行している船舶とは，船舶の前方又は側方約 2 海里以内に霧堤を見ながら航行している船舶である。当該船舶には，視界制限状態にある水域を航行している船舶と同様に本条の規定が適用される。

⑵　**機関の用意**（第 2 項）

動力船は，視界制限状態においては機関を直ちに操作することができるようにしておかなければならない。

この規定は，視界制限状態の水域においては，船舶は咄嗟に危険を避けるため，直ちに機関を停止又は後進に使用することが多いことを考慮したものである。

⑶　**第 1 節の規定による措置**（第 3 項）

船舶は，第 1 節の規定（あらゆる視界の状態における船舶の航法）による措置を講ずる場合は，そのときの状況及び視界制限状態を十分に考慮しなければならない。

例えば，航行中に視界制限状態になったときは，船舶は，見張り員を増やしてより厳重な見張りを開始する。また，速力は，減速してより安全な速力とする。あるいは，レーダーには，専従の航海士を配置する等である。

⑷　**レーダーのみにより他の船舶の存在を探知した船舶の航法**（第 4 項）

他の船舶の存在をレーダーのみにより探知した船舶（この場合，他の船舶の存在をレーダーのほか音響信号等により探知した船舶には，本項の規定は適用されないので注意する。）は，当該他の船舶と著しく接近することとなるかどうか，又は当該他の船舶と衝突するおそれがあるかどうかを判断しなければならず，また，他の船舶に著しく接近することとなり，又は他の船舶と衝突するおそれがあると判断した場合は，十分に余裕のある時期にこれらの事態を避けるための動作（変針・変速等）とらなければならない。

本項は，「レーダーのみにより他の船舶の存在を探知した船舶のとるべき航法」について定めたものである。

この航法規定を履行するには，まず，「他の船舶と著しく接近する」こととなるかどうか, 又は「他の船舶と衝突するおそれがある」かどうかを, レーダープロッティングを行って判断しなければならない。

「他の船舶と著しく接近する」こととなるかどうかは，当該他の船舶との最接近距離（CPA：Closest point of approach）が概ね２～３海里以下になるかどうかで判断する。また，「他の船舶と衝突するおそれがある」かどうかは，他の船舶のレーダー方位が明確に変化するかどうかで判断する。

そして他の船舶の最接近距離が２～３海里以下になると判断したとき，又は他の船舶のレーダー方位が明確に変化しないと判断したときは，十分に余裕のある時期にこれらの事態を避けるための動作を変針又は変速によってとらなければならない。

⑸　**定められた方向への針路変更の禁止**（第５項）

（本項は，前項の補足規定である。）

第４項の規定による動作（他の船舶と著しく接近することを避けるための動作又は他の船舶と衝突するおそれを避けるための動作。）をとる船舶は，やむを得ない場合を除き，次に掲げる針路の変更を行ってはならない。

①　他の船舶が自船の正横より前方にある場合（当該他の船舶が自船に追い越される船舶である場合を除く。）において, 針路を左に転じること。

②　自船の正横又は正横より後方にある他の船舶の方向に針路を転じること。

上記①の規定は，視界制限状態にある水域において，自船と他船を確実に左舷対左舷で航過させるための規定である。

また，上記②の規定は，視界制限状態にある水域において，自船が他船の針路方向へ変針することを禁止するための規定である。

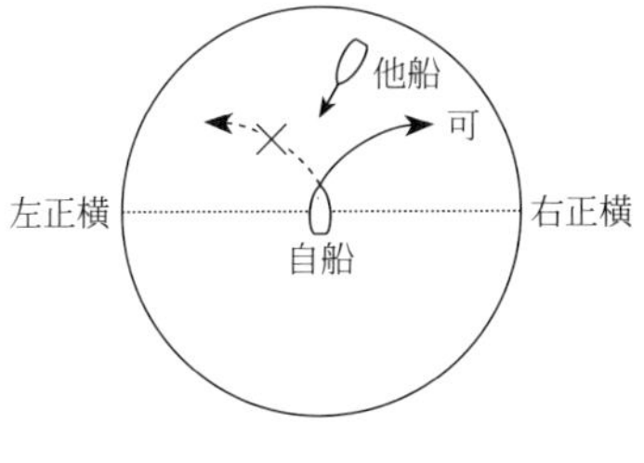

針路の左転禁止

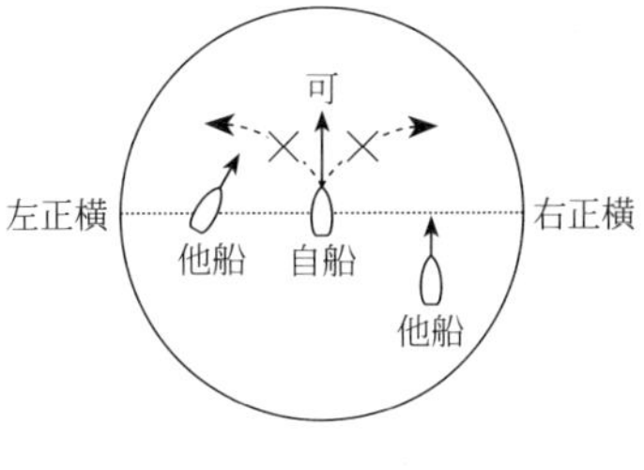

他船の船首方向への変針禁止

⑹ 視界制限状態における音響信号を聞いた船舶の措置（第６項）

船舶は，他の船舶と衝突するおそれがないと判断した場合を除き，他の船舶が行う視界制限状態における音響信号（以下，霧中信号という。）を自船の正横より前方に聞いた場合又は自船の正横より前方にある他の船舶と著しく接近することを避けることができない場合は，次の措置をとらなければならない。

① 速力を針路を保つことができる最小限度の速力に減じなければならず，また，必要に応じて停止しなければならない。

② この場合において，船舶は，衝突の危険がなくなるまでは，十分に注意して航行しなければならない。

【注】 本項規定と第４項規定の使い分け

第４項規定（レーダーのみにより他の船舶の存在を探知した船舶の航法）は，他の船舶の鳴らす霧中信号を聞くことなくレーダーのみにより他の船舶の存在を探知した船舶に適用される規定である。

これに対して本項規定（他の船舶の霧中信号を聞いた船舶のとるべき措置）は，他の船舶の霧中信号を自船の正横より前方に聞いた船舶について適用される規定である。従って，両者は同時に適用される規定ではないので，使い分けに十分注意しなければならない。

例題１ 視界制限状態において航行中の動力船（長さ60メートル）について： 5級

（1）機関は，どのようにしておかなければならないか。

（2）視界制限状態における音響信号は聞こえないが，レーダーのみにより他の船舶の存在を知った船舶は，まず，どのようなことを判断しなければならないか。

（3）前方近距離に，他の船舶が行う視界制限状態における音響信号を聞いた場合は，どのようにしなければならないか。

（海上衝突予防法）

解

（1）機関を直ちに操作できるようにしておかなければならない。

（2）その船舶に著しく接近することとなるかどうか又はその船舶と衝突するおそれがあるかどうかを判断しなければならない。

（3）直ちに機関を全速後進に使用して速力を停止する。しかる後，衝突の危険がなくなるまでは十分に注意して航行しなければならない。

例題２ 視界制限状態にある水域において航行中の船舶が，他の船舶の存在をレーダーのみにより探知し，当該他の船舶と著しく接近するか又は衝突するおそれがあると判断して，これらの事態を避けるための動作をとる場合，やむを得ない場合を除いて，どのようなときに針路を左に転じてはならないか。 4級

（海上衝突予防法）

解 ① 他の船舶が自船の正横の前方に存在するとき
② 他の船舶が自船の左正横に存在するとき
③ 他の船舶が自船の左正横後に存在するとき
ただし,①については,他の船舶が自船に追い越される船舶である場合を除く。

例題 3 視界制限状態にある水域を航行中の船舶が，その速力を針路を保つことができる最小限度の速力に減じなければならず，また，必要に応じて停止しなければならないのは，どのような場合か。 （海上衝突予防法） 5級

解 ① 他の船舶が行う視界制限状態における音響信号（霧中信号）を自船の正横より前方に聞いた場合
② 自船の正横より前方にある他の船舶と著しく接近することを避けることができない場合

例題 4 昼間，視界制限状態にある水域を航行中の船舶が，海上衝突予防法の規定により実施しなければならない事項を５つあげよ。 4級

解 ① 動力船は，直ちに機関を操作することができるようにしておかなければならない。
② そのときの状況及び視界制限状態を十分に考慮して，より適切な見張りをしなければならない。
③ そのときの状況及び視界制限状態を十分に考慮して，より安全な速力で航行しなければならない。
④ 規定の法定灯火を表示しなければならない。
⑤ 規定の視界制限状態における音響信号（霧中信号）を行わなければならない。

練習問題

1 次にあげる海上衝突予防法の規定（見出しを示す。）のうち，視界制限状態においては適用されないものはどれか。 **4級**

（1）見張り　（2）安全な速力　（3）衝突のおそれ　（4）保持船

答 （4）保持船

2 右図のように２隻の動力船Ａ及びＢが互いに接近して×地点付近で衝突するおそれがあるときは，Ａ動力船がＢ動力船の進路を避けなければならないが： **5級**

（1）Ａ船が衝突を避けるための十分な動作をとっているかどうか疑わしい場合，Ｂ船はどのようにしなければならないか。

（2）Ａ船が適切な避航動作をとっていないことが明らかになった場合，Ｂ船はどのような動作をとることができるか。また，Ｂ船がこの動作をとるときは，どのような注意が必要か。

（3）Ｂ船がＡ船との衝突を避けるための最善の協力動作をとらなければならないのは，どのような場合か。　（海上衝突予防法）

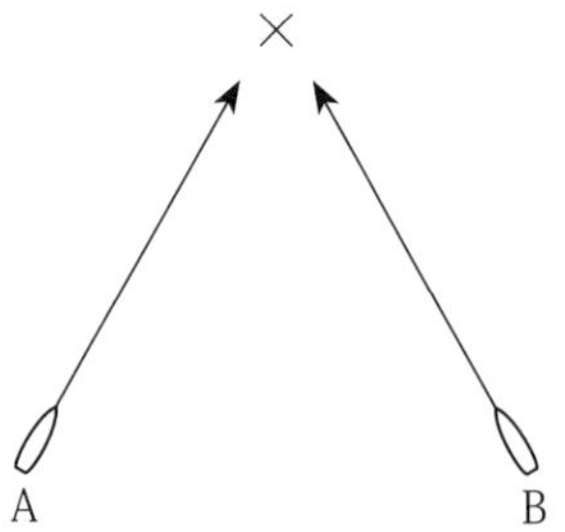

答 （1）急速に短音を５回以上鳴らすことにより汽笛信号（警告信号）を行わなければならない。

（2）Ａ船との衝突を避けるための動作をとることができる。この場合において，Ｂ船は，やむを得ない場合を除き，針路を左に転じてはならない。

（3）Ａ船の避航動作のみでは，Ａ船との衝突を避けることができないと認めた場合

3 次の文の下線部分の判断や処置等が，「正しい」か「正しくない」かを示し，「正しくない」ものについては，その理由を述べよ。 **4級**

（1）接近してくる大型船舶のコンパス方位を慎重に数回測り，その方位に変化があると認めたので衝突のおそれがないものと判断した。

（2）霧中航行中の反航する２隻の動力船が，突然，正船首方向，至近距離に互いに他の船舶を視認したので，直ちに両船とも機関を全速後進とし，短音３回の汽笛信号を行った。

（3）昼間，航行中の運転不自由船が，故障箇所を修理するため錨泊し，同時にそれまで掲げていた球形形象物２個を降ろし，球形形象物１個を掲げた。

（海上衝突予防法）

答　(1)　正しくない。

理由：コンパス方位に明確な変化が認められる場合においても，大型船舶に接近するときは，これと衝突するおそれがあり得ることを考慮しなければならないからである。

(2)　正しい。

(3)　正しい。

4　航行中の海底電線の敷設作業に従事している操縦性能制限船（長さ 90 メートル）について：　**4級**

(1)　昼間はどのような形象物を掲げなければならないか。

(2)　航行中の漁ろうに従事している船舶と接近して衝突するおそれがあるときは，操縦性能制限船はどのようにしなければならないか。

(3)　夜間，この船舶の対水速力の有無を，他の船舶はどのようにして知るか。

（海上衝突予防法）

答　(1)　下図に示す形象物を，最も見えやすい場所に掲げなければならない。

●　球形形象物
◆　菱形形象物
●　球形形象物

(2)　操縦性能制限船は，保持船の航法が適用されるので，できる限り，そのままの針路と速力を保たなければならない。

この場合，漁ろうに従事している船舶の動きに十分注意し，もし，その避航動作に不安を感じたときは，警告信号を発して適切な避航動作をとるように促す。

(3)　マスト灯，舷灯及び船尾灯が点灯されているときは，対水速力を有する。

第３章　灯火及び形象物

第20条　通則

⑴　**法定灯火の表示の時期**（第１項，第２項）

船舶は，次に掲げる間，法定灯火を表示しなければならない。

①　日没から日出までの間

②　昼間の視界制限状態になっている間

また，船舶は，その他必要であると認められる場合には，法定灯火を表示することができる。

例えば，昼間，皆既日食となって周囲が薄暗くなったとき等が，これに該当する。

⑵　**法定灯火以外の灯火の表示の禁止**（第１項）

船舶は，次に掲げる灯火を表示してはならない。

①　法定灯火と**誤認**される灯火

②　法定灯火の**視認**を妨げる灯火

③　法定灯火の特性の**識別**を妨げる灯火

④　**見張り**を妨げる灯火

⑶　**形象物の表示の時期**（第３項）

船舶は，昼間においてこの法律に定める形象物を表示しなければならない。

例題１　海上衝突予防法に定める灯火（以下，法定灯火という。）に関する次の問いに答えよ。　**4級・5級**

（1）法定灯火を表示しなければならないのは，いつからいつまでの間か。

（2）法定灯火を表示することができるのは，どのような場合か。

解　（1）①　日没から日出までの間

②　昼間の視界制限状態になっている間

（2）必要と認められる場合

例題２　海上衝突予防法に定める灯火は，日没から日出までの夜間及び昼間の視界制限状態になっている間表示しなければならないが，この間は，どのような灯火を表示してはならないか。　**4級**

解　① 法定灯火と誤認される灯火
② 法定灯火の視認を妨げる灯火
③ 法定灯火の特性の識別を妨げる灯火
④ 見張りを妨げる灯火

第 21 条　法定灯火の定義

本条は，本法において使用する法定灯火を，次のように定義している。

⑴ 「**マスト灯**」とは，225 度にわたる水平の弧を照らす白灯であって，その射光が正船首方向から各舷正横後 22 度 30 分までの間を照らすように船舶の中心線上に装置されるものをいう。

⑵ 「**舷灯**」とは，それぞれ 112 度 30 分にわたる水平の弧を照らす紅灯及び緑灯の 1 対であって，紅灯にあってはその射光が正船首方向から左舷正横後 22 度 30 分までの間を照らすように左舷側に装置される灯火をいい，緑灯にあってはその射光が正船首方向から右舷正横後 22 度 30 分までの間を照らすように右舷側に装置される灯火をいう。

参考　下図は，法定灯火のうち，マスト灯，舷灯，船尾灯及び引き船灯の装置位置と射光範囲を表したものである。

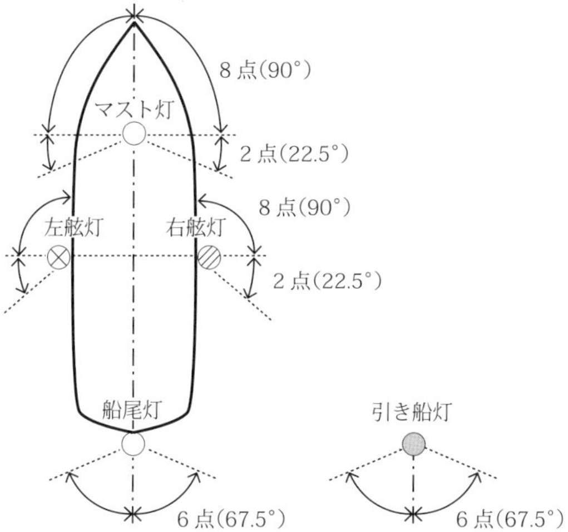

⑶ 「**両色灯**」とは，紅色及び緑色の部分からなる灯火であって，その紅色及び緑色の部分がそれぞれ舷灯の紅灯及び緑灯と同一の特性を有することとなるように船舶の中心線上に装置されるものをいう。

⑷ 「**船尾灯**」とは，135 度にわたる水平の弧を照らす白灯であって，その射光が正船尾方向から各舷 67 度 30 分までの間を照らすように装置されるものをいう。

⑸ 「**引き船灯**」とは，船尾灯と同一の特性を有する黄灯をいう。

⑹ 「**全周灯**」とは，360 度にわたる水平の弧を照らす灯火をいう。

⑺ 「**閃光灯**」とは，一定の間隔で毎分 120 回以上の閃光を発する全周灯をいう。

例題 1 海上衝突予防法に規定されている次の灯火の定義を述べよ。 4 級・5 級

（1）マスト灯　（2）船尾灯

解

（1）マスト灯とは，20 点（225°）にわたる水平の弧を照らす白灯であって，その射光が正船首方向から各舷正横後 2 点（22.5°）までの間を照らすように船舶の中心線上に装置されるものをいう。

（2）船尾灯とは，12 点（135°）にわたる水平の弧を照らす白灯であって，その射光が正船尾方向から各舷 6 点（67.5°）までの間を照らすように装置されるものをいう。

例題 2 海上衝突予防法に規定されている次の用語の定義を述べよ。 4 級・5 級

（1）両色灯　（2）引き船灯

解

（1）両色灯とは，紅色及び緑色の部分からなる灯火であって，その紅色及び緑色の部分がそれぞれ舷灯の紅灯及び緑灯と同一の特性を有することとなるように船舶の中心線上に装置されるものをいう。

（2）引き船灯とは，船尾灯と同一の特性を有する黄灯をいう。

例題 3 海上衝突予防法に規定されている次の用語の定義を述べよ。 4 級・5 級

（1）舷灯　（2）閃光灯

解

（1）舷灯とは，それぞれ 10 点（112.5°）にわたる水平の弧を照らす紅灯及び緑灯の 1 対であって，紅灯にあってはその射光が正船首方向から左舷正横後 2 点（22.5°）までの間を照らすように左舷側に装置される灯火をいい，緑灯にあってはその射光が正船首方向から右舷正横後 2 点までの間を照らすように右舷側に装置される灯火をいう。

（2）閃光灯とは，一定の間隔で毎分 120 回以上の閃光を発する全周灯をいう。

例題 4　船尾灯の定義を述べて，その射光範囲を図示せよ。（海上衝突予防法）**5級**

解　船尾灯とは，12 点にわたる水平の弧を照らす白灯であって，その射光が正船尾方向から各舷 6 点までの間を照らすように装置されるものをいう。

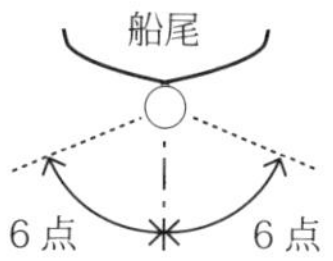

船尾灯の射光範囲

第 22 条　灯火の視認距離

船舶が表示する法定灯火の視認距離について，下表のように定めている。

船舶	表示する灯火の種類	視認距離
長さ 50 メートル以上の船舶	マスト灯	6 海里以上
	舷灯	3 海里以上
	船尾灯	同上
	引き船灯	同上
	全周灯	同上
長さ 50 メートル未満 12 メートル以上の船舶	マスト灯	5 海里以上 （長さ 20 メートル未満の船舶は 3 海里以上）
	舷灯	2 海里以上
	船尾灯	同上
	引き船灯	同上
	全周灯	同上
長さ 12 メートル未満の船舶	マスト灯	2 海里以上
	舷灯	1 海里以上
	船尾灯	2 海里以上
	引き船灯	同上
	全周灯	同上

第 23 条　航行中の動力船の灯火

① 長さ 50 メートル未満の動力船の場合

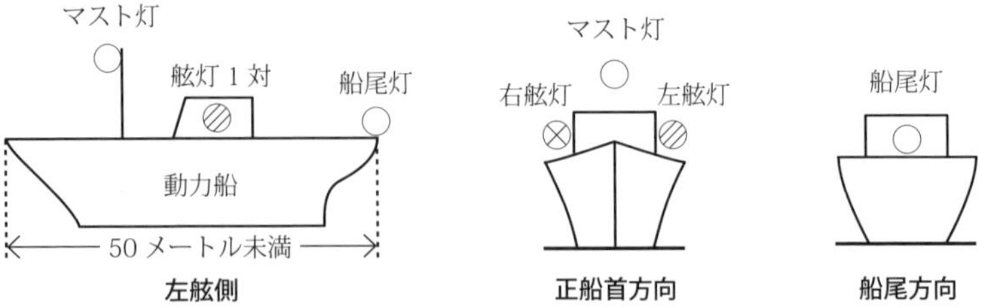

② 長さ 50 メートル以上の動力船の場合

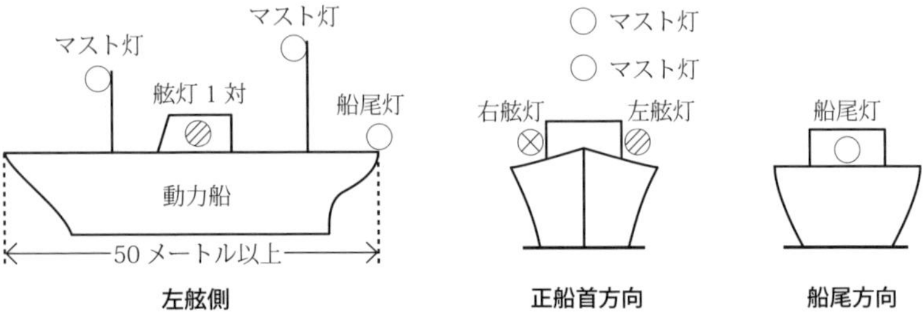

第 24 条　航行中の曳航船等の灯火及び形象物

(1) 船舶その他の物件を引いている航行中の動力船が表示しなければならない灯火又は形象物（第 1 項）

① 長さ 50 メートル未満の動力船の灯火

(ア) 曳航物件の後端までの距離が 200 メートル以下である場合

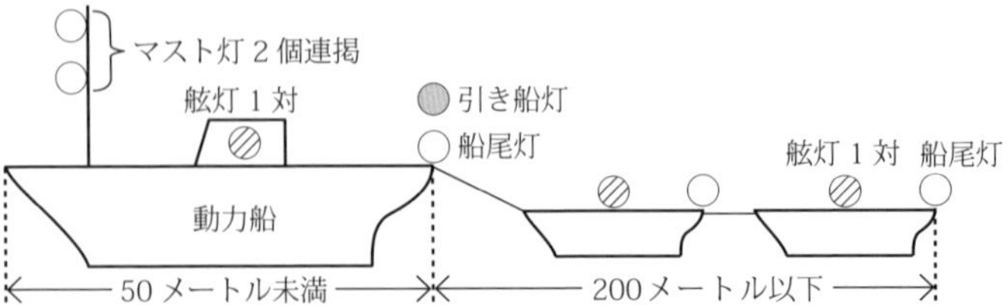

(イ)　曳航物件の後端までの距離が 200 メートルを超えている場合

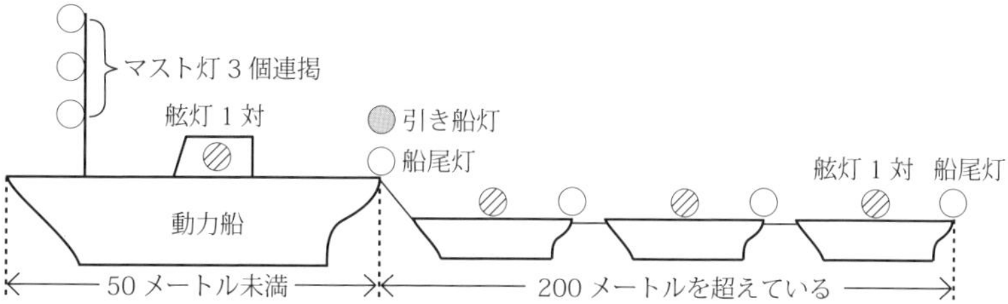

②　長さ 50 メートル以上の動力船の灯火

(ア)　曳航物件の後端までの距離が 200 メートル以下の場合

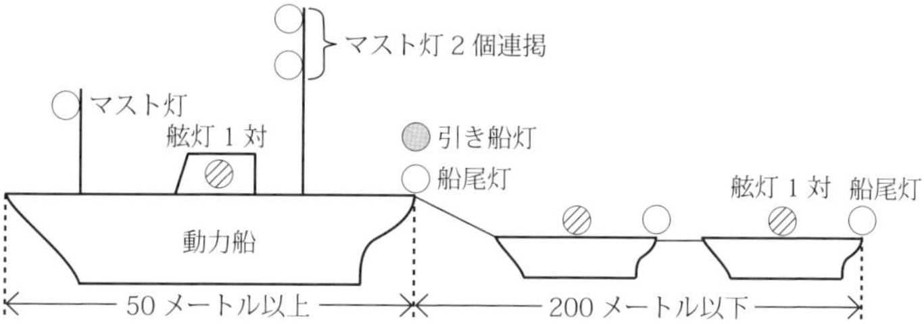

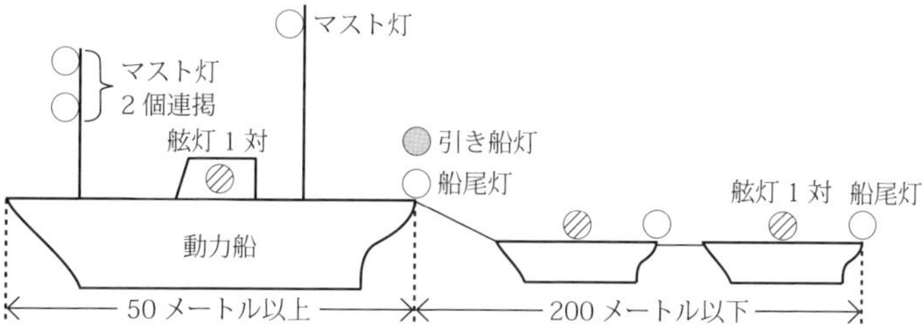

(イ)　曳航物件の後端までの距離が 200 メートルを超えている場合

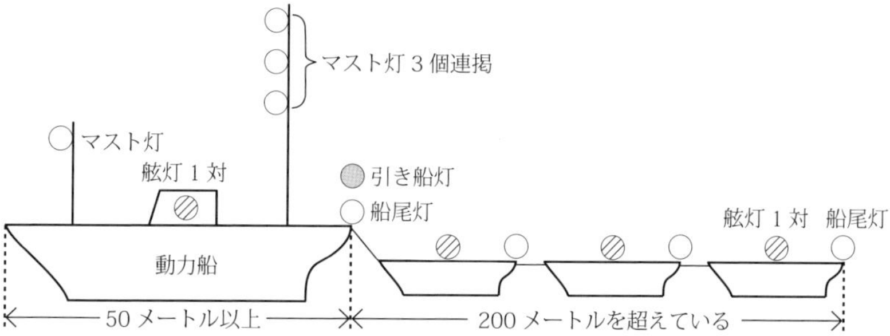

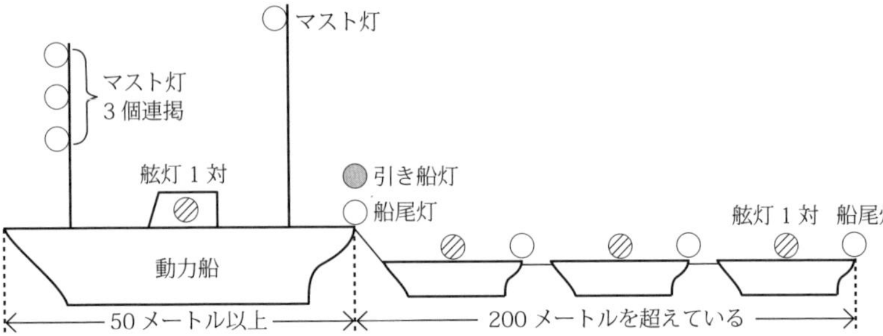

③ **形象物**

【注】 形象物は，曳航物件の後端までの距離が 200 メートルを超えている場合のみ表示する。

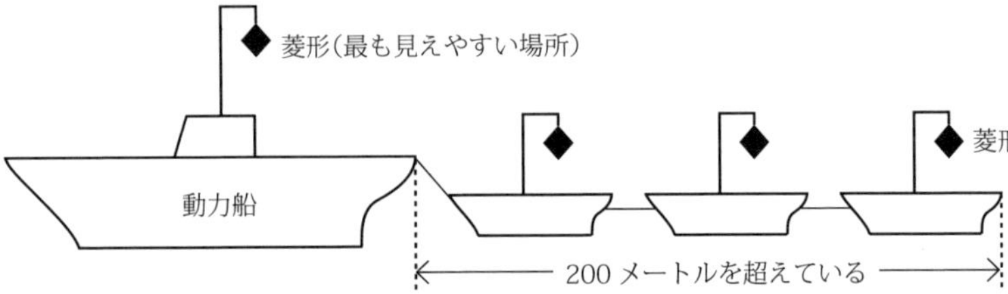

⑵ **船舶その他の物件を押し又は接舷して引いている航行中の動力船の灯火**（第 2 項）

㈠ **船舶その他の物件を押している場合**（長さ 50メートル未満）

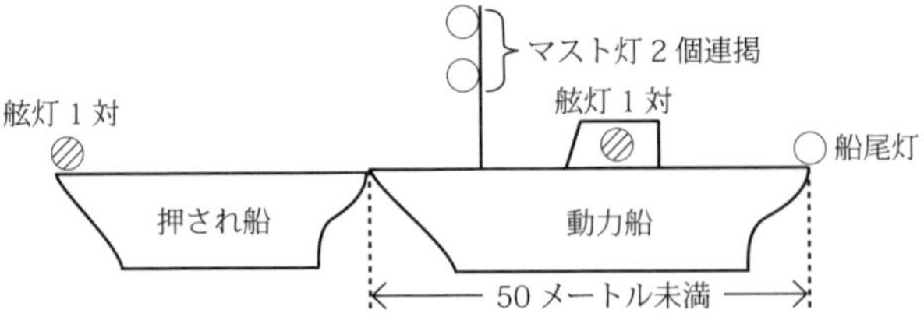

(イ)　**船舶その他の物件を接舷して引いている場合**(長さ 50 メートル以上)

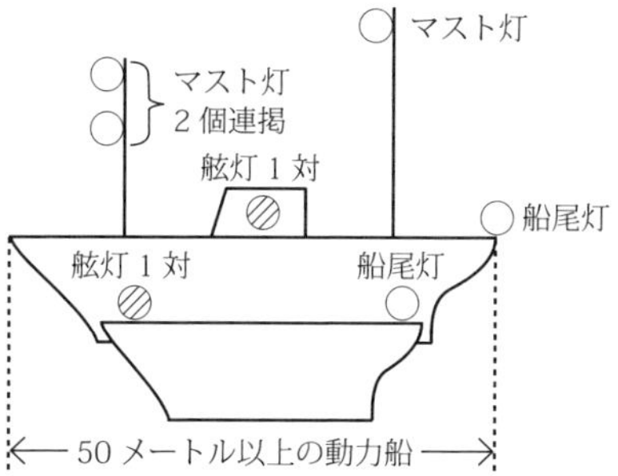

(3)　**他の動力船に引かれている航行中の船舶その他の物件の灯火又は形象物**
(第 4 項)

①　**灯火**

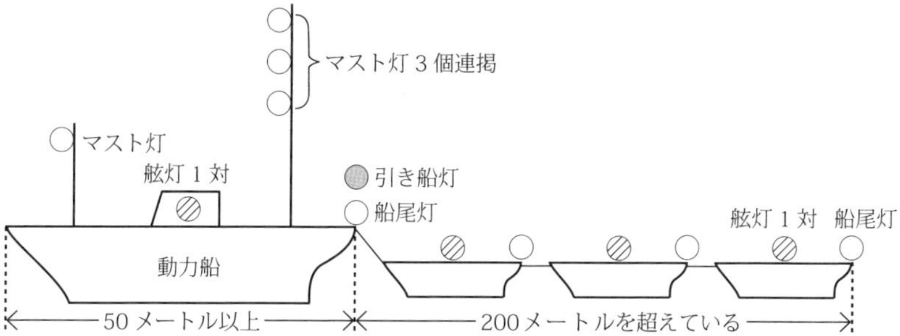

曳航物件の後端までの距離が 200 メートルを超えている場合

②　**形象物**

【注】　形象物は，曳航物件の後端までの距離が 200 メートルを超えている場合のみ表示する。

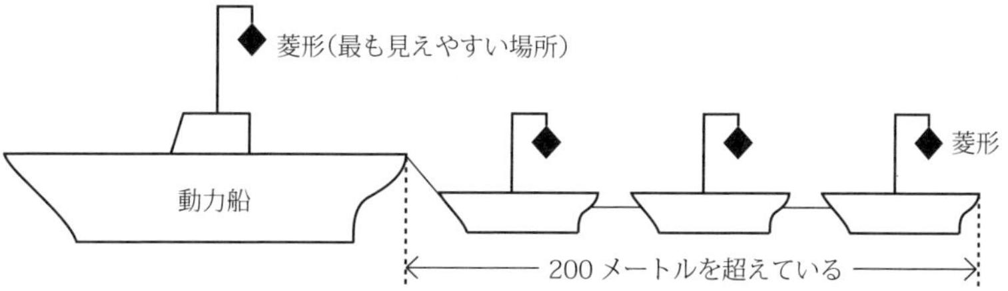

(4) 他の動力船に押されている航行中の船舶又は他の動力船に接舷して引かれている航行中の船舶の灯火（第 7 項）

① 他の動力船に押されている場合

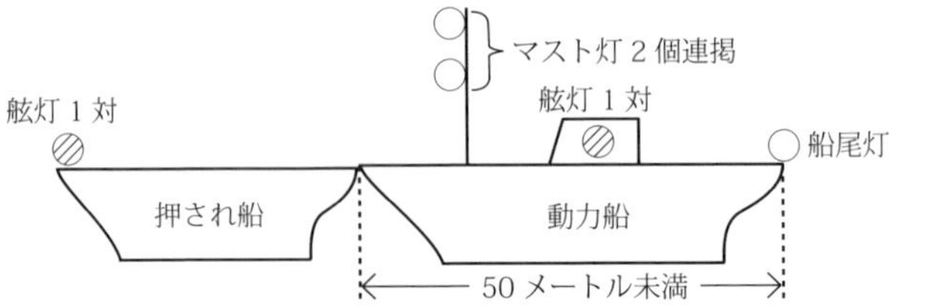

② 他の動力船に接舷して引かれている場合

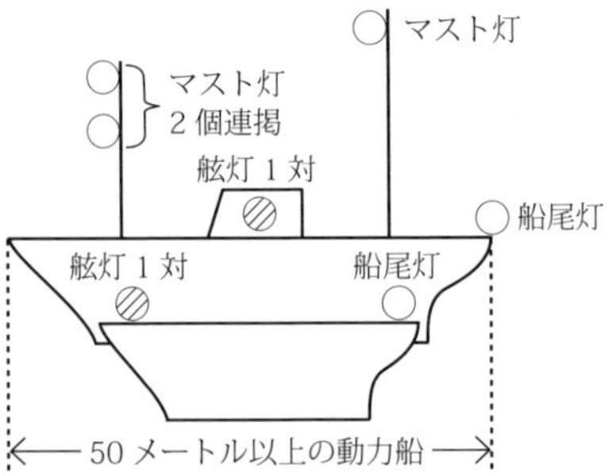

＜重要＞ 引き船・引かれ船一体の原則

船舶その他の物件を引いている航行中の動力船（引き船）は，**一隻の動力船として航法が適用される**。これを「引き船・引かれ船一体の原則」という。引き船は，船舶その他の物件を自由に引き回わせるほど操縦性能が優れた動力船であると見なされているためである。

第 25 条 航行中の帆船等の灯火等

(1) 航行中の帆船が表示しなければならない灯火（第 1 項）

航行中の帆船であって長さ 7 メートル以上のものは，次に掲げる灯火を表示しなければならない。

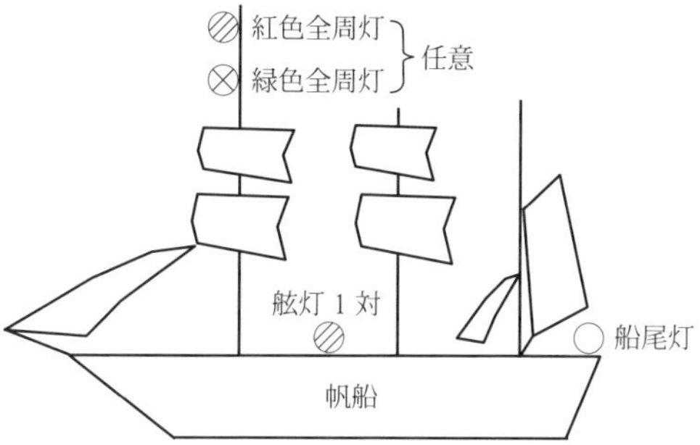

⑵　**ろかいを用いて航行中の船舶が表示しなければならない灯火**（第 5 項）

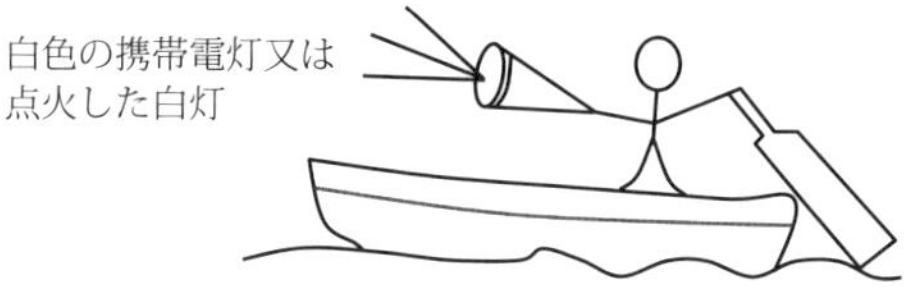

⑶　**機関と帆を同時に用いて推進している動力船が表示しなければならない形象物**（第 6 項）

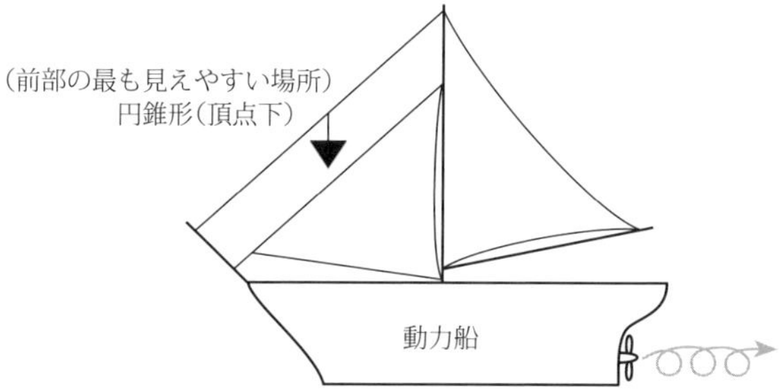

第 26 条　漁ろうに従事している船舶の灯火及び形象物

航行中又は錨泊中の漁ろうに従事している船舶が表示しなければならない灯火又は形象物について，次のように定めている。

【注】　漁ろうに従事している船舶は，航行中も錨泊中も同じ灯火又は形象物を表示しなければならない。従って，当該船舶は，錨泊中に第 30 条の「錨泊船の灯火又は形象物」を表示してはならない。

⑴　航行中又は錨泊中のトロール従事船が表示しなければならない灯火又は形象物（第 1 項）

①　灯火

㈠　長さ 50 メートル未満の場合

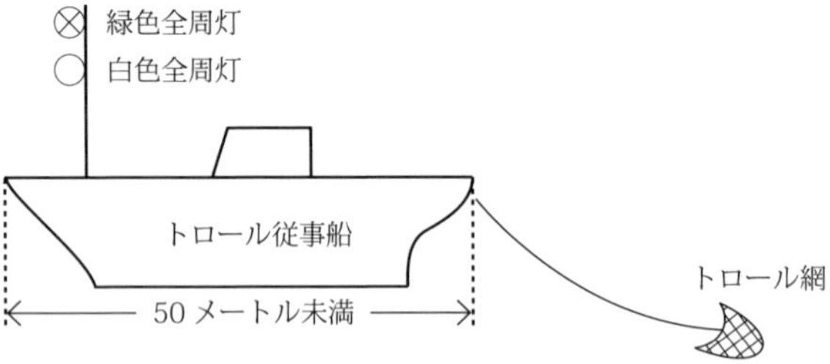

対水速力を有しない

㈡　長さ 50 メートル以上の場合

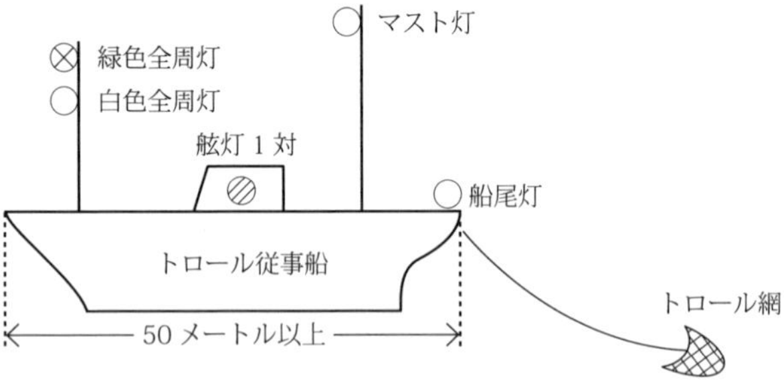

対水速力を有する

②　形象物

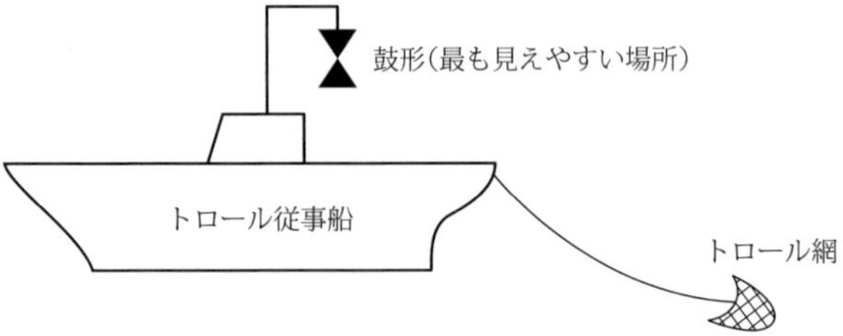

⑵　**航行中又は錨泊中のトロール従事船以外の漁ろうに従事している船舶が表示しなければならない灯火又は形象物**（第２項）

①　**灯火**

㋐　**船外に出している漁具の水平距離が 150 メートル以下の場合**

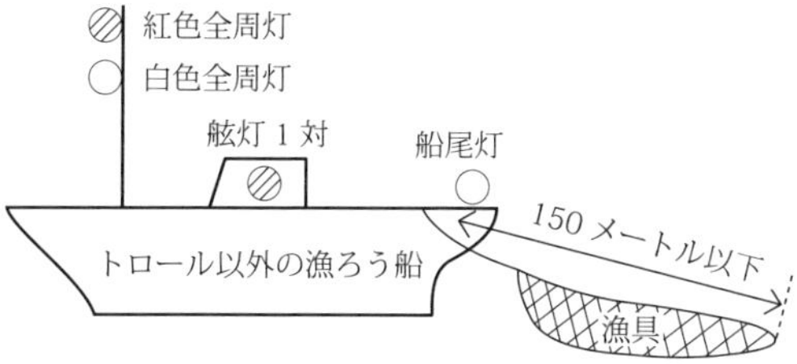

対水速力を有する

㋑　**船外に出している漁具の水平距離が 150 メートルを超えている場合**

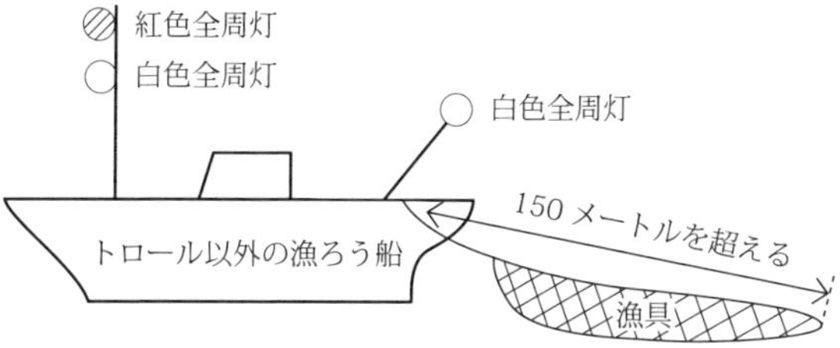

対水速力を有しない

②　**形象物**

㋐　**船外に出している漁具の水平距離が 150 メートル以下である場合**

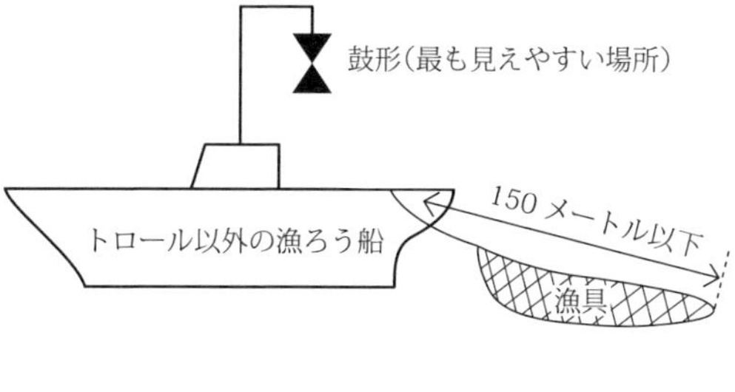

(イ) 船外に出している漁具の水平距離が 150 メートルを超えている場合

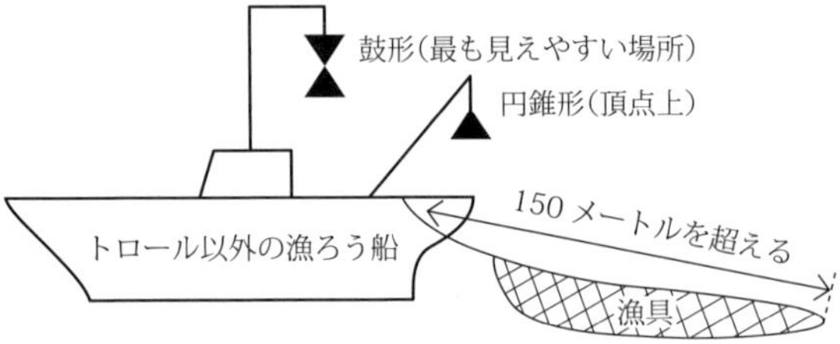

(3) トロール従事船の追加の灯火（第 3 項）

① 投網を行っている場合

② 揚網を行っている場合

③ 網が障害物に絡み付いている場合

第 27 条　運転不自由船及び操縦性能制限船

(1) 航行中の運転不自由船が表示しなければならない灯火又は形象物（第 1 項）

① 灯火

(ア) 対水速力を有する場合

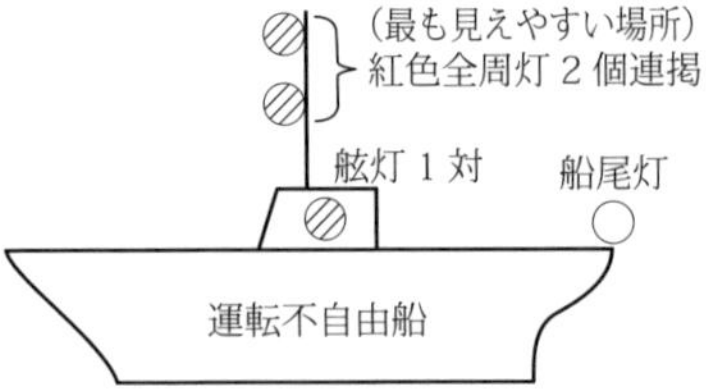

⑷　対水速力を有しない場合

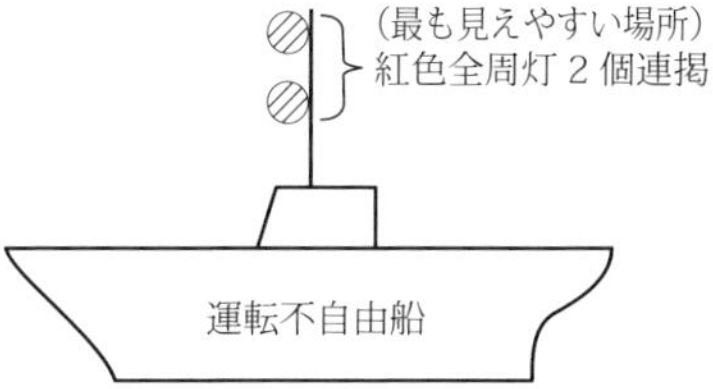

②　形象物

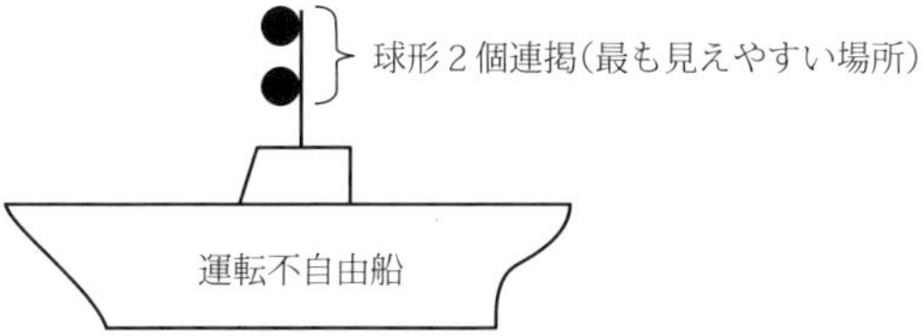

⑵　航行中又は錨泊中の操縦性能制限船（本条第３項，第４項又は第６項に定める作業に従事している操縦性能制限船を除く。）が表示しなければならない灯火又は形象物（第２項）

①　航行中の操縦性能制限船が表示しなければならない灯火

⑺　対水速力を有する場合

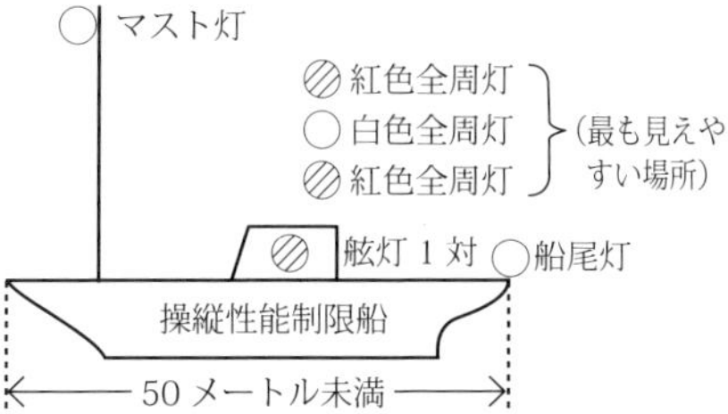

長さ50メートル未満

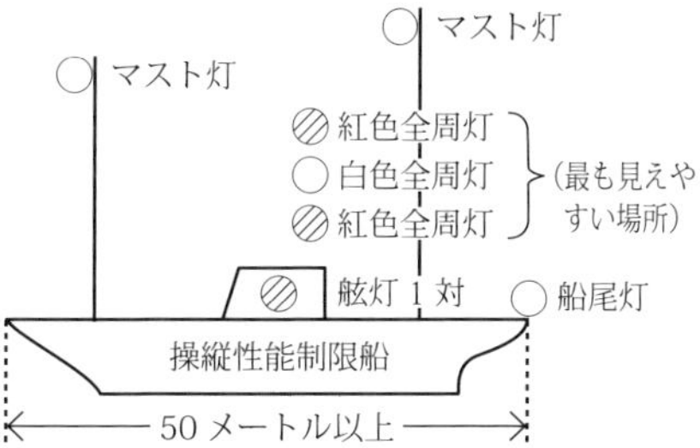

長さ50メートル以上

(イ)　対水速力を有しない場合

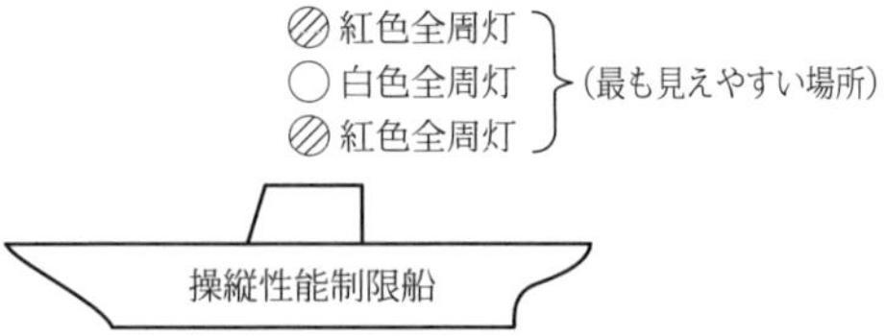

②　航行中の操縦性能制限船が表示しなければならない形象物

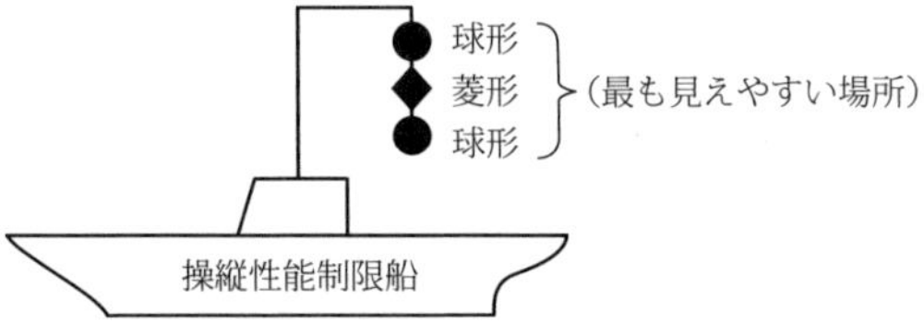

③　錨泊中の操縦性能制限船が表示しなければならない灯火

(ア)　長さ 50 メートル未満の場合

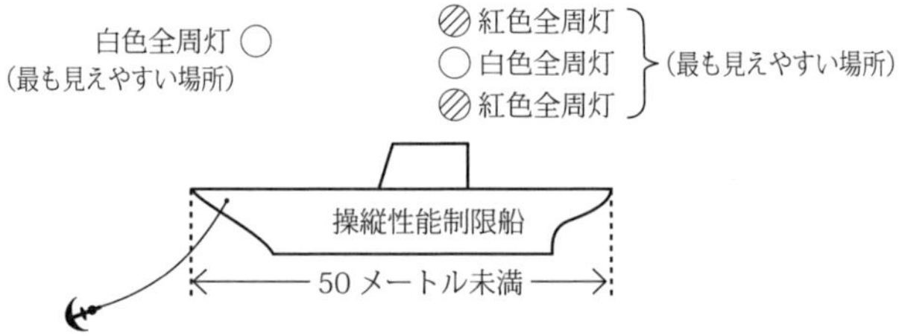

(イ)　長さ 50 メートル以上 100 メートル未満の場合

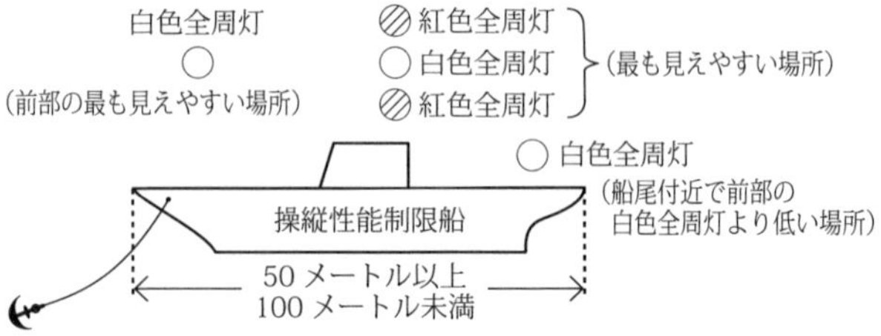

④　**錨泊中の操縦性能制限船が表示しなければならない形象物**

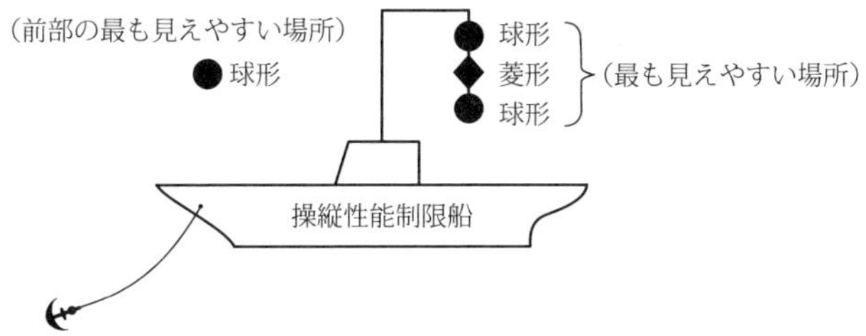

⑶　**航行中の操縦性能制限船であって，その進路から離れることを著しく制限する曳航作業に従事しているものが表示しなければならない灯火又は形象物**（第３項）

①　**灯火**

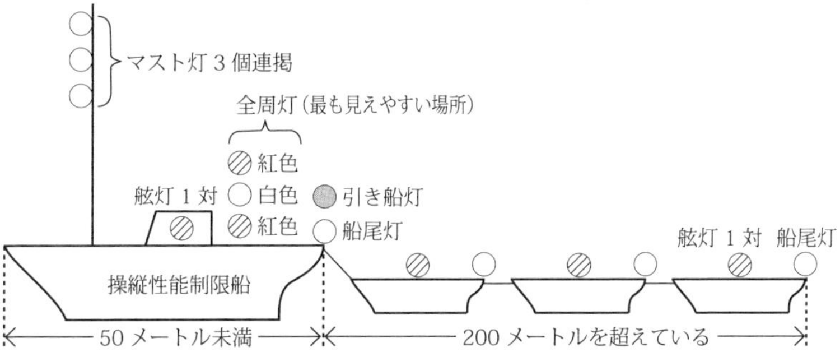

長さ50メートル未満で曳航物件の後端までの距離が200メートルを超えている場合

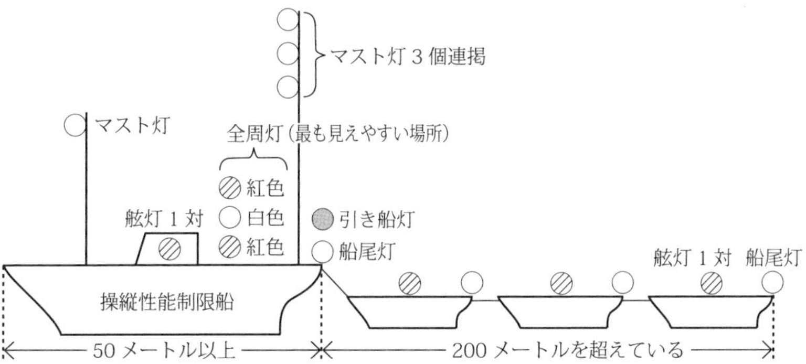

長さ50メートル以上で曳航物件の後端までの距離が200メートルを超えている場合

② **形象物**

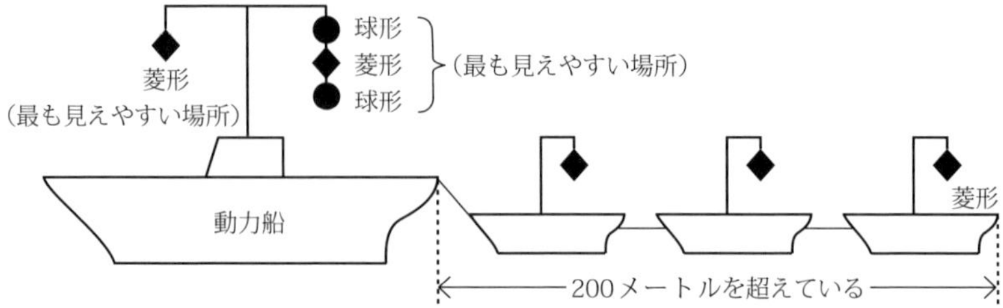

曳航物件の後端までの距離が200メートルを超えている場合

⑷ **航行中又は錨泊中の操縦性能制限船であって，しゅんせつその他の水中作業（掃海作業を除く。）に従事している船舶が表示しなければならない灯火又は形象物**（第4項）

① **灯火**

㈠ **対水速力を有する場合**（長さ50メートル以上）

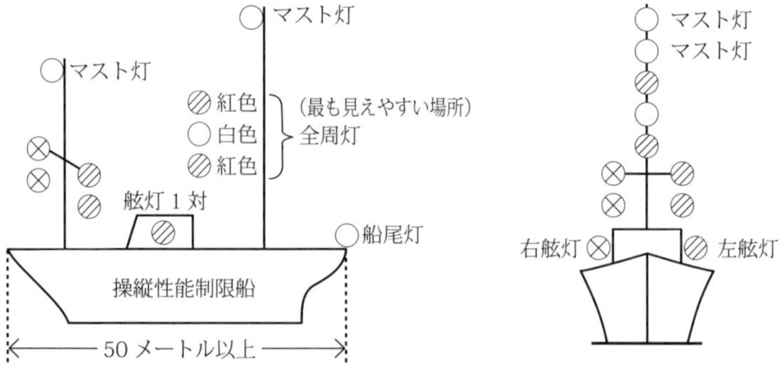

左舷側が船舶の通航の妨害となるおそれがある側の舷であり，右舷側が他の船舶が通航することができる側の舷であることを表している

(イ)　対水速力を有しない場合

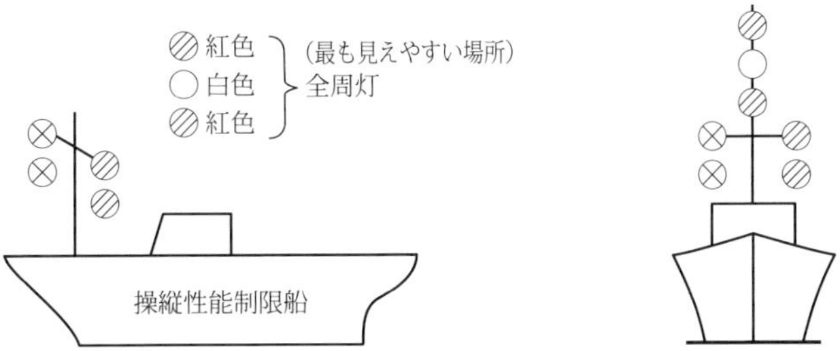

左舷側が船舶の通航の妨害となるおそれがある側の舷であり，右舷側が他の船舶が通航することができる側の舷であることを表している

②　形象物

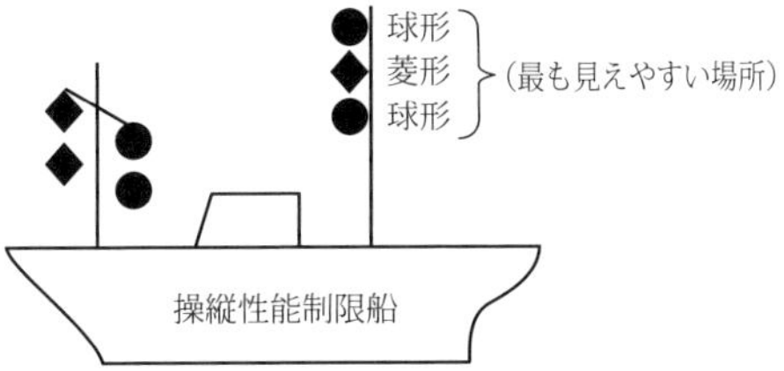

左舷側が船舶の通航の妨害となるおそれがある側の舷であり，右舷側が他の船舶が通航することができる側の舷であることを表している

(5)　航行中又は錨泊中の操縦性能制限船であって，潜水夫による作業に従事しているものが表示しなければならない信号板（第 5 項）

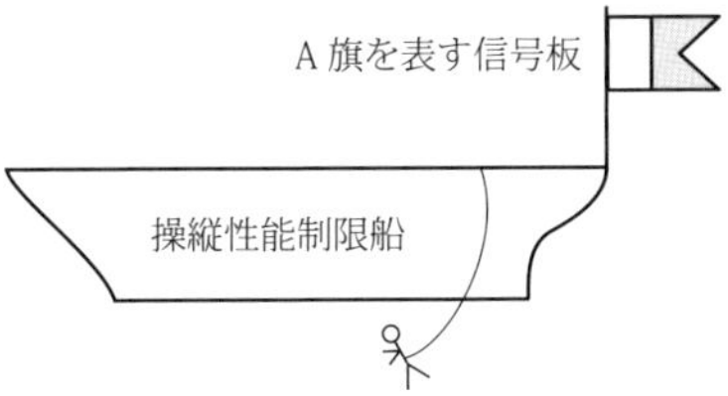

⑹　航行中又は錨泊中の操縦性能制限船であって，掃海作業に従事しているものが表示しなければならない灯火又は形象物（第 6 項）

①　灯火

(ア)　航行中の場合（長さ 50 メートル以上）

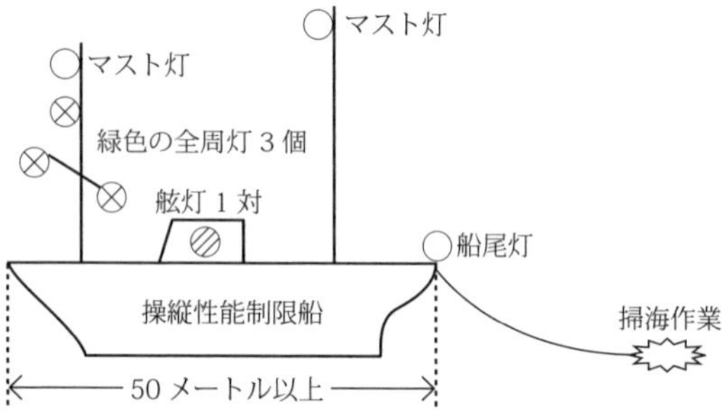

船舶の長さが 50 メートル未満である場合は，後部マスト灯を掲げることを要しない。
船舶から 1000 メートル以内の水域が危険であることを表している。

(イ)　錨泊中の場合（長さ 50 メートル以上 100 メートル未満）

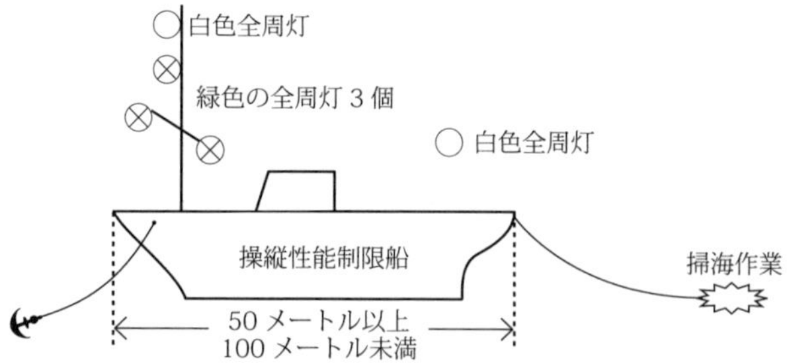

船舶の長さが 50 メートル未満の場合は，緑色全周灯 3 個のほかに白色全周灯 1 個を最も見えやすいところに表示する。
船舶から 1000 メートル以内の水域が危険であることを表している。

②　形象物

(ア)　航行中の場合

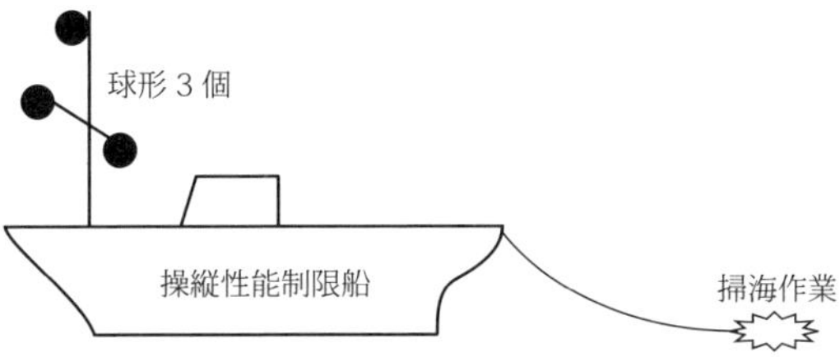

船舶から1000メートル以内の水域が危険であることを表している。

(イ)　錨泊中の場合（長さ50メートル以上100メートル未満）

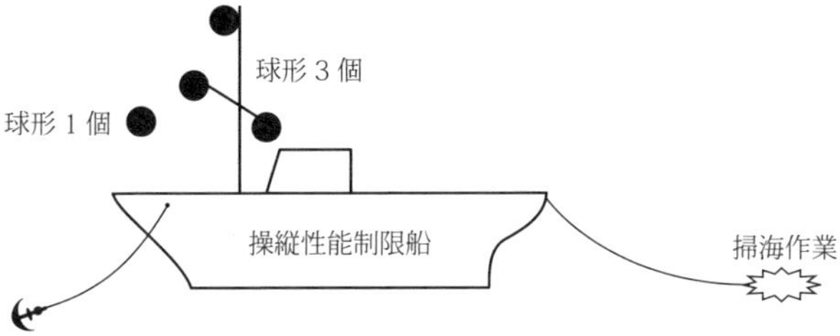

船舶から1000メートル以内の水域が危険であることを表している。

第28条　航行中の喫水制限船の灯火及び形象物

(1)　航行中の喫水制限船が表示することができる灯火

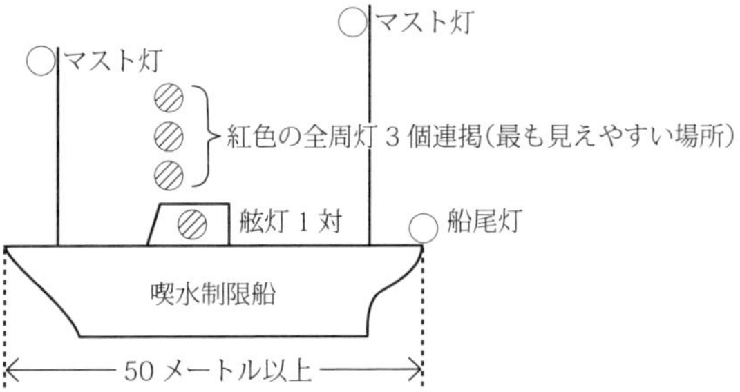

長さ50メートル以上

⑵ 航行中の喫水制限船が表示することができる形象物

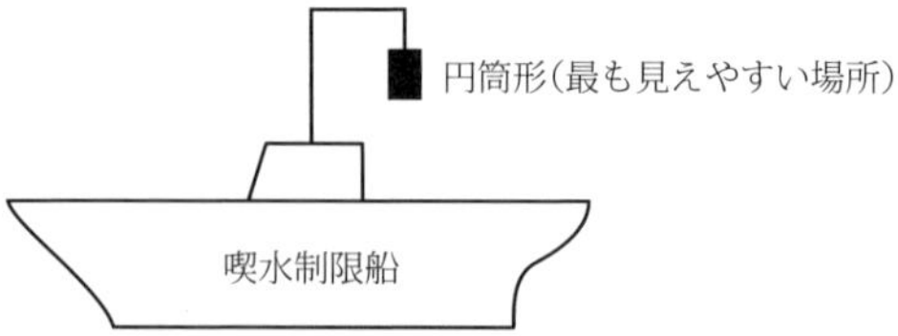

第29条　航行中の水先船の灯火等

航行中又は錨泊中の水先船であって，水先業務に従事しているものが表示すべき灯火又は形象物について，次のように定めている。

⑴ 航行中の水先船であって，水先業務に従事しているものが表示しなければならない灯火

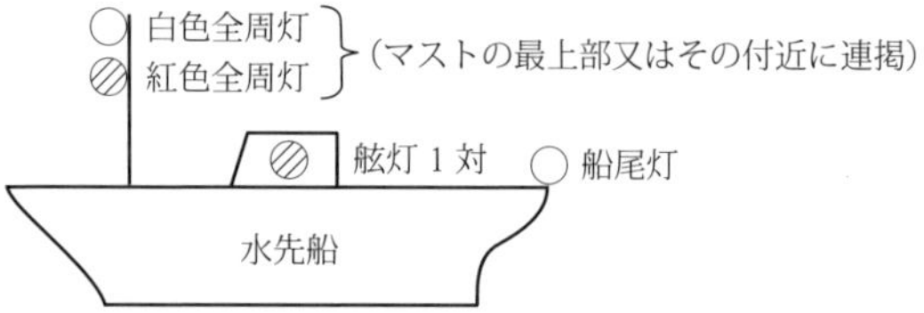

⑵ 航行中の水先船であって，水先業務に従事しているものが表示しなければならない国際信号旗

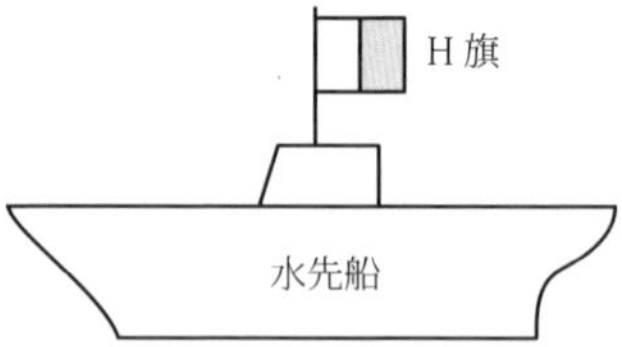

参考　国際信号旗のH旗は，「私は水先人を乗せている」の意味である。

第30条　錨泊中の船舶及び乗り揚げている船舶の灯火及び形象物

(1)　錨泊中の船舶が表示しなければなら灯火又は形象物(第1項及び第2項)

①　灯火

(ア)　長さ50メートル未満の場合

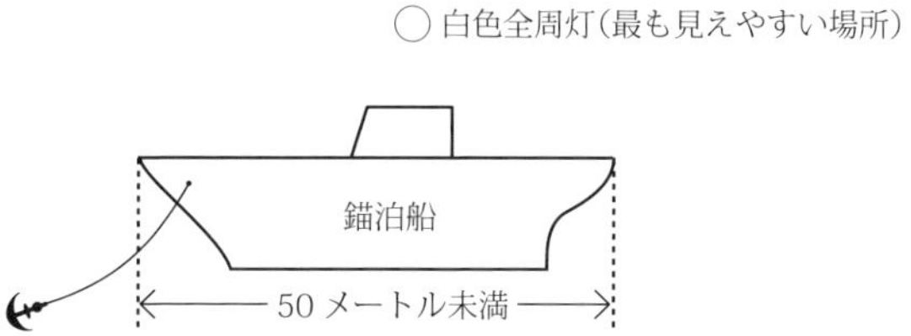

(イ)　長さ50メートル以上100メートル未満の場合

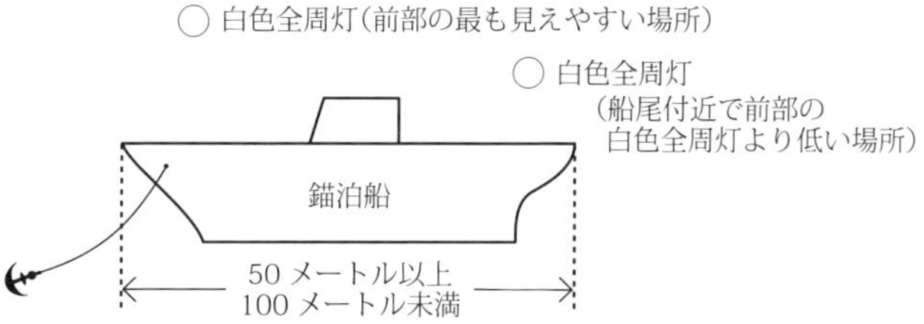

(ウ)　長さ100メートル以上の場合

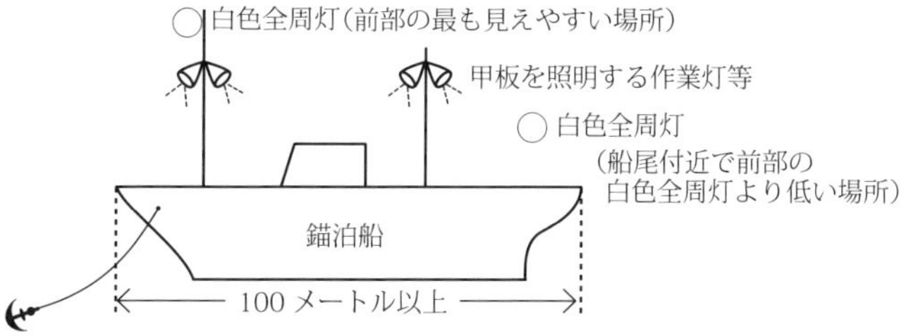

②　形象物

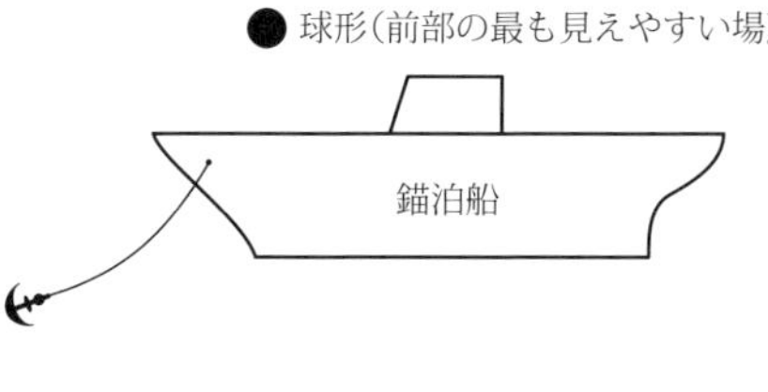

(2) 乗り揚げている船舶が表示しなければならない灯火又は形象物（第３項）

① 灯火

(ア) 長さ 50 メートル未満の場合

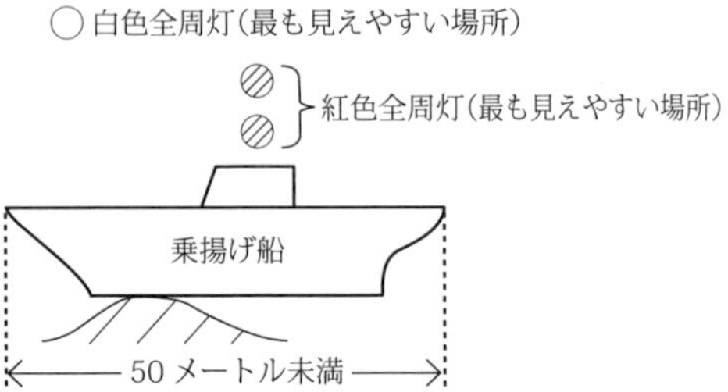

(イ) 長さ 50 メートル以上の場合

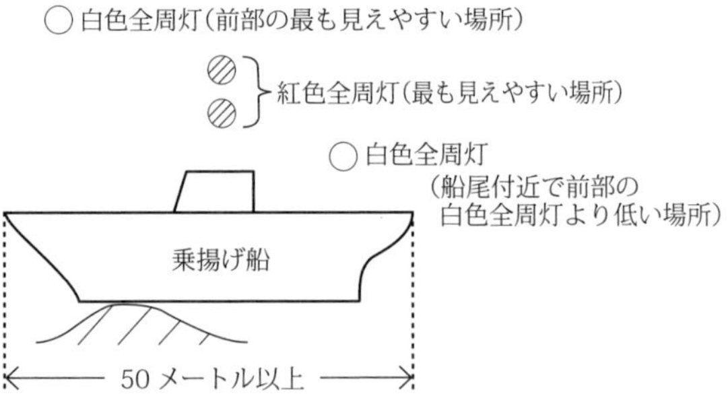

② 形象物

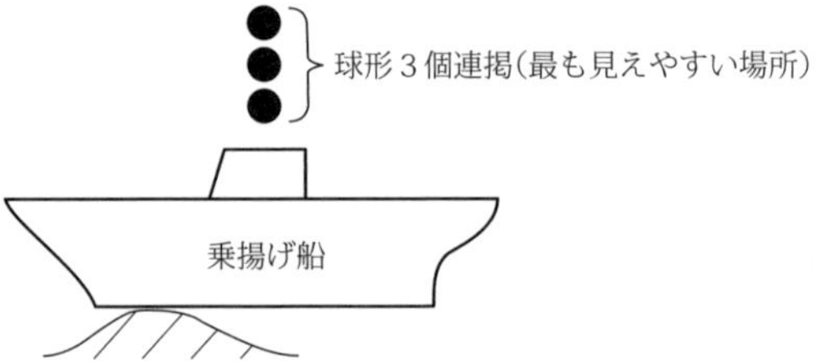

例題 1 次ページの図(1)～(3)に示す灯火及び形象物は，それぞれどのような船舶のどのような状態を表すか。ただし，図中の○は白灯，⊘は紅灯，⊗は緑灯を，また，(3)は形象物を示す。 （海上衝突予防法） **5級**

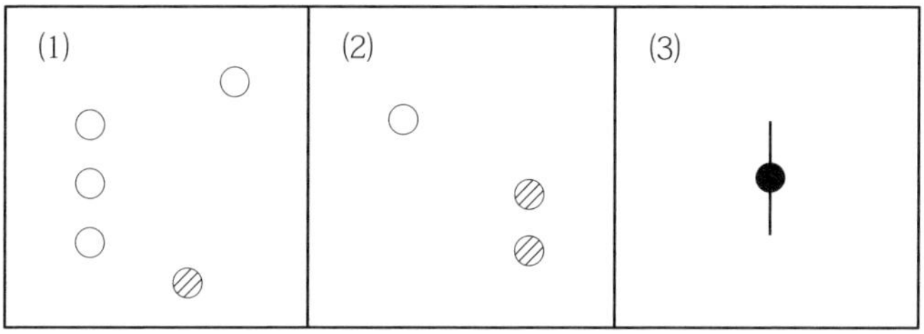

解　(1) 船舶その他の物件を引いている航行中の長さ 50 メートル以上の動力船で，左舷側を見せ，かつ，曳航物件の後端までの距離が 200 メートルを超えているもの。

(2) 乗り揚げている長さ 50 メートル未満の船舶。

(3) 昼間，錨泊している船舶。

例題 2　下図(1)～(3)に示す灯火及び形象物は，それぞれどのような船舶のどのような状態を表すか。ただし，図中の○は白灯，⨷は紅灯，⊗は緑灯を，また，(3)は形象物を示す。　（海上衝突予防法）**5 級**

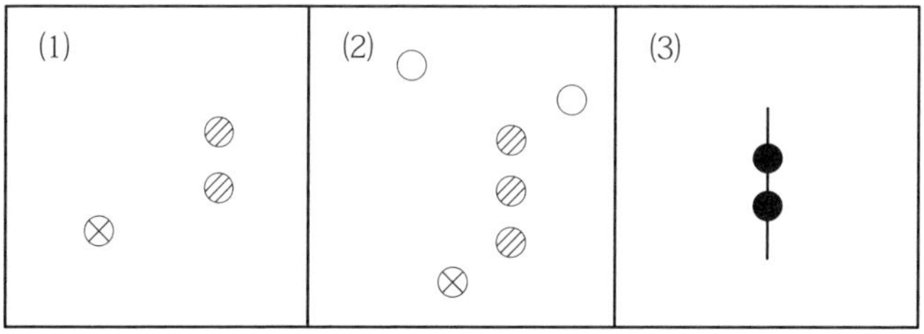

解　(1) 航行中の運転不自由船で，右舷側を見せ，対水速力を有するもの。

(2) 航行中の長さ 50 メートル以上の喫水制限船で，右舷側を見せているもの。

(3) 昼間，航行中の運転不自由船。

例題 3　下図(1)～(3)に示す灯火及び形象物は，それぞれどのような船舶のどのような状態を表すか。ただし，図中の○は白灯，⨷は紅灯，⊗は緑灯を，また，(3)は形象物を示す。　（海上衝突予防法）**5 級**

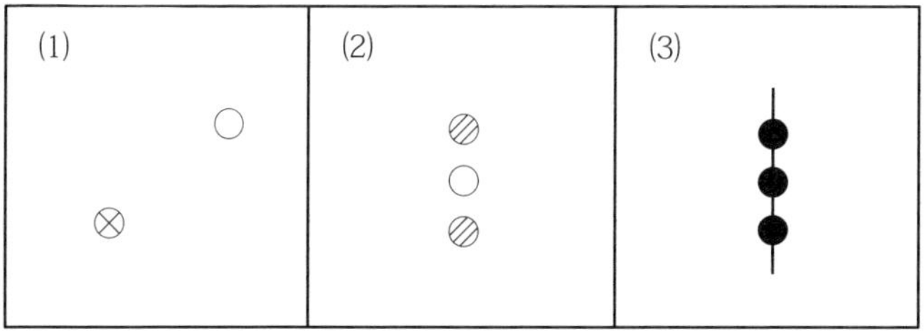

解 (1) 航行中の長さ 50 メートル未満の動力船で，右舷側を見せているもの。
(2) 航行中の操縦性能制限船で，対水速力を有しないもの。
(3) 昼間，乗り揚げている船舶。

例題 4 下図(1)～(3)に示す灯火及び形象物は，それぞれどのような船舶のどのような状態を表すか。ただし，図中の○は白灯，▨は紅灯，⊗は緑灯を，また，(3)は形象物を示す。 （海上衝突予防法） 5級

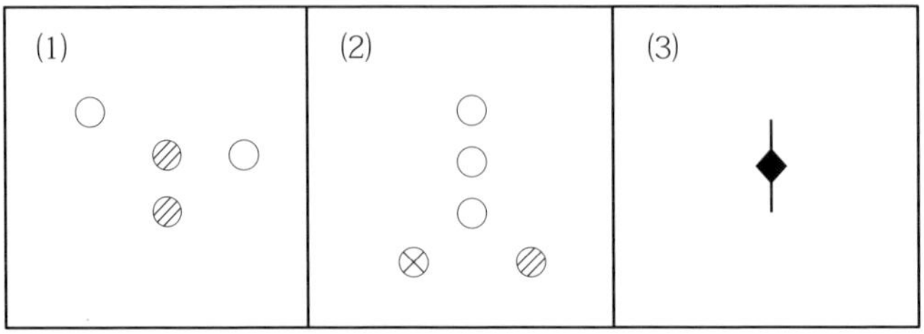

解 (1) 乗り揚げている長さ 50 メートル以上の船舶で，左舷側を見せているもの。
(2) 船舶その他の物件を引いている航行中の長さ 50 メートル未満の動力船で，正船首を見せ，かつ，曳航物件の後端までの距離が 200 メートルを超えているもの。又は，船舶その他の物件を引いている航行中の長さ 50 メートル以上の動力船で，正船首を見せ，かつ，曳航物件の後端までの距離が 200 メートル以下であるもの。
(3) 昼間，船舶その他の物件を引いている航行中の動力船で，曳航物件の後端までの距離が 200 メートルを超えているもの。

例題 5 下図(1)～(3)に示す灯火及び形象物は，それぞれどのような船舶のどのような状態を表すか。ただし，図中の○は白灯，▨は紅灯，⊗は緑灯を，また，(3)は形象物を示す。 （海上衝突予防法） 5級

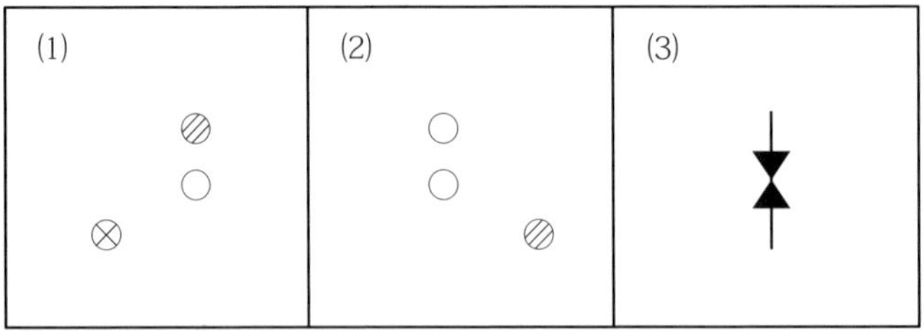

解 (1) トロール以外の方法で漁ろうに従事している船舶で，右舷側を見せ，対水速力を有し，かつ，漁具を船外 150 メートル以下で出しているもの。
(2) 船舶その他の物件を引いている航行中の長さ 50 メートル未満の動力船

で，左舷側を見せ，曳航物件の後端までの距離が 200 メートル以下のもの。
(3) 昼間，漁ろうに従事している船舶。ただし，この船舶がトロール以外の方法で漁ろうに従事している船舶である場合は，漁具を船外 150 メートル以下で出しているものである。

例題 6　下図(1)～(3)に示す灯火及び形象物は，それぞれどのような船舶のどのような状態を表すか。ただし，図中の○は白灯，▨は紅灯，⊗は緑灯を，また，(3)は形象物を示す。　（海上衝突予防法）**5級**

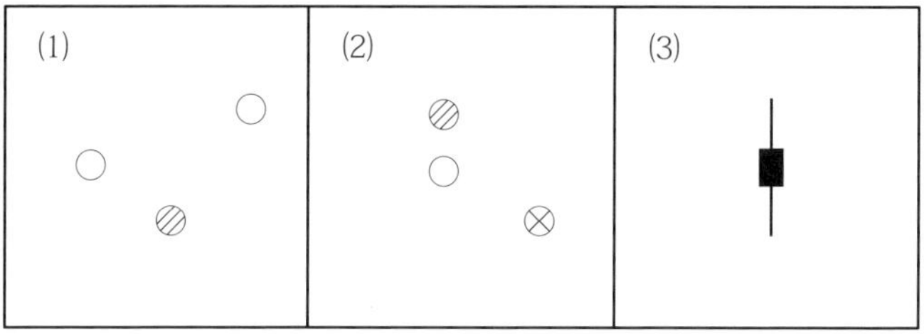

解
(1) 航行中の長さ 50 メートル以上の動力船で，左舷側を見せているもの。
(2) トロール以外の方法で漁ろうに従事している船舶で，右舷側を見せ，対水速力を有し，かつ，漁具を船外 150 メートル以下で出しているもの。
(3) 昼間，航行中の喫水制限船。

例題 7　下図(1)～(3)に示す灯火及び形象物は，それぞれどのような船舶のどのような状態を表すか。ただし，図中の○は白灯，▨は紅灯，⊗は緑灯を，また，(3)は形象物を示す。　（海上衝突予防法）**5級**

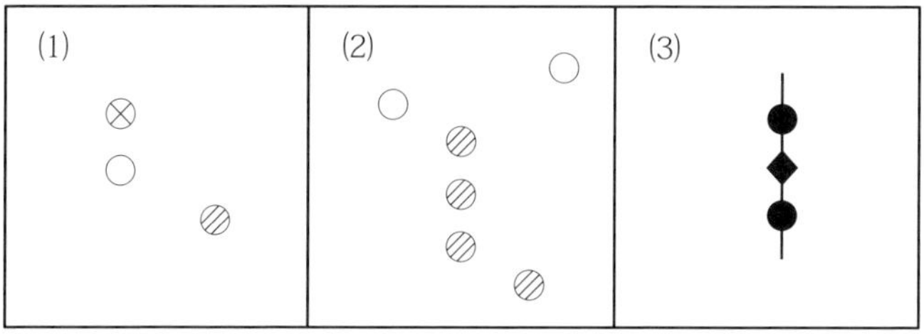

解
(1) 長さ 50 メートル未満のトロールによって漁ろうに従事している船舶で，左舷側を見せ，対水速力を有するもの。
(2) 航行中の長さ 50 メートル以上の喫水制限船で，左舷側を見せているもの。
(3) 昼間，航行中の操縦性能制限船。

例題 8 下図(1)～(3)に示す灯火及び形象物は，それぞれどのような船舶のどのような状態を表すか。ただし，図中の○は白灯，▨は紅灯，⊗は緑灯を，また，(3)は形象物を示す。

（海上衝突予防法） **5 級**

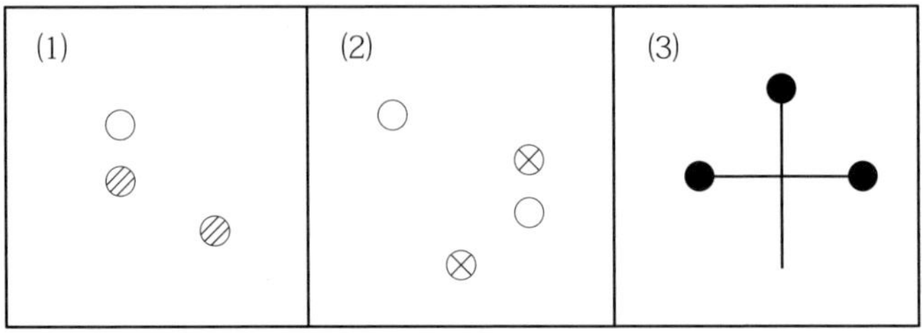

解

(1) 航行中の水先船で，左舷側を見せ，水先業務に従事しているもの。

(2) 長さ 50 メートル以上のトロールにより漁ろうに従事している船舶で，右舷側を見せ，かつ，対水速力を有するもの。

(3) 昼間，航行中の掃海作業に従事している操縦性能制限船であって，船舶から 1,000 メートル以内の水域が危険であることを表しているもの。

例題 9 下図(1)～(3)に示す灯火及び形象物は，それぞれどのような船舶のどのような状態を表すか。ただし，図中の○は白灯，▨は紅灯，⊗は緑灯を，また，(3)は国際信号旗の A 旗を示す。

（海上衝突予防法） **5 級**

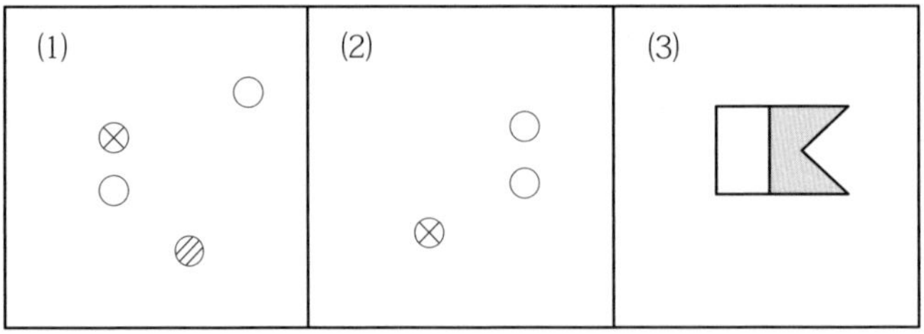

解

(1) 長さ 50 メートル以上のトロールにより漁ろうに従事している船舶で，左舷側を見せ，かつ，対水速力を有するもの。

(2) 船舶その他の物件を引いている航行中の長さ 50 メートル未満の動力船で，右舷側を見せ，かつ，曳航物件の後端までの距離が 200 メートル以下であるもの。

(3) 昼間，潜水夫による水中作業に従事している操縦性能制限船で，その作業が船舶の通航の妨害となるおそれがあることを表しているもの。

例題10 下図(1)～(3)に示す灯火及び形象物は，それぞれどのような船舶のどのような状態を表すか。ただし，図中の○は白灯，▨は紅灯，⊗は緑灯を，また，(3)は形象物を示す。　　（海上衝突予防法）**5級**

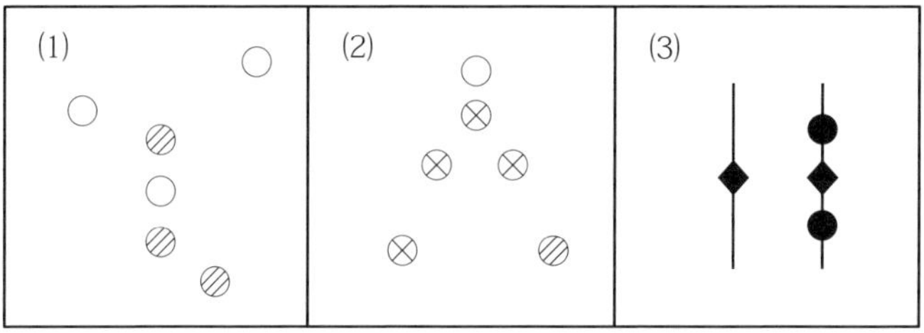

解
(1) 航行中の長さ 50 メートル以上の操縦性能制限船で，左舷側を見せ，対水速力を有するもの。
(2) 航行中の掃海作業に従事している長さ 50 メートル未満の操縦性能制限船であって，正船首を見せ，船舶から 1,000 メートル以内の水域が危険であることを表しているもの。
(3) 昼間，その進路から離れることを著しく制限する曳航作業に従事している航行中の操縦性能制限船であって，曳航物件の後端までの距離が 200 メートルを超えているもの。

例題11 海上衝突予防法に関する次の問いに答えよ。　**5級**
(1)「運転不自由船」とは，どのような船舶をいうか。
(2) (1)の船舶（長さ 12 メートル以上）が，航行中に表示しなければならない灯火・形象物を記せ。

解
(1) 運転不自由船とは，船舶の操縦性能を制限する故障その他の異常な事態が生じているため他の船舶の進路を避けることができない船舶をいう。
(2) 次図に示す灯火又は形象物を表示しなければならない。
〔灯火〕

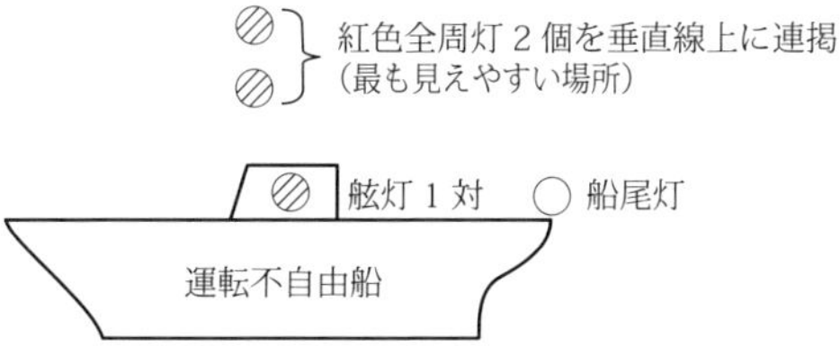

【注】 舷灯及び船尾灯は，対水速力を有する場合に表示する。

〔形象物〕

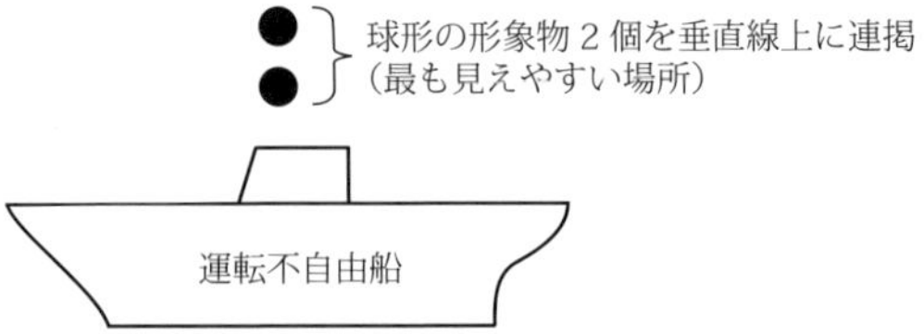

例題12 航行中の海底電線の敷設作業に従事している操縦性能制限船（長さ 90 メートル）について：　　　　（海上衝突予防法）**4級**

（1）昼間は，どのような形象物を掲げなければならないか。

（2）航行中の漁ろうに従事している船舶と接近して衝突するおそれがあるときは，操縦性能制限船はどのようにしなければならないか。

（3）夜間，この船舶の対水速力の有無を，他の船舶はどのようにして知るか。

解

（1）下図に示す形象物３個を，最も見えやすい場所に垂直線上に掲げなければならない。

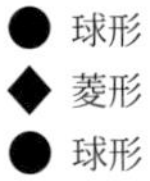

（2）航法は，「保持船の航法」（予防法第 17 条）が適用されるので，できる限り，そのままの針路と速力を保たなければならない。

（3）マスト灯，舷灯及び船尾灯が点灯しているときは，対水速力を有し，点灯していないとき対水速力を有しない。

例題13 航行中のトロールによる漁ろうに従事している船舶（長さ 60 メートル）について：　　　　（海上衝突予防法）**4級**

（1）どのような灯火及び形象物を掲げなければならないか。

（2）できる限りどのような船舶の進路を避けなければならないか。

解

（1）下図に示す灯火又は形象物を掲げなければならない。

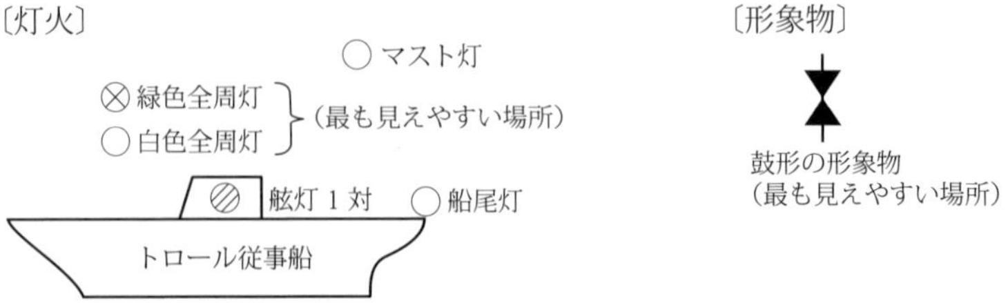

【注】 舷灯及び船尾灯は，対水速力を有する場合に掲げる。

（2）操縦性能制限船，運転不自由船

例題14 長さ 60 メートルの動力船が，その船尾から 200 メートルを超える距離で他の船舶を引いて航行中は，舷灯 1 対と船尾灯のほか，どのような灯火を掲げなければならないか。また，この曳航作業のため進路から離れることが著しく制限されている状態にあるときは，引いている動力船は，さらにどのような灯火を掲げなければならないか。（海上衝突予防法）**4級**

解 前部にマスト灯 1 個を掲げ，この灯火よりも後方の高い位置にマスト灯 3 個を垂直線上に掲げる。また，船尾灯の垂直線上の上方に引き船灯 1 個を掲げなければならない。

この曳航作業のため進路から離れることが著しく制限されている状態にあるときは，さらに，最も見えやすい場所に，紅色（上），白色（中）及び紅色（下）の全周灯 3 個を垂直線上に掲げなければならない。

〔下図参照〕

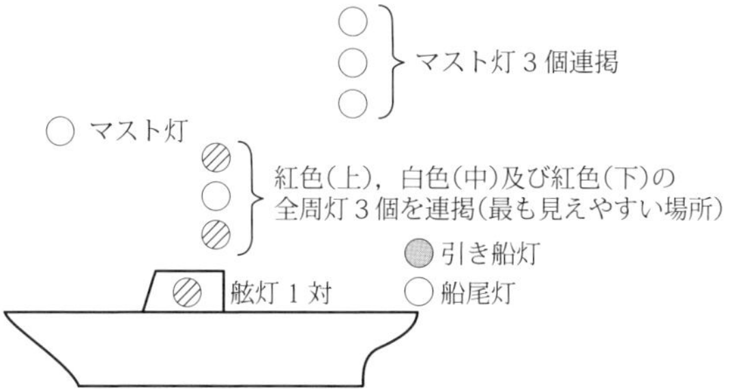

例題15 下図は，長さ 50 メートル以上の動力船が 1 隻の船舶を引いている場合（曳航物件の後端までの距離が 200 メートル以下）及びこの場合に各船舶が掲げなければならない灯火を示したものである。（○印は灯火であるが，正横から視認できないものも掲げるべき灯火として表示した。）この場合について：

（海上衝突予防法）**4級**

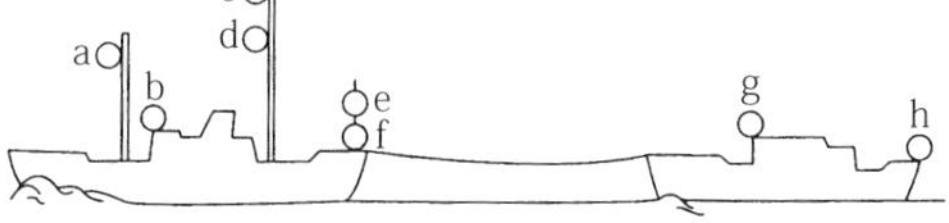

（1）次の(ア)～(ウ)の灯火は上図のうちどれか。それぞれについて記号で答えよ。

(ア) 白色の灯火　(イ) 黄色の灯火　(ウ) 正横から視認できない灯火

（2）この動力船が保持船となるのは，どのような場合か。

解

（1）(ア)：a, c, d, f, h　(イ)：e　(ウ)：e, f, h

（2）① この動力船が他の船舶に追い越される場合

② 左舷側に見ている動力船と横切り関係になった場合

例題16 昼間，一般動力船が，その船尾から 200 メートルを超える距離で他の船舶を引いて航行中は，どのような形象物を掲げなければならないか。また，この曳航作業のため進路から離れることが著しく制限されている状態にあるときは，引いている動力船は，さらにどのような形象物を掲げなければならないか。 **4級**

（海上衝突予防法）

解 下図に示す菱形の形象物 1 個を，最も見えやすい場所に掲げなければならない。

◆ 菱形 1 個

曳航作業のため進路から離れることが著しく制限されているときは，さらに下図に示す形象物 3 個を，最も見えやすい場所に垂直線上に掲げなければならない。

● 球形
◆ 菱形
● 球形

第４章　音響信号及び発光信号

第 32 条　定義

第 32 条 「汽笛」とは，この法律に規定する短音及び長音を発することができる措置をいう。
第２項 「短音」とは，約１秒間継続する吹鳴をいう。
第３項 「長音」とは，４秒以上６秒以下の時間継続する吹鳴をいう。

例題 海上衝突予防法に規定されている次の用語の定義を述べよ。　4級・5級
（1）短音　（2）長音

解
（1）短音とは，約１秒間継続する吹鳴をいう。
（2）長音とは，４秒以上６秒以下の時間継続する吹鳴をいう。

第 33 条　音響信号設備

⑴ **船舶が備えるべき音響信号設備**（第１項）
① 長さ 100 メートル以上の船舶は，**汽笛**，**号鐘**及び**どら**を備えなければならない。
② 長さ 100 メートル未満の船舶は，**汽笛**及び**号鐘**を備えなければならない。

⑵ **長さ 20 メートル未満の船舶が備えるべき音響信号設備**（第２項）
① 長さ 20 メートル未満の船舶は，**汽笛**を備えなければならない。
② 長さ 12 メートル未満の船舶は，**笛**，**太鼓**，**ドラム缶**等を備えておき，有効な音響による信号を行うことができるようにしておかなければならない。

第 34 条　操船信号及び警告信号

⑴ **操船信号**（第１項，第２項及び第３項）
航行中の動力船は，互いに他の船舶の視野の内にある場合において，この法律の規定により，その針路を転じ，又はその機関を後進にかけているとき

は，次に定めるところにより，**汽笛信号**を行わなければならない。

① 針路を右に転じている場合は，短音を 1 回（-）鳴らすこと。

② 針路を左に転じている場合は，短音を 2 回（- -）鳴らすこと。

③ 機関を後進にかけている場合は，短音を 3 回（- - -）鳴らすこと。

【注】 上記の汽笛信号を鳴らすと同時に，発光信号による白色閃光 1 回，2 回及び 3 回を併用することができる。（任意）

⑵ **追越しの意図を示す汽笛信号等**（第 4 項）

船舶は，互いに他の船舶の視野の内にある場合において，第 9 条第 4 項（狭い水道等において追い越される船舶の同意を必要とする追越し）の規定による汽笛信号を行うときは，次の各号に定めるところにより，これを行わなければならない。

① 他の船舶の右舷側を追い越そうとする場合は，長音 2 回に引き続く短音 1 回を鳴らすこと。

② 他の船舶の左舷側を追い越そうとする場合は，長音 2 回に引き続く短音 2 回を鳴らすこと。

③ 他の船舶に追い越されることに同意した場合は，順次に長音 1 回，短音 1 回，長音 1 回及び短音 1 回を鳴らすこと。

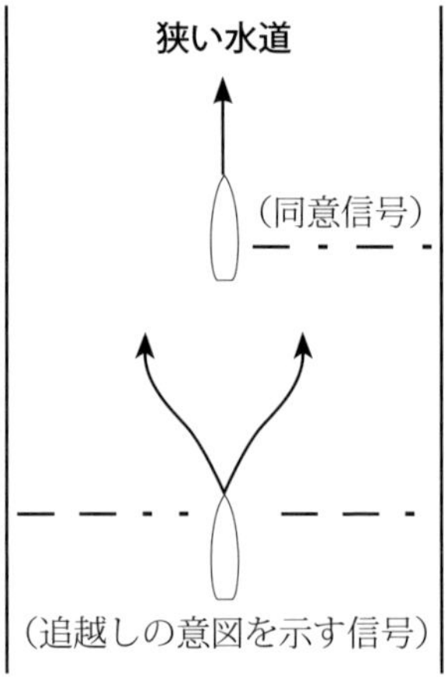

⑶ **警告信号**（第 5 項）

互いに他の船舶の視野の内にある船舶が互いに接近する場合において，船舶は，他の船舶の意図若しくは動作を理解することができないとき，又は他の船舶が衝突を避けるために十分な動作をとっていることについて疑いがあるときは，直ちに急速に短音を 5 回以上（- - - - -）鳴らすことにより汽笛信号を行わなければならない。

この場合において，この汽笛信号を行う船舶は，急速に白色閃光を 5 回以上発することにより発光信号を行うことができる。

⑷　**湾曲部信号及び応答信号**（第 6 項）

船舶は，障害物があるため他の船舶を見ることができない狭い水道等の湾曲部その他の水域に接近する場合は，長音 1 回の汽笛信号を行わなければならない。この場合において，その船舶に接近する船舶は，その湾曲部の付近又は障害物の背後においてその汽笛信号を聞いたときは，長音 1 回の汽笛信号を行うことによりこれに応答しなければならない。

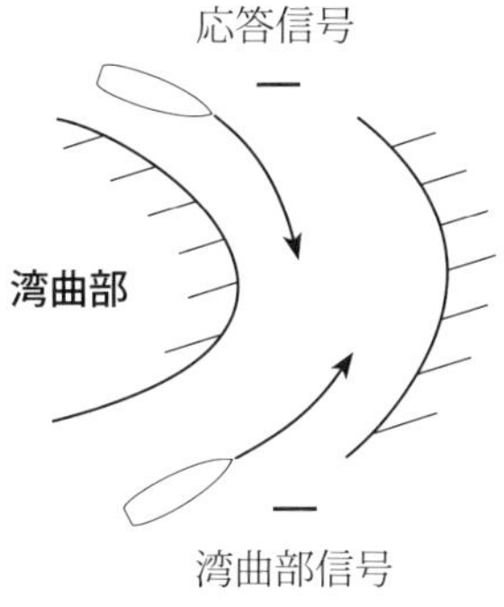

例題 1　どのような条件がそろったときに，動力船は汽笛による操船信号を行わなければならないか。（海上衝突予防法）**4 級**

解　次に掲げる条件が全てそろったとき
①　航行中であること。
②　互いに他の船舶の視野の内にあること。
③　この法律の規定によりその針路を転じ，又は機関を後進にかけていること。

例題 2　海上衝突予防法によると，船舶は，次の場合には，どのような汽笛信号を行わなければならないか。**4 級・5 級**
（1）互いに他の船舶の視野の内にある船舶が互いに接近する場合において，他の船舶の意図又は動作を理解することができないとき。
（2）互いに他の船舶の視野の内にある動力船が，他の船舶の進路を避けるために航法規定にしたがって針路を左転している場合

解　（1）急速に短音を 5 回以上鳴らすことにより汽笛信号を行わなければならない。
（2）短音を 2 回鳴らすことにより汽笛信号を行わなければならない。

例題 3　視界良好な海域を航行している船舶が，他の船舶の船影を見ないで長音 1 回の汽笛信号を聞くことがあるのは，どのような場合か。また，その場合，この船舶はどのようにしなければならないか。（海上衝突予防法）**5 級**

解　障害物があるため他の船舶を見ることができない狭い水道等の湾曲部その他の水域に接近する場合。

また，この船舶は，題意の汽笛信号を聞いた場合は，長音 1 回の汽笛信号を

行うことによりこれに応答し，かつ，十分に注意して航行しなければならない。

例題 4 障害物があるため他の船舶を見ることができない狭い水道等の湾曲部に接近する船舶は，どのようにしなければならないか。　　（海上衝突予防法）**4級**

解 ①　十分に注意して航行しなければならない。
②　長音 1 回の汽笛信号を行わなければならない。
③　その湾曲部の付近又は障害物の背後において他船の鳴らす長音 1 回の汽笛信号を聞いたときは，長音 1 回の汽笛信号を行うことによりこれに応答しなければならない。

第 35 条　視界制限状態における音響信号

本条は，視界制限状態又はその付近における船舶が行わなければならない音響による信号（一般に「霧中信号」と呼ぶ。）について，次のように定めている。

(1)　**航行中の船舶が行う霧中信号**

航行中の船舶が行う霧中信号は，汽笛を用いる。信号の間隔は，2 分を超えない間隔とする。

①　**航行中の動力船**

霧中，航行中の動力船は，次の①～②の霧中信号を行わなければならない。

ⓐ　**対水速力を有する**ときは，**2 分**を超えない間隔で**長音 1 回**による汽笛信号を鳴らさなければならない。

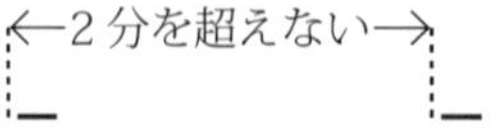

ⓑ　**対水速力を有しない**ときは，**2 分**を超えない間隔で**長音 2 回**による汽笛信号を鳴らさなければならない。

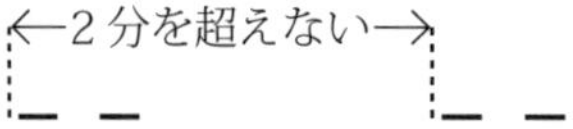

②　**帆船，漁ろうに従事している船舶，喫水制限船，操縦性能制限船，運転不自由船，引き船及び押し船**

航行中の上記 7 種類の船舶は，次の霧中信号を行わなければならない。

2 分を超えない間隔で「**長短短**」による汽笛信号を鳴らさなければならない。

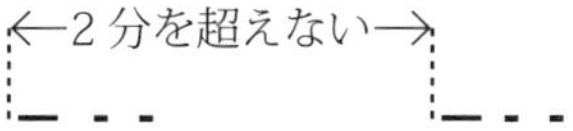

【注】 漁ろうに従事している船舶及び**操縦性能制限船**は，錨泊中も上記と同じ霧中信号を行わなければならない。

③　引かれ船

他の動力船に引かれて航行中の船舶(2隻以上ある場合は，最後部のもの)は，乗組員がいる場合は，**2分**を超えない間隔で「**長短短短**」による汽笛信号を行わなければならない。この場合において，その汽笛信号は，できる限り，引き船の行う汽笛信号の直後に行わなければならない。

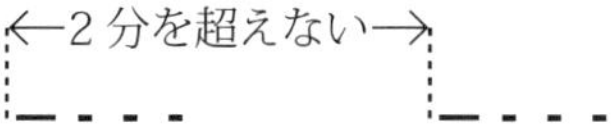

(2)　錨泊中の船舶が行う霧中信号

錨泊中の船舶が行う霧中信号は，号鐘を用いる。信号の間隔は，1分を超えない間隔とする。

①　長さ100メートル以上の錨泊船

錨泊中の長さ100メートル以上の船舶は，**1分**を超えない間隔で，船の前部において急速に**号鐘**を約5秒間打ち鳴らし，かつ，できるだけその直後に，船の後部において急速に**どら**を約5秒間打ち鳴らさなければならない。

この場合において，その船舶は，接近してくる他船に対して，自船の位置及び衝突の可能性を警告する必要があるときは，「**短長短**」による汽笛信号を行うことができる。(任意)

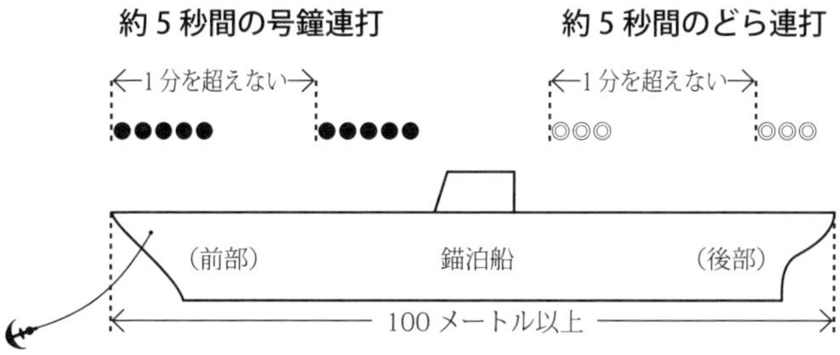

② **長さ100メートル未満の錨泊船**

錨泊中の長さ100メートル未満の船舶は，**1分**を超えない間隔で急速に**号鐘**を約5秒間打ち鳴らさなければならない。

この場合において，その船舶は，接近してくる他船に対して，自船の位置及び衝突の可能性を警告する必要があるときは，「**短長短**」による汽笛信号を行うことができる。（任意）

約5秒間の号鐘連打

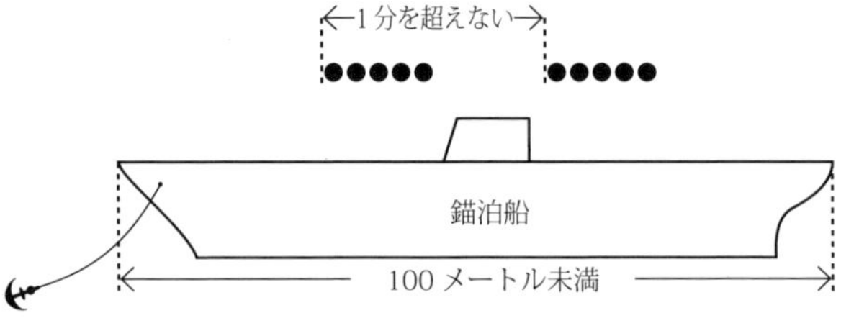

(3) **乗り揚げている船舶が行う霧中信号**

乗り揚げている船舶の霧中信号は，**錨泊中の船舶が行う号鐘信号の直前及び直後に号鐘をそれぞれ明確に3点打**しなければならない。

3点打＋約5秒間の号鐘連打＋3点打

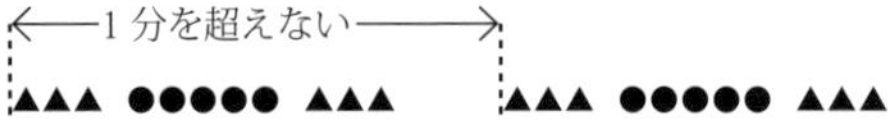

① **長さ100メートル以上の乗揚げ船**

3点打＋約5秒間の号鐘連打＋3点打　　**約5秒間のどら連打**

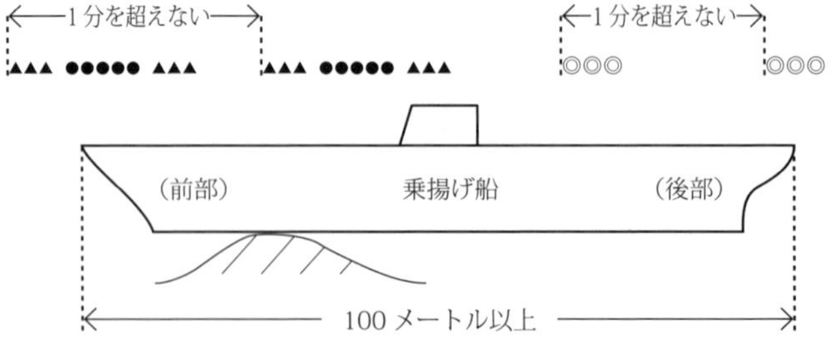

【注】 船の後部で行うどら信号は，その直前及び直後に3点打してはならない。

② **長さ 100 メートル未満の乗揚げ船**

3 点打＋約 5 秒間の号鐘連打＋ 3 点打

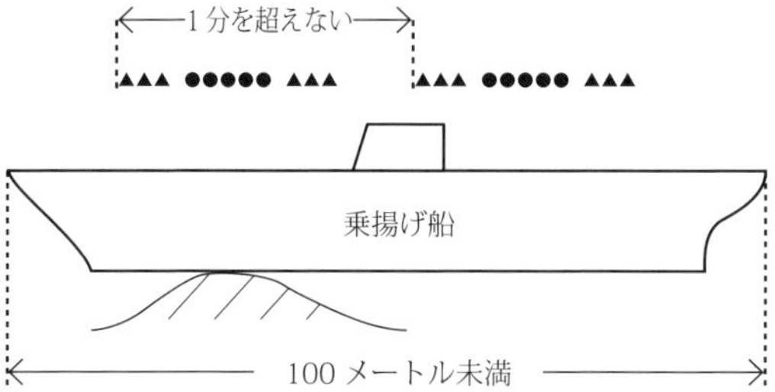

⑷ 長さ 12 メートル未満の船舶の霧中信号

長さ 12 メートル未満の船舶は，汽笛又は号鐘による信号に替えて，2 分を超えない間隔で**有効な音響による信号**(ドラム缶，太鼓等)を行うことができる。

⑸ 水先船の霧中信号(識別信号)

水先船は**短音 4 回**(- - - -)による汽笛信号を行うことができる。

⑹ プッシャーバージの霧中信号

押している動力船と押されている船舶とが結合して一体となっている場合は，1 隻の動力船としての霧中信号を行わなければならない。

例題 1 海上衝突予防法によると，次の(1)及び(2)の船舶は，それぞれどのような音響信号を行わなければならないか。 **4 級・5 級**

(1) 視界制限状態にある水域を航行中の一般動力船
(2) 視界制限状態にある水域で錨泊中の操縦性能制限船

解 (1) ① 対水速力を有する場合は，2 分を超えない間隔で「長音 1 回」を鳴らすことにより汽笛信号を行わなければならない。
② 対水速力を有しない場合は，2 分を超えない間隔で「長音 2 回」を鳴らすことにより汽笛信号を行わなければならない。
(2) 2 分を超えない間隔で「長音・短音・短音」を鳴らすことにより汽笛信号を行わなければならない。

例題 2 海上衝突予防法によると，視界制限状態において，次の汽笛信号を行わなければならないのはそれぞれどのような船舶か。 **4 級・5 級**

(1) 2 分を超えない間隔で，長音 1 回を鳴らす汽笛信号
(2) 2 分を超えない間隔で，長音 1 回に引き続く短音 2 回鳴らす汽笛信号

解　(1) 航行中の対水速力を有する動力船

(2) 航行中の帆船，漁ろうに従事している船舶，運転不自由船，操縦性能制限船，喫水制限船，他の船舶を引き又は押している動力船並びに錨泊中の漁ろうに従事している船舶又は操縦性能制限船

例題 3　海上衝突予防法によると，次の信号を行っているのは，それぞれどのような船舶か。ただし，(1)と(2)は視界制限状態にある水域において行われる信号である。

(1) 2分を超えない間隔で長音2回を鳴らす汽笛信号　4級・5級

(2) 1分を超えない間隔で急速に号鐘を約5秒間鳴らすとともにその直前及び直後に号鐘をそれぞれ3回明確に点打する信号

(3) 短音3回の汽笛信号を鳴らすと同時に，閃光を3回発する信号

解　(1) 航行中の対水速力を有しない動力船

(2) 乗り揚げている長さ100メートル未満の船舶

(3) 互いに他の船舶の視野の内にある場合において，この法律の規定により機関を後進にかけている動力船

例題 4　海上衝突予防法によると，次の(1)及び(2)の音響信号を行っているのは，それぞれどのような船舶か。　4級・5級

(1) 長音1回，短音1回，長音1回及び短音1回の汽笛信号

(2) 前部において，1分を超えない間隔で急速に号鐘を約5秒間鳴らすとともに，その直前及び直後に号鐘をそれぞれ明確に3点打し，かつ，その後部において，その号鐘の最後の点打の直後に急速にどらを約5秒間鳴らす信号

解　(1) 狭い水道等において，追越し船の追い越しの意図に同意したことを示している追い越される船舶

(2) 視界制限状態の水域において乗り揚げている長さ100メートル以上の船舶

例題 5　視界制限状態において他の動力船に引かれている航行中の船舶は，どのような汽笛信号をどのように行わなければならないか。　(海上衝突予防法)　4級

解　2分を超えない間隔で「長音・短音・短音・短音」を鳴らすことにより汽笛信号を行わなければならない。この場合において，その汽笛信号は，できる限り引いている動力船が行う汽笛信号の直後に行わなければならない。

第36条　注意喚起信号

(1)　注意喚起信号として使用できる発光信号又は音響信号（第1項）

船舶は，他の船舶の注意を喚起するために必要があると認める場合は，この法律に規定する信号と誤認されることのない**発光信号**又は**音響による信号**

を行い，又は他の船舶を眩惑させない方法により**危険の存する方向に探照灯を照射**することができる。

発光信号としては，炎火，松明《たいまつ》，モールス式発光信号，懐中電灯を振り回す等の方法がある。また，音響による信号は，発砲，汽笛，号鐘，どら，爆竹等を鳴らす方法がある。

⑵　**発光信号又は探照灯の照射の制限**（第２項）

第１項の規定による発光信号又は探照灯による照射は，船舶の航行を援助する施設の灯火と誤認されるものであってはならず，また，ストロボ等による点滅し，又は回転する強力な灯火を使用して行ってはならない。

例題　海上衝突予防法に定める注意喚起信号は，どのような方法で行うことができるか。　**4級**

解　注意喚起信号は，海上衝突予防法に規定する信号と誤認されることのない発光信号又は音響による信号を用いて行わなければならない。また，危険が存する方向に探照灯を照射する場合は，他の船舶を眩惑させない方法で行わなければならない。

【注】　操船信号，警告信号及び注意喚起信号のまとめ

信号名	船舶の種類	信号の方法	信号を行うことが出来る条件	強制・任意
操船信号	**動力船**	①　針路を右に転じている場合は，汽笛で**短音１回**鳴らす。 ②　針路を左に転じている場合は，汽笛で**短音２回**鳴らす。 ③　機関を後進にかけている場合は，汽笛で**短音３回**鳴らす。	①　航行中であること。 ②　互いに他の船舶の視野の内にあること。 ③　本法の規定によりすでに針路を転じ，又は機関を後進にかけていること。	強制
警告信号	**船舶**	汽笛により，急速に**短音を５回以上**鳴らす。	①　互いに他の船舶の視野のうちにあること。 ②　他の船舶の意図若しくは動作を理解することができないこと。	強制
注意喚起信号	**船舶**	①　本法の規定する信号と誤認されることのない発光信号又は音響による信号を行う。 ②　他の船舶を眩惑させない方法により危険が存する方向に探照灯を照射する。	他の船舶の注意を喚起するために必要があると認める場合であること。（視界の良否とは無関係である。）	任意

第37条　遭難信号

第37条　船舶は，遭難して救助を求める場合は，国土交通省令で定める信号を行わなければならない。
第2項　船舶は，遭難して救助を求めていることを示す目的以外の目的で前項の規定による信号を行ってはならず，また，これと誤認されるおそれのある信号を行ってはならない。

⑴　**遭難信号の種類**（則第22条）

遭難信号は，次の各号に定める信号とする。（第1項）

① 約1分の間隔で行う1回の発砲その他の爆発による信号
② 霧中信号器による連続音響による信号
③ 短時間の間隔で発射され，赤色の星火を発するロケット又はりゅう弾による信号
④ あらゆる信号方法によるモールス符号の「・・・―――・・・」（SOS）の信号
⑤ 無線電話による「メーデー」という語の信号
⑥ 縦に上から国際海事機関が採択した国際信号書（以下「国際信号書」という。）に定めるN旗及びC旗を掲げることによって示される遭難信号
⑦ 方形旗であって，その上方又は下方に球又はこれに類似するもの1個の付いたものによる信号
⑧ 船舶上の火炎（タールおけ，油たる等の燃焼によるもの）による信号
⑨ 落下傘の付いた赤色の炎火ロケット又は赤色の手持ち炎火による信号
⑩ オレンジ色の煙を発することによる信号
⑪ 左右に伸ばした腕を繰り返しゆっくり上下させることによる信号
⑫ デジタル選択呼出装置による2,187.5キロヘルツ，4,207.5キロヘルツ，6,312キロヘルツ，8,414.5キロヘルツ，12,577キロヘルツ若しくは16,804.5キロヘルツ又は156.525メガヘルツの周波数の電波による遭難警報
⑬ インマルサット船舶地球局（国際移動通信衛星機構が監督する法人が

開設する人工衛星局の中継により海岸地球局と通信を行うために開設する船舶地球局をいう。）その他の衛星通信の船舶地球局の無線設備による遭難警報

⑭ 非常用の位置指示無線標識による信号

⑮ 前各号に掲げるもののほか，海上保安庁長官が告示で定める信号

⑵ **遭難信号を行う場合に考慮すべき事項**（第2項）

船舶は，前項各号の信号を行うに当たっては，次の各号に定める事項を考慮するものとする。

① 国際信号書に定める遭難に関連する事項

② 国際海事機関が採択した国際航空海上捜索救助手引書第三巻に定める事項

③ 黒色の方形及び円又は他の適当な図若しくは文字を施したオレンジ色の帆布を空からの識別のために使用すること

④ 染料による標識を使用すること

例題1 国際信号旗を用いて行う遭難信号の方法を述べよ。（海上衝突予防法） 4級

解 縦に上から順に国際信号旗のN旗及びC旗を掲げる。

例題2 次の(1)及び(2)を用いて行う遭難信号の方法をそれぞれ述べよ。

（1）霧中信号器　（2）腕　（海上衝突予防法） 4級・5級

解 （1）霧中信号器(汽笛，号鐘及びどら)を連続して鳴らす。

（2）左右に伸ばした腕を繰り返しゆっくり上下させる。

例題3 次の(1)及び(2)を用いて行う遭難信号の方法をそれぞれ述べよ。

（1）無線電話　（2）煙　（海上衝突予防法） 4級・5級

解 （1）無線電話で「メーデー」という語を発する。

（2）オレンジ色の煙を発する。

第５章　補則

第38条　切迫した危険のある特殊な状況

第38条　船舶は，この法律の規定を履行するに当たっては，運航上の危険及び他の船舶との衝突の危険に十分に注意し，かつ，切迫した危険のある特殊な状況（船舶の性能に基づくものを含む。）に十分注意しなければならない。

第２項　船舶は，前項の切迫した危険のある特殊な状況にある場合においては，切迫した危険を避けるためにこの法律の規定によらないことができる。

⑴　運航上の危険

運航上の危険とは，船舶を運航する際に発生する全ての危険をいう。例えば，トップヘビーの船舶は，大舵を取ると転覆する危険がある。また，強風時の汽笛音は，風上の船舶には聴取されない危険がある等である。

⑵　他の船舶との衝突の危険

他の船舶との衝突の危険とは，衝突の危険そのものである。例えば，本法の航法規定に従って，避航船が保持船を避航するときは，両船ともただ単に航法規定を履行するのみでなく，衝突の危険に十分注意しなければならない。

⑶　切迫した危険のある特殊な状況

切迫した危険のある特殊な状況とは，船舶の性能上の限界，水深，天候その他の事由により，本法の航法規定を適用するとかえって切迫した危険が発生する場合，又は本法の航法規定では解決できない切迫した危険が発生する場合をいう。

例えば，保持船の前方に浅瀬が存在する場合，本法の航法規定を適用すると当該保持船は浅瀬に乗り揚げる切迫した危険が発生する。

また，航行中の３隻の動力船が同時に横切り関係になった場合，本法ではこの衝突のおそれを解消できる航法規定がないので，当該動力船間に切迫した衝突の危険が発生する。

このような切迫した危険のある特殊な状況下では，船舶はそのときの状況に適した臨機の処置をとらなければならない。

第39条　注意等を怠ることについての責任

> 第39条　この法律の規定は，適切な航法で運用し，灯火若しくは形象物を表示し，若しくは信号を行うこと又は船員の常務として若しくはそのときの特殊な状況により必要とされる注意をすることを怠ることによって生じた結果について，船舶，船舶所有者，船長又は海員の責任を免除するものではない。

< 重要 >　法規の適用順位について

法規の適用順位については，次の規則による。

①　「特別法」は，一般法に優先して適用される。

②　同一法においては，「特別規定」が一般規定に優先して適用される。

一定の水域に限定されて適用される「海上交通安全法」と「港則法」は，航洋船が航行できる全ての水域で適用される海上衝突予防法の特別法となる。

従って，「海上交通安全法」と「港則法」は，海上衝突予防法に優先して適用される。

実力テスト　ここで実力テスト（第 1 回）を実施しましょう！

Ⅱ

海上交通安全法

及び同法施行規則

第1章　総則（1条，2条）
目的及び適用海域（1条），定義（2条）
第2章　交通方法
第1節　航路における一般的航法（3条～10条の2）
避航等（3条），航路航行義務（4条），速力の制限（5条），追越しの場合の信号（6条），
追越しの禁止（6条の2），進路を知らせるための措置（7条），
航路の横断の方法（8条），航路への出入又は航路の横断の制限（9条），
錨泊の禁止（10条），航路外での待機の指示（10条の2）
第2節　航路ごとの航法（11条～21条）
浦賀水道航路及び中ノ瀬航路（11条，12条），
伊良湖水道航路（13条，14条），明石海峡航路（15条），
備讃瀬戸東航路，宇高東航路及び宇高西航路（16条，17条），
備讃瀬戸北航路，備讃瀬戸南航路及び水島航路（18条，19条），
来島海峡航路（20条，21条）
第3節　特殊な船舶の航路における交通方法の特則（22条～24条）
巨大船等の航行に関する通報（22条），
緊急用務を行う船舶等に関する航法の特例（24条）
第4節　航路以外の海域における航法（25条）
第5節　危険防止のための交通規制等（26条）
第6節　灯火等（27条～29条）
巨大船及び危険物積載船の灯火等（27条）
第7節　船舶の安全な航行を援助するための措置（30条，31条）
海上保安庁長官が提供する情報の聴取（30条），
航法の遵守及び危険の防止のための勧告（31条）
第8節　指定海域における措置（32～35条）
指定海域への入域に関する通報（32条），非常災害発生周知措置等（33条），
非常災害周知措置がとられた際に海上保安庁長官が提供する情報の聴取（34条），
非常災害発生周知措置がとられた際の航行制限等（35条）
第3章　危険の防止（36条，37条）
航路及びその周辺の海域における工事等（36条），
航路及びその周辺海域以外の海域における工事等（37条）
第4章　雑則（40条～46条）
航路等の海図への記載（40条）
第5章　罰則（47条～50条）

〔注〕海上交通安全法は，5章8節50条で構成されている

第１章　総則

第１条　目的及び適用海域

⑴　**海交法の目的**（第１項）

この法律は，船舶交通が輻輳する海域における船舶交通について，

①　特別の交通方法を定めるとともに，

②　その危険を防止するための規制を行うことにより，

船舶交通の安全を図ることを目的とする。

⑵　**適用海域**（第２項）

この法律は，①東京湾，②伊勢湾（伊勢湾の湾口に接続する海域及び三河湾のうち伊勢湾に接する海域を含む。）及び③瀬戸内海の海域に適用する。

ただし，上記の３海域の中にある港内及び陸岸に沿う海域のうち漁船以外の船舶が通常航行していない海域は適用除外となる。

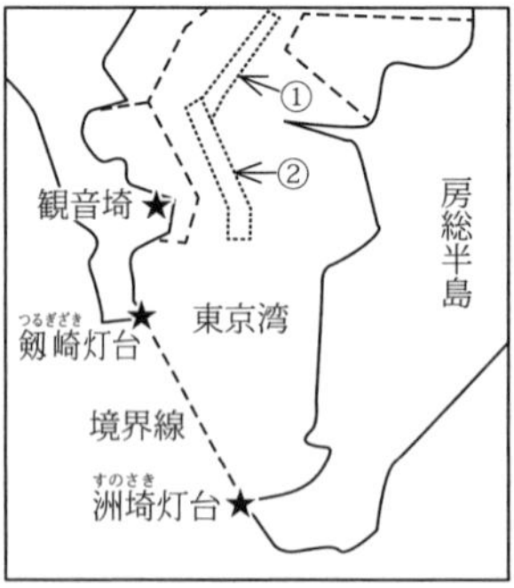

東京湾

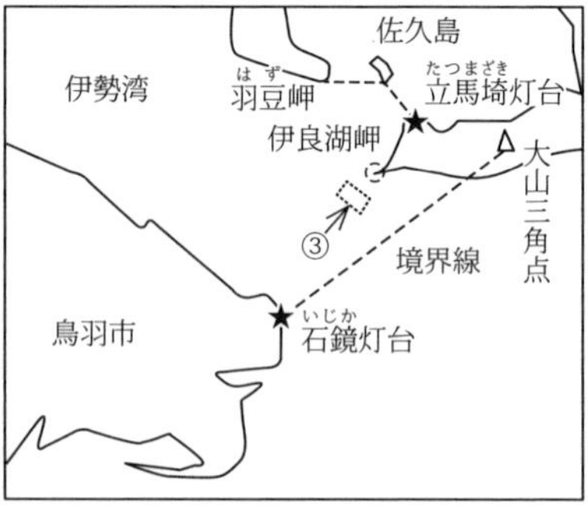

伊勢湾

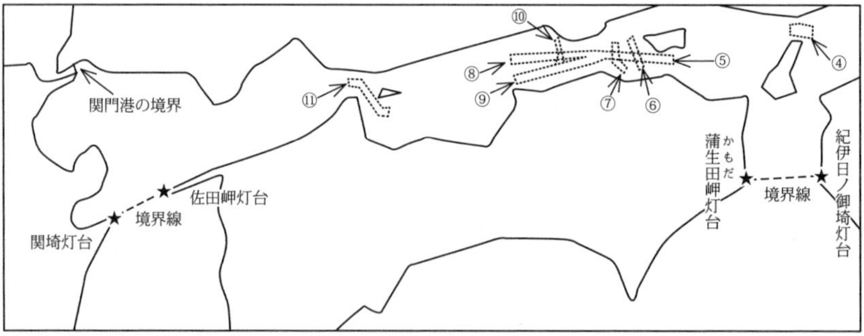

瀬戸内海

第2条　定義

(1)　航路の名称と配置

〔**東京湾**〕

① 中ノ瀬航路（北の一方通航航路）

② 浦賀水道航路（二分航路）

〔**伊勢湾**〕

③ 伊良湖水道航路（できる限り，同航路の中央から右の部分を航行）

〔**瀬戸内海**〕

④ 明石海峡航路（二分航路）

⑤ 備讃瀬戸東航路（二分航路）

⑥ 宇高東航路（北の一方通航航路）

⑦ 宇高西航路（南の一方通航航路）

⑧ 備讃瀬戸北航路（西の一方通航航路）

⑨ 備讃瀬戸南航路（東の一方通航航路）

⑩ 水島航路（できる限り，同航路の中央から右の部分を航行）

⑪ 来島海峡航路（急潮を考慮した特別な航行方法）

参考　各航路の配置については，90 ページの図を参照のこと。

(2)　用語の定義

①「**巨大船**」とは，長さ 200 メートル以上の船舶をいう。

②「**漁ろう船等**」とは，次のⓐ及びⓑの船舶をいう。

ⓐ　漁ろうに従事している船舶

ⓑ　工事又は作業を行っているため接近してくる他の船舶の進路を避けることが容易でない船舶であって国土交通省令で定める**灯火**又は**標識**を表示しているもの

【注】　上記ⓑの船舶（海上保安庁長官の許可を受けて，航路及びその周辺海域において工事又は作業に従事する船舶に限る）は，下図に示す灯火及び標識を最も見えやすい場所に表示しなければならない。

灯火：緑色全周灯 2 個を縦掲したもの

標識：白色菱形の下に紅球 2 個を縦掲した標識

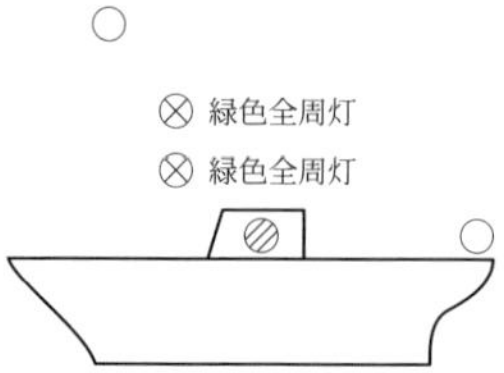

灯火

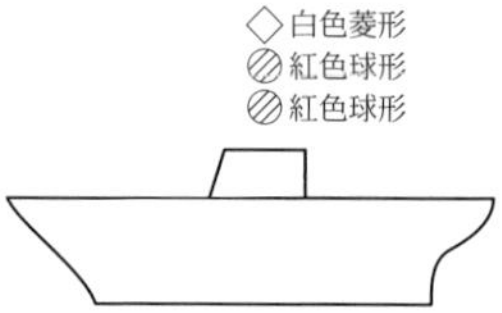

標識

⑶　**指定海域の意義**（第 4 項）

この法律において「指定海域」とは，地形及び船舶交通の状況からみて，非常災害が発生した場合に船舶交通が著しく輻輳することが予想される海域のうち，二以上の港則法に基づく港に隣接するものであって，レーダーその他の設備により当該海域における船舶交通を一体的に把握することができる状況にあるものとして政令で定める海域（東京湾に所在する本法の適用海域）をいう。

参考　**非常災害発生時における海上交通の機能の維持**

海上保安庁では，東京湾，伊勢湾及び瀬戸内海において，津波の来襲や大型タンカーの油火災等による非常災害が発生したときに，船舶の衝突事故等を防ぎ，かつ，海上交通機能が麻痺するのを防ぐため，レーダー等により船舶の動静を一体的に把握して管制を行うことができるように，対象となる海域及び港をあらかじめ「指定海域」及び「指定港」として指定することにしている。海交法と港則法の改正の施行当初においては，まず東京湾を指定海域とし，これに隣接する複数の港を指定港と定めることにしている。そして横浜に「東京湾海上交通センター」を移設し，両海域の航行船舶を一元的に管制することにより，通常は，船舶交通の混雑を緩和し，安全かつ効率的な船舶の運航を実現するとともに，非常災害が発生したときは，船舶を安全な海域に誘導する等の情報提供や必要な指示を行うことにより，海上交通の機能を維持できるようにしている。

例題 1　海上交通安全法及び同法施行規則に関する次の問いに答えよ。　**5 級**

（1）瀬戸内海に設置されている航路名を東から順番に記せ。

（2）（1)の航路のうち，どの航路とどの航路が交差しているか。

解

（1）① 明石海峡航路　② 備讃瀬戸東航路　③ 宇高東航路
④ 宇高西航路　⑤ 備讃瀬戸北航路及び備讃瀬戸南航路
⑥ 水島航路　⑦ 来島海峡航路

（2）① 備讃瀬戸東航路と宇高東航路　② 備讃瀬戸東航路と宇高西航路
③ 備讃瀬戸北航路と水島航路

例題 2　海上交通安全法に規定する次の(1)及び(2)用語の定義をそれぞれ述べよ。
(1) 巨大船　(2) 漁ろう船等　**4級・5級**

解　(1) 巨大船とは，長さ 200 メートル以上の船舶をいう。
(2) 漁ろう船等とは，次の①及び②の船舶をいう。
① 漁ろうに従事している船舶
② 工事又は作業を行っているため接近してくる他の船舶の進路を避けることが容易でない国土交通省令で定める船舶で，国土交通省令で定めるところにより灯火又は標識を表示しているもの

例題 3　航路及びその周辺海域において，工事又は作業を行っているため接近してくる他の船舶の進路を避けることが容易でない国土交通省令で定める船舶は，どのような灯火及び標識を掲げなければならないか。　**4級**

解　灯火：最も見えやすい場所に緑色全周灯 2 個を連掲しなければならない。
標識：最も見えやすい場所に上の 1 個が白色菱形，下の 2 個が紅色の球形である 3 個の形象物を連掲しなければならない。

第2章　交通方法

第1節　航路における一般的航法

航路における一般的航法は，海交法で定義された 11 本の航路において，共通に適用される航法である。

第3条　避航等

第3条　航路外から航路に入り，航路から航路外に出，若しくは航路を横断しようとし，又は航路をこれに沿わないで航行している船舶（漁ろう船等を除く。）は，航路をこれに沿って航行している他の船舶と衝突するおそれがあるときは，当該他の船舶の進路を避けなければならない。この場合において，海上衝突予防法第 9 条第 2 項，第 12 条第 1 項，第 13 条第 1 項, 第 14 条第 1 項, 第 15 条第 1 項前段及び第 18 条第 1 項(第 4 号に係る部分に限る。)の規定は, 当該他の船舶については適用しない。

第 2 項　航路外から航路に入り，航路から航路外に出，若しくは航路を横断しようとし，若しくは航路をこれに沿わないで航行している漁ろう船等又は航路で停留している船舶は，航路をこれに沿って航行している巨大船と衝突するおそれがあるときは，当該巨大船の進路を避けなければならない。この場合において，海上衝突予防法第 9 条第 2 項及び第 3 項，第 13 条第 1 項，第 14 条第 1 項，第 15 条第 1 項前段並びに第 18 条第 1 項（第 3 号及び第 4 号に係る部分に限る。）の規定は，当該巨大船について適用しない。

第 3 項　前 2 項の規定の適用については，次に掲げる船舶は，航路をこれに沿って航行している船舶でないものとみなす。

一　第 11 条, 第 13 条, 第 15 条, 第 16 条, 第 18 条（第 4 項を除く。）又は第 20 条第 1 項の規定による交通方法に従わないで航路をこれに沿って航行している船舶

二　第 20 条第 3 項又は第 26 条第 2 項若しくは第 3 項の規定により，前号に規定する規定による交通方法と異なる交通方法が指示され，又は定められた場合において，当該交通方法に従わないで航路をこれに沿って航行している船舶

⑴　**航路をこれに沿わないで航行している船舶（漁ろう船等を除く）は，航路をこれに沿って航行している船舶を避航**（第 1 項）

避航船

①　航路外から航路に入ろうとしている船舶
②　航路から航路外へ出ようとしている船舶
③　航路を横断しようとしている船舶
④　航路をこれに沿わないで航行している船舶（漁ろう船等は除く）

→ 避航 →

保持船
航路をこれに沿って航行している船舶

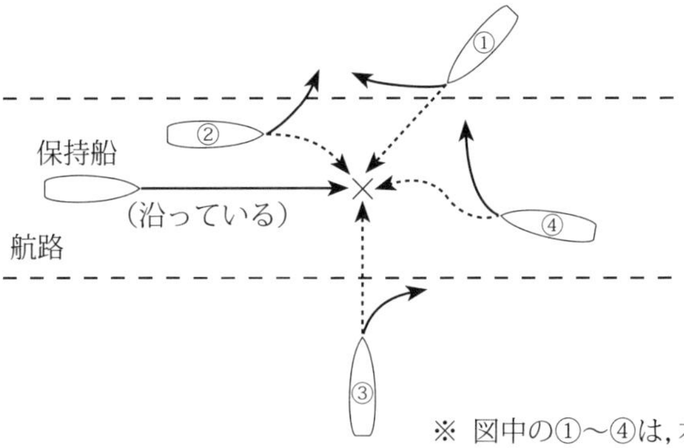

※ 図中の①〜④は，本文と対応。

⑵　**航路をこれに沿わないで航行している漁ろう船等と航路内で停留している船舶は，航路をこれに沿って航行している巨大船を避航**（第 2 項）

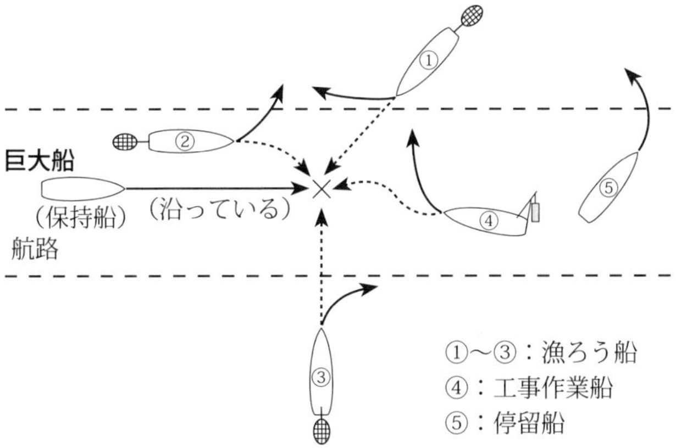

避航船

① 航路外から航路に入ろうとしている漁ろう船等
② 航路から航路外へ出ようとしている漁ろう船等
③ 航路を横断しようとしている漁ろう船等
④ 航路をこれに沿わないで航行している漁ろう船等
⑤ 航路で停留している船舶

→ 避航 → 保持船：航路これに沿って航行している**巨大船**

用語説明　**停留**とは，洋上で船舶が機関を止めて漂泊している状態をいう。

⑶　**物理的に航路をこれに沿って航行している船舶であっても，次の①及び②に掲げる船舶は航路をこれに沿って航行している船舶ではないものとみなされる船舶**（第３項）

① 第 11 条，第 13 条，第 15 条，第 16 条，第 18 条（第 4 項を除く。）又は第 20 条第 1 項の規定による交通方法に従わないで航路をこれに沿って航行している船舶

② 第 20 条第 3 項又は第 26 条第 2 項若しくは第 3 項の規定により，①に掲げる規定による交通方法と異なる交通方法が指示され，又は定められた場合において，当該交通方法に従わないで航路をこれに沿って航行している船舶

下図㋐及び㋑は，航路をこれに沿って航行している船舶ではないものとみなされる船舶の例である。

㋐　一方通航航路をこれに沿って定められた方向と反対方向に航行している船舶

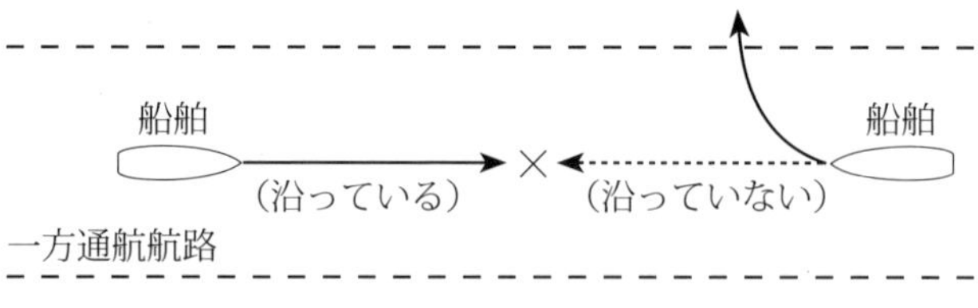

㋑　二分航路の中央又は中央より左の部分をこれに沿って航行している船舶

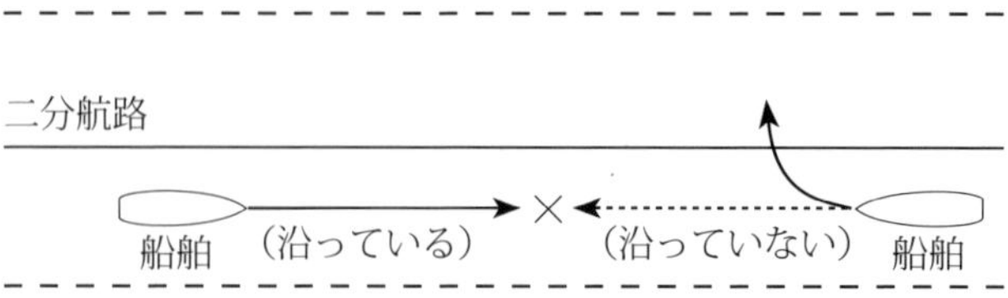

⑷　2船間に発生した衝突のおそれを海交法で処置できない場合

次に掲げる①～③の場合は，2船間に発生した衝突のおそれを海交法で処置できないので，この場合は予防法で処置しなければならない。

①　航路をこれに沿って航行している2船間に衝突のおそれが生じた場合

②　航路をこれに沿わないで航行している2船間に衝突のおそれが生じた場合

③　航路をこれに沿って航行している船舶（巨大船を除く。）と航路をこれに沿わないで航行している漁ろう船等との間に衝突のおそれが生じた場合

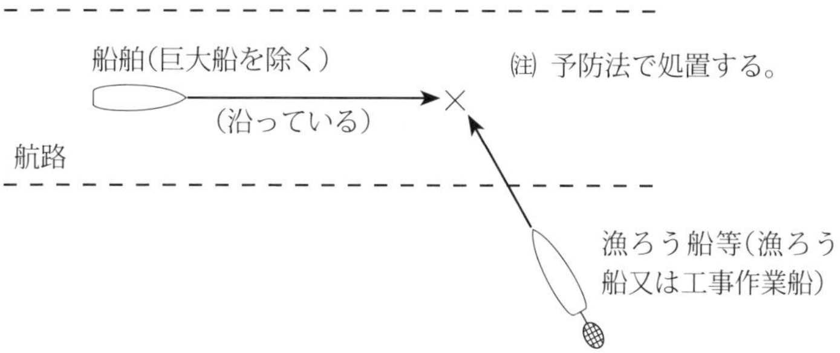

例題1　航路における一般的航法によると，漁ろう船等以外の船舶が，航路をこれに沿って航行している他の船舶と衝突するおそれがあるときに，その船舶の進路を避けなければならないのは，航路外から航路に入ろうとし，又は航路から航路外に出ようとする場合のほか，どのような場合か。　（海上交通安全法）　**5級**

解　①　航路を横断しようとしている場合
②　航路をこれに沿わないで航行している場合

例題2　航路における一般的航法によると，航路を横断しようとしている漁ろうに従事している船舶が，同じ航路をこれに沿って航行している巨大船と衝突するおそれがあるときは，どちらの船舶が避航しなければならないか。　**5級**
（海上交通安全法）

解　航路を横断しようとしている漁ろうに従事している船舶

例題3　航路における一般的航法によると，漁ろう船等が航路をこれに沿って航行している巨大船と衝突するおそれがあって，その巨大船の進路を避けなければならないのは，「航路で停留している場合」のほか，航路に対してどのように航行してい

る場合か。　　　　　　　　　　　　　　　　（海上交通安全法）4級

解
① 航路外から航路に入ろうとしている場合
② 航路から航路外に出ようとしている場合
③ 航路を横断しようとしている場合
④ 航路をこれに沿わないで航行している場合

第4条　航路航行義務

第4条　長さ50メートル以上の船舶は，航路の付近にある国土交通省令で定める2つの地点の間を航行しょうとするときは，国土交通省令で定めるところにより，当該航路又はその区間をこれに沿って航行しなければならない。ただし，海難を避けるため又は人命若しくは他の船舶を救助するためやむを得ない事由があるときは，この限りでない。

航路航行義務によらないことができる場合

長さ50メートル以上の船舶の航路航行義務は，本条ただし書により，次の場合は適用されない。

① 海難を避けるためやむを得ない事由があるとき。
② 人命又は他の船舶を救助するためやむを得ない事由があるとき。

例題 海上交通安全法が適用される海域を航行している場合，航路航行義務違反になるのは次のうちどれか。　5級
(1) 長さ30メートルの船が，航路の外側を航行している場合
(2) 長さ40メートルの船が，航路をこれに沿って航行している場合
(3) 長さ60メートルの船が，航路の外側を航行している場合
(4) 長さ70メートルの船が，航路をこれに沿って航行している場合

解
(3) 長さ60メートルの船が，航路の外側を航行している場合

第5条　速力の制限

第5条　国土交通省令で定める航路の区間においては，船舶は，当該航路を横断する場合を除き，当該区間ごとに国土交通省令で定める速力（対

水速力をいう。以下同じ。)を超える速力で航行してはならない。ただし，海難を避けるため又は人命若しくは他の船舶を救助するためやむを得ない事由があるときは，この限りでない。

(1) 国土交通省令で定める航路の区間（速力制限のある航路の区間）とは

船舶が 12 ノット以下の速力で航行しなければならない航路の区間は，次の(ア)及び(イ)にあげる区間である。

(ア) ① 中ノ瀬航路の全区間
② 浦賀水道航路の全区間
③ 伊良湖水道航路の全区間
④ 水島航路の全区間

(イ) ① 備讃瀬戸東航路の 1 部区間
② 備讃瀬戸北航路の 1 部区間
③ 備讃瀬戸南航路の 1 部区間

(2) 速力の制限が適用されない場合

上記の航路における速力制限は，本条本文又はただし書により，次の場合は適用されない。

① 航路を横断するとき。
② 海難を避けるためやむを得ない事由があるとき。
③ 人命又は他の船舶を救助するためやむを得ない事由があるとき。

例題 1 航路をこれに沿って航行する船舶が，航路の全区間及び航路の一部の区間において，法第 5 条(速力の制限)の規定を守らなければならない航路を，それぞれ 2 つずつあげよ。 (海上交通安全法) **4 級・5 級**

解
〔航路の全区間が速力制限区間となっている航路〕
① 中ノ瀬航路
② 浦賀水道航路
③ 伊良湖水道航路
④ 水島航路
(以上のうちから 2 つ答える)

〔航路の一部の区間が速力制限区間となっている航路〕
① 備讃瀬戸東航路
② 備讃瀬戸北航路

③ 備讃瀬戸南航路
（以上のうちから２つ答える）

例題２ 緊急用務を行う船舶を除き，速力の制限が定められている航路を制限速力を超えて航行することは，どのような場合に限り認められるか。 **4級**
（海上交通安全法）

解 ① 航路を横断するとき。
② 海難を避けるためやむを得ない事由があるとき。
③ 人命又は他の船舶の救助に従事するためやむを得ない事由があるとき。

第６条　追越しの場合の信号

第６条　追越し船（海上衝突予防法第 13 条第２項又は第３項規定による追越し船をいう。）で汽笛を備えているものは，航路において他の船舶を追い越そうとするときは，国土交通省令で定めるところにより信号を行わなければならない。ただし，同法第９条第４項前段の規定による汽笛信号を行うときは，この限りでない。

(1) 国土交通省令に定めるところによる信号（追越し信号）とは

追越し船は，航路内で他の船舶を追い越そうとするときは，次にあげる汽笛信号を行わなければならない。

① 他の船舶の右舷側を追い越そうとするときは，「長短」（ — - ）の汽笛信号

② 他の船舶の左舷側を追い越そうとするときは，「長短短」（ — - - ）の汽笛信号

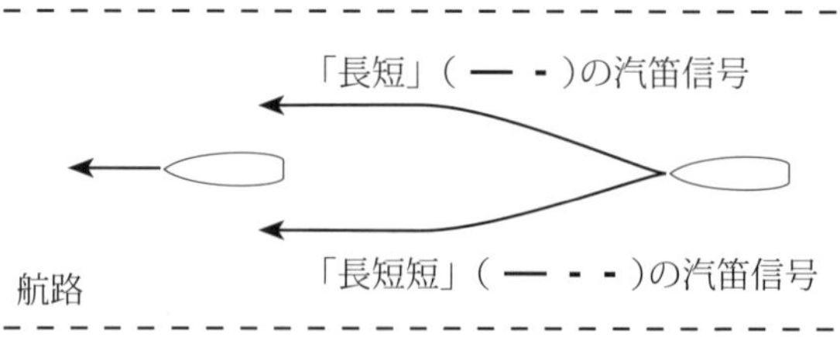

追越し信号

⑵ 追越し信号を行わないことができる場合

本条本文のただし書により，予防法第９条第４項前段の規定による汽笛信号を行うときは，上記の追越し信号を行わないことができる。

予防法第９条第４項前段の規定による汽笛信号とは，狭い水道等において追い越される船舶が自船を安全に通過させるための動作をとらなければこれを追い越すことができない場合に追越し船が行う追越しの意図を表す汽笛信号である。

例題 追越し船で汽笛を備えているものは，航路において他の船舶を追い越そうとする場合は，どのような汽笛信号を行わなければならないか。 **4級・5級**

（海上交通安全法）

解

① 他の船舶の右舷側を追い越そうとするときは，「長音・短音」を鳴らすことにより汽笛信号を行わなければならない。

② 他の船舶の左舷側を追い越そうとするときは，「長音・短音・短音」を鳴らすことにより汽笛信号を行わなければならない。

第６条の２ 追越しの禁止

> 第６条の２ 国土交通省令で定める航路の区間をこれに沿って航行している船舶は，当該区間をこれに沿って航行している他の船舶（漁ろう船等その他著しく遅い速力で航行している船舶として国土交通省令で定める船舶を除く。）を追い越してはならない。ただし，海難を避けるため又は人命若しくは他の船舶を救助するためやむを得ない事由があるときは，この限りでない。

⑴ 来島海峡航路における航路内での追越し禁止区間（則第５条の２第１項）

本条における「航路内での追越し禁止区間」とは，来島海峡航路のうち，来島海峡海上交通センターから46°へ引いた線と津島潮流信号所から208°へ引いた線との間の区間である。

次ページ図は，来島海峡航路における追越し禁止区間（斜線の部分）を示したものである。

来島海峡航路をこれに沿って航行している船舶は，この区間において航路をこれに沿って航行している他の船舶を追い越してはならない。

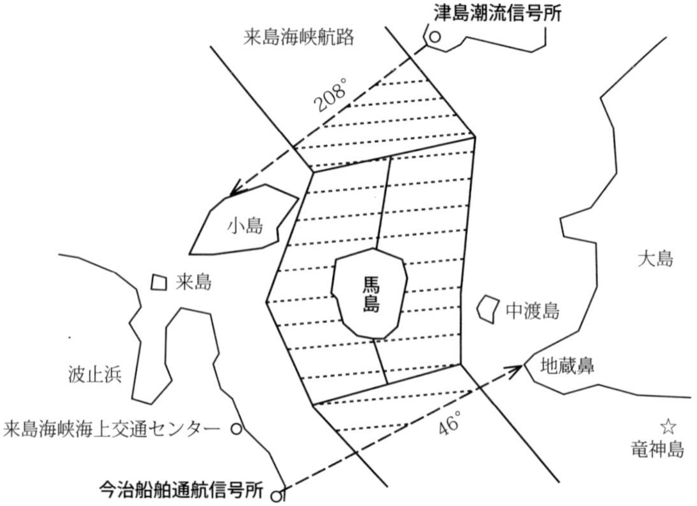

追越し禁止区間

⑵　来島海峡航路の追越し禁止区間において追い越してもよい船舶

来島海峡航路をこれに沿って航行している船舶が，同航路の追越し禁止区間内で追越してもよい他の船舶は，次の㈠及び㈡に掲げる船舶である。

㈠　漁ろう船等（法第６条の２）

①　漁ろうに従事している船舶，

②　許可を受けて航路又はその周囲の一定海域において工事又は作業を行っている船舶

㈡　国土交通省令で定める船舶（則第５条の２第２項）

①　緊急用務を行う船舶であって，当該緊急用務を行うために航路を著しく遅い速力で航行している船舶

②　順潮又は逆潮の場合において，対地速力４ノット未満で航行している船舶

⑶　追越しの禁止によらないことができる場合（法第６条の２ただし書）

本条の追越し禁止の規定は，法第６条の２ただし書により，次の場合は適用されない。

①　海難を避けるためやむを得ない事由があるとき。

②　人命又は船舶の救助のためやむを得ない事由があるとき。

第７条　進路を知らせるための措置

総トン数 100 トン以上の船舶で汽笛を備えているものは，航路外から航路に入り，航路から航路外に出，又は航路を横断しようとするときは，国土交通省令で定めるところにより信号により行先を表示しなければならない。

国土交通省令で定める行先の表示信号

⑴　針路を右転（Starboard）して航路へ出入りする場合の信号方法

①　航路の途中で針路を右転して航路へ出入りする場合

ⓐ　昼間は，第１代表旗の下にＳ旗を掲げる。

ⓑ　夜間は，「長長短長」による汽笛信号を鳴らす。

②　航路の出入口の境界線を出てから 3,500 メートル以内で針路を右転する場合

ⓐ　昼間は，第２代表旗の下にＳ旗を掲げる。

ⓑ　夜間は，「長長長短」による汽笛信号を鳴らす。

⑵　針路を左転（Port）して航路へ出入りする場合の信号方法

①　航路の途中で針路を左転して航路へ出入りする場合

ⓐ　昼間は，第１代表旗の下にＰ旗を掲げる。

ⓑ　夜間は，「長長短短長」による汽笛信号を鳴らす。

②　航路の出入口の境界線を出てから 3,500 メートル以内で針路を左転する場合

ⓐ　昼間は，第２代表旗の下にＰ旗を掲げる。

ⓑ　夜間は，「長長長短短」による汽笛信号を鳴らす。

⑶　航路を横断（Cross）する場合の信号方法

ⓐ　昼間は，第１代表旗の下にＣ旗を掲げる。

ⓑ　夜間は，「長長長長」による汽笛信号を鳴らす。

例題　海上交通安全法第７条「進路を知らせるための措置」の規定について，次の問いに答えよ。

(1)　進路を他の船舶に知らせるため，信号（国際信号旗又は汽笛信号）による表示が義務づけられているのは，どのような船舶か。

(2)　どのようなときに，(1)の信号を表示しなければならないか。

(3) 昼間，(1)の信号に用いられるのは，国際信号旗の第１代表旗の下にＰ旗のほか，どのような種類があるか。２つあげよ。 **4級・5級**

解 (1) 総トン数100トン以上の船舶で汽笛を備えているもの

(2) ① 航路外から航路に入ろうとするとき

② 航路から航路外に出ようとするとき

③ 航路を横断しようとするとき

(3) 第１代表旗の下にＳ旗，第１代表旗の下にＣ旗，第１代表旗の下に縦にＮ旗及びＳ旗，第２代表旗の下にＳ旗，第２代表旗の下にＰ旗，第２代表旗の下にＮ旗，第２代表旗の下に縦にＮ旗及びＳ旗，第２代表旗の下に縦にＮ旗及びＰ旗（以上のうちから２つ答える）

第８条　航路の横断の方法

第８条　航路を横断する船舶は，当該航路に対しできる限り直角に近い角度で，すみやかに横断しなければならない。

第２項　前項の規定は，航路をこれに沿って航行している船舶が当該航路と交差する航路を横断することとなる場合については，適用しない。

例題 航路を横断する船舶は，どのような方法で横断しなければならないか。また，この横断の方法が適用されないのは，どのような場合か。 **4級・5級**

（海上交通安全法）

解 航路を横断する船舶は，当該航路に対しできる限り直角に近い角度で，速やかに横断しなければならない。

この横断の方法が適用されないのは，航路をこれに沿って航行している船舶が当該航路と交差する航路を横断することとなる場合である。

第９条　航路への出入又は航路の横断の制限

第９条　国土交通省令で定める航路の区間においては，船舶は，航路外から航路に入り，航路から航路外に出，又は航路を横断する航行のうち当該区間ごとに国土交通省令で定めるものをしてはならない。ただし，海難を避けるため又は人命若しくは他の船舶を救助するためやむを得ない事由があるときは，この限りでない。

(1)　航路の横断が制限される区間のある航路

船舶は，下図に示す航路の区間（斜線で示す部分）においては，当該航路を横断してはならない。ただし，海難を避けるためやむを得ない事由があるとき又は人命若しくは他の船舶を救助するためやむを得ない事由があるときは，この限りでない。

備讃瀬戸東航路の斜線で示す部分

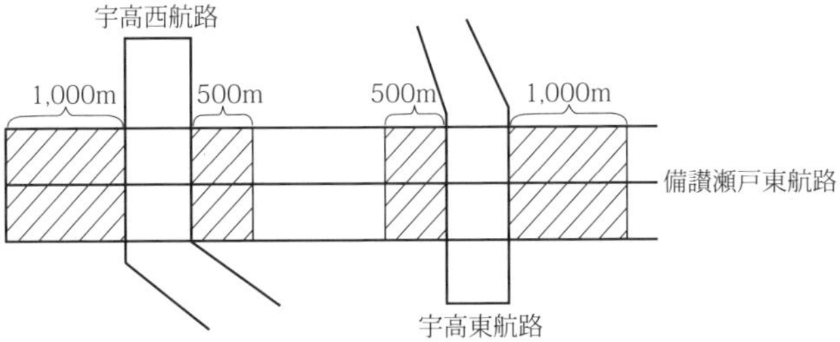

(2)　航路への出入及び航路の横断が制限される区間のある航路

船舶は下図に示す航路の区間（斜線で示す部分）においては，航路へ出入し又は航路を横断（ウズ鼻灯台から 139°に引いた線（A 線）又は馬島スノ

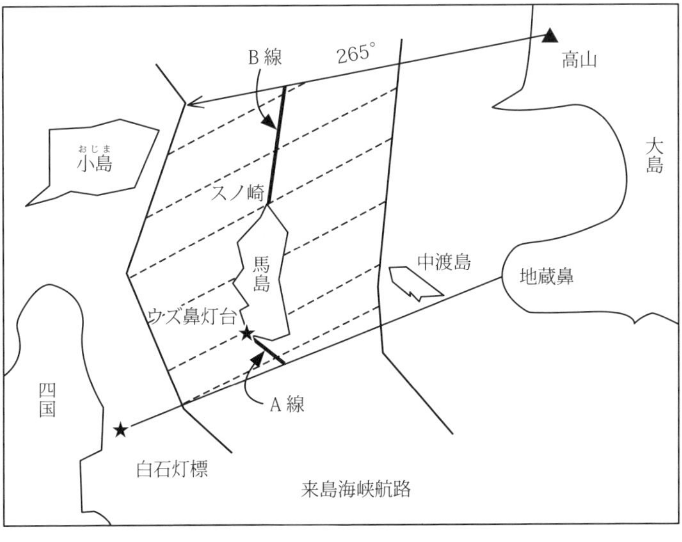

航路への出入及び横断の制限区間（斜線の部分）

埼から 10°に引いた線（B 線）を横切ることとなる場合に限る。）してはならない。

ただし，海難を避けるためやむを得ない事由があるとき又は人命若しくは他の船舶を救助するためやむを得ない事由があるときはこの限りでない。

例題 1 航路への出入り及び航路の横断が制限される区間がある航路名をあげよ。

（海上交通安全法）4 級・5 級

解 来島海峡航路

例題 2 備讃瀬戸東航路において，航路の横断が禁止されているのはどの付近か。

（海上交通安全法）4 級

解 〔備讃瀬戸東航路における下記の区間〕

宇高東航路の東の境界線から東側 1,000 メートルまでの区間及び同航路の西の境界線から西側 500 メートルまでの区間，宇高西航路の西の境界線から西側 1,000 メートルまでの区間及び同航路の東の境界線から東側 500 メートルまでの区間。

第 10 条　錨泊の禁止

> 第 10 条　船舶は，航路においては，錨泊（錨泊をしている船舶にする係留を含む。以下同じ。）をしてはならない。ただし，海難を避けるため又は人命若しくは他の船舶を救助するためやむを得ない事由があるときは，この限りでない。

例題 航路内での錨泊の禁止について，海上交通安全法ではどのように規定しているか。

4 級・5 級

解 船舶は，航路においては，錨泊（錨泊をしている船舶にする係留を含む。）をしてはならない。ただし，海難を避けるためやむを得ない事由があるとき又は人命若しくは他の船舶の救助のためやむを得ない事由があるときは，この限りでない。

第 10 条の 2　航路外での待機の指示

第 10 条の 2　海上保安庁長官は，地形，潮流その他の自然的条件及び船舶交通の状況を勘案して，航路を航行する船舶の航行に危険を生ずるおそれのあるものとして航路ごとに国土交通省令で定める場合において，航路を航行し，又は航行しようとする船舶の危険を防止するため必要があると認めるときは，当該船舶に対し，国土交通省令で定めるところにより，当該危険を防止するため必要な間航路外で待機すべき旨を指示することができる。

⑴　海上保安庁長官の航路外での待機の指示（則第 8 条第 1 項）

本条の規定による「海上保安庁長官の航路外での待機の指示」は，次表の左欄に掲げる航路ごとに，右欄に掲げる場合において，海上保安庁長官が告示に定めるところにより，VHF 無線電話その他の AIS による送信等により行うものとする。

航路の名称	航行に危険を生ずるおそれのある場合
浦賀水道航路 中ノ瀬航路	次の各号のいずれかに該当する場合 ①　視程が 1,000 メートルを超え 2,000 メートル以下の状態で巨大船，総トン数 50,000 トン（積載している危険物が液化ガスである場合は，総トン数 25,000 トン）以上の危険物積載船（以下，特別危険物積載船という。），又は船舶・いかだその他の物件を引き，若しくは押して航行する船舶であって，当該引き船の船首から当該物件の後端まで若しくは当該押し船の船尾から当該物件の先端までの距離が 200 メートル以上の船舶（以下，長大物件曳航船等という。）が航路を航行する場合 ②　視程が 1,000 メートル以下の状態で，長さ 160 メートル以上の船舶，総トン数 10,000 トン以上の危険物積載船又は長大物件曳航船等が航路を航行する場合
伊良湖水道航路	次の各号のいずれかに該当する場合 ①　視程が 1,000 メートルを超え 2,000 メートル以下の状態で巨大船，特別危険物積載船又は長大物件曳航船等が航路を航行する場合

	② 視程が 1,000 メートル以下の状態で，巨大船，総トン数 10,000 トン以上の危険物積載船又は長大物件曳航船等が航路を航行する場合
明石海峡航路	次の各号のいずれかに該当する場合 ① 視程が 1,000 メートルを超え 2,000 メートル以下の状態で巨大船，特別危険物積載船又は長大物件曳航船等が航路を航行する場合 ② 視程が 1,000 メートル以下の状態で，長さ 160 メートル以上の船舶，危険物積載船又は船舶・いかだその他の物件を引き，若しくは押して航行する船舶であって，当該引き船の船首から当該物件の後端まで若しくは当該押し船の船尾から当該物件の先端までの距離が 160 メートル以上である船舶が航路を航行する場合
水島航路	次の各号のいずれかに該当する場合 ① 視程が 1,000 メートルを超え 2,000 メートル以下の状態で巨大船，特別危険物積載船又は長大物件曳航船等が航路を航行する場合 ② 視程が 1,000 メートル以下の状態で，長さ 160 メートル以上の船舶，危険物積載船又は長大物件曳航船等が航路を航行する場合
備讃瀬戸東航路 宇高東航路 宇高西航路 備讃瀬戸北航路 備讃瀬戸南航路	次の各号のいずれかに該当する場合 ① 視程が 1,000 メートルを超え 2,000 メートル以下の状態で巨大船，特別危険物積載船又は長大物件曳航船等が航路を航行する場合 ② 視程が 1,000 メートル以下の状態で，長さ 160 メートル以上の船舶，危険物積載船又は長大物件曳航船等が航路を航行する場合
来島海峡航路	次の各号のいずれかに該当する場合 ① 視程が 1,000 メートルを超え 2,000 メートル以下の状態で巨大船，特別危険物積載船又は長大物件曳航船等が航路を航行する場合 ② 視程が 1,000 メートル以下の状態で，長さ 160 メートル以上の船舶，危険物積載船又は船舶・いかだその他の物件を引き，若しくは押して航行する船舶であって，当該引き船の船首から当該物件の後端まで若しくは当該押し船の船尾から当該物件の先端までの距離が 100 メートル以上である船舶が航路を航行する場合 ③ 潮流をさかのぼって航路を航行する船舶が，潮流の速度に 4 ノットを加えた速力以上の速力（対地速力 4 ノット以上の速力）を保つことができずに航行するおそれがある場合

⑵　信号板（電光表示）による航路外待機の指示

海上保安庁長官の航路外での待機の指示は，⑴に定めるもののほか，

①　**伊良湖水道航路**において，巨大船と長さ 130 メートル以上の巨大船以外の船舶が行き会うことが予想される場合

②　**水島航路**において巨大船と長さ 70 メートル以上の巨大船以外の船舶が行き会うことが予想される場合

告示で定めるところにより VHF 無線電話その他 AIS による方法により行うとともに，次表の中欄に掲げる**信号板によるN又はSの点滅信号**により行うものとする。

この場合において，同欄に掲げる信号の意味は，それぞれ同表の右欄に掲げるとおりとする。

航路の名称	信号の方法			信号の意味
	信号所の名称及び位置	昼間	夜間	
伊良湖水道航路	**伊良湖水道航路管制信号所** （34° 34′ 50″N，137° 01′ E）	信号板によるNの点滅		伊良湖水道航路を南東の方向に航行しようとする長さ 130 メートル以上の船舶(巨大船を除く。)は，航路外で待機しなければならない。
		信号板によるSの点滅		伊良湖水道航路を北西の方向に航行しようとする長さ 130 メートル以上の船舶(巨大船を除く。)は，航路外で待機しなければならない。
		信号板によるNとSの交互点滅		伊良湖水道航路を航行しようとする長さ 130 メートル以上の船舶(巨大船を除く。)は，航路外で待機しなければならない。

水島航路	水島航路西ノ埼管制信号所(34°26′09″N，133°47′12″E)及び水島航路三ツ子島管制信号所(34°22′19″N，133°49′20″E及び34°22′18″N，133°49′21″E)	信号板によるNの点滅	水島航路を南の方向に航行しようとする長さ70メートル以上の船舶(巨大船を除く。)は，航路外で待機しなければならない。
		信号板によるSの点滅	水島航路を北の方向に航行しようとする長さ70メートル以上の船舶(巨大船を除く。)は，航路外で待機しなければならない。

例題 巨大船と巨大船以外の他の船舶(長さが国土交通省令で定められている長さ以上のものに限る。)が航路内で行き会うことが予想される場合，危険な行き会いを避けるため，海上保安庁長官が，当該他の船舶に対して，信号その他の方法により，必要な間航路外で待機すべき旨を指示することができる航路の名称を記せ。 5級

解

伊良湖水道航路及び水島航路

第2節　航路ごとの航法

「航路ごとの航法」(第11条～第21条)は，各航路における特殊事情を考慮して定めた航法規定であるため，「航路における一般的航法」(第3条～第10条の2)に優先して適用される。

第11条～第12条　浦賀水道航路及び中ノ瀬航路

第11条　船舶は，浦賀水道航路をこれに沿って航行するときは，同航路の中央から右の部分を航行しなければならない。

第2項　船舶は，中ノ瀬航路をこれに沿って航行するときは，北の方向に航行しなければならない。

第12条　航行し又は停留している船舶(巨大船を除く。)は，浦賀水道航路をこれに沿って航行し，同航路から中ノ瀬航路に入ろうとしている巨大船と衝突するおそれがあるときは，当該巨大船の進路を避けなければならない。この場合において，第3条第1項並びに海上衝突予防法

第 9 条第 2 項及び第 3 項，第 13 条第 1 項，第 14 条第 1 項，第 15 条第 1 項前段並びに第 18 条第 1 項(第 3 号及び第 4 号に係る部分に限る。)の規定は，当該巨大船について適用しない。

第 2 項　第 3 条第 3 項の規定は，前項の規定を適用する場合における浦賀水道航路をこれに沿って航行する巨大船について準用する。

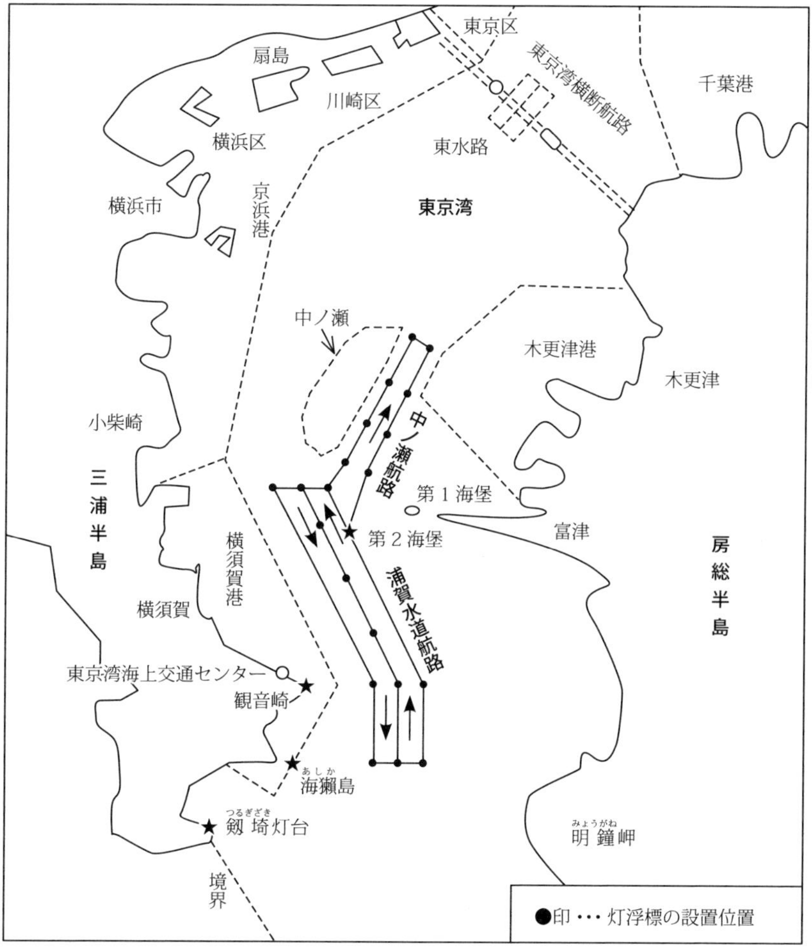

東京湾

⑴ **航行し又は停留中の巨大船以外の船舶は変針して他の航路へ入ろうとしている巨大船を避航**（第１項）

本項は，航行し又は停留している巨大船以外の船舶は，浦賀水道航路をこれに沿って航行し，同航路から変針して中ノ瀬航路へ入ろうとしている巨大船（変針動作で精一杯である。）と衝突するおそれがあるときは，当該巨大船の進路を避けなければならないと定めてる。この規定は，航路の接続部において変針して他の航路へ入ろうとしている巨大船は，変針動作が精一杯であることを考慮したものである。

⑵ **第３条第３項の準用**（第２項）

本項は，前項の規定における浦賀水道航路をこれに沿って航行する巨大船に本法第３条第３項の規定（航路をこれに沿って航行している船舶ではないもとみなされる場合）が準用すると定めている。即ち，浦賀水道航路の中央線より左の部分をこれに沿って北航し，その後変針して中ノ瀬航路へ入ろうとしている巨大船は，本法第３条第３項の規定が準用されるので，当該巨大船は航路をこれに沿って航行している船舶とはみなされず，本条第１項の規定は適用されない。

例題 海上交通安全法及び同法施行規則に関する次の問いに答えよ。 4級・5級

(1) 東京湾にある航路の名称をあげよ。

(2) 上記(1)であげた航路をこれに沿って航行する船舶に適用される航行方法を，それぞれ述べよ。

解

(1) ① 浦賀水道航路　② 中ノ瀬航路

(2) ① 船舶は，浦賀水道航路をこれに沿って航行するときは，同航路の中央より右側を航行しなければならない。

② 船舶は，中ノ瀬航路をこれに沿って航行するときは，北の方向に航行しなければならない。

第13条～第14条　伊良湖水道航路

第13条　船舶は，伊良湖水道航路をこれに沿って航行するときは，できる限り，同航路の中央から右の部分を航行しなければならない。

伊良湖水道航路はできる限り右側航行

船舶は，伊良湖水道航路をこれに沿って航行するときは，できる限り，同航路の中央から右の部分を航行しなければならない。本条で「できる限り」としたのは，同航路の周辺には朝日礁，丸山出し，コズカミ瀬などの浅瀬が散在し，浦賀水道航路のように二分航路にするほどの十分な航路幅を確保できなかったためである。なお，できない場合は，同航路の中央部を航行しても差し支えない。

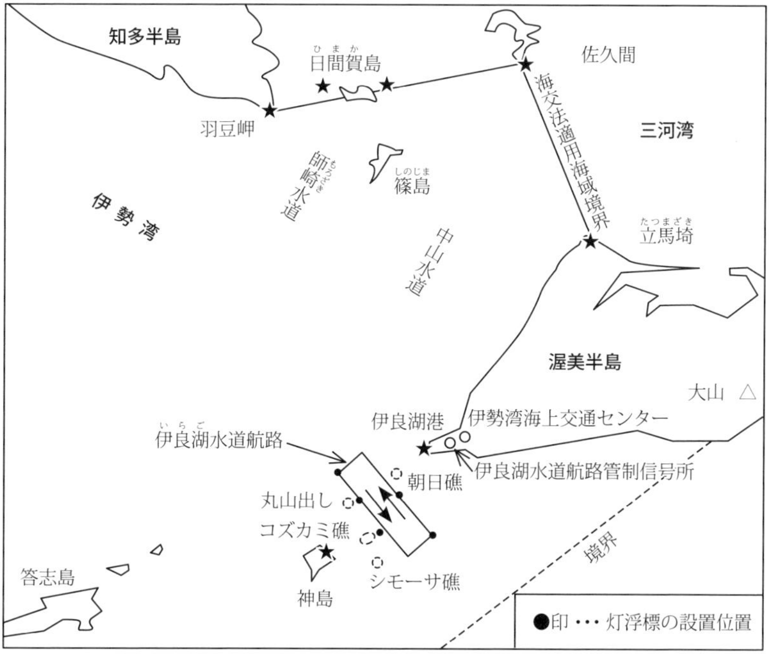

> 第 14 条　伊良湖水道航路をこれに沿って航行している船舶（巨大船を除く。）は，同航路をこれに沿って航行している巨大船と行き会う場合において衝突するおそれがあるときは，当該巨大船の進路を避けなければならない。この場合において，海上衝突予防法第 9 条第 2 項及び第 3 項，第 14 条第 1 項並びに第 18 条第 1 項（第 3 号及び第 4 号に係る部分に限る。）の規定は，当該巨大船について適用しない。

第２項　第３条第３項の規定は，前項の規定を適用する場合における伊良湖水道航路をこれに沿って航行する巨大船について準用する。

本条は，航路幅が十分でない伊良湖水道航路において，これに沿って航行している巨大船以外の船舶と巨大船が行き会い衝突するおそれがあるときの避航関係ついて，次のように定めている。

⑴　**伊良湖水道航路の巨大船以外の船舶は同航路内で行き会う巨大船を避航**（第１項）

伊良湖水道航路をこれに沿って航行している巨大船以外の船舶は，同航路をこれに沿って航行している巨大船と行き会う場合において衝突するおそれがあるときは，当該巨大船の進路を避けなければならない。

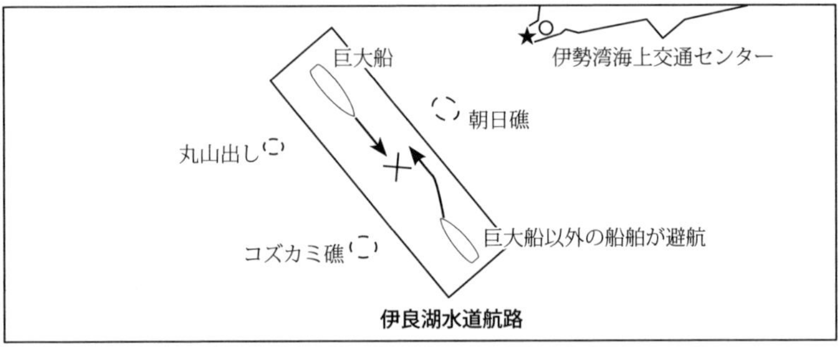

巨大船以外の船舶が巨大船を避航

⑵　**第３条第３項の準用**（第２項）

第２項の規定は，第１項の規定における伊良湖水道航路をこれに沿って航行している巨大船に本法の第３条第３項（航路をこれに沿って航行している船舶でないものとみなす場合）の規定を準用することを定めたものである。

例えば，巨大船が，伊良湖水道航路の中央又は中央より左の部分をこれに沿って漫然と航行している場合は，本条第１項の規定は適用されない。

⑶　**伊良湖水道航路において巨大船との危険な行き会いを避けるための航路外待機の指示**（則第８条第２項）

伊良湖水道航路において巨大船との危険な行き会いを避けるための航路外

待機の指示は，海上保安庁長官が告示で定めるところによりVHF無線電話その他適切な方法（AISによる送信等）により行うとともに，次表の左欄に掲げる信号所より，同表の中欄に掲げる信号板による点滅信号で行われる。この場合において，その信号の意味は，それぞれ同表の右欄に掲げるとおりとする。

航路の名称	信号所の名称等	信号の方法	信号の意味
伊良湖水道航路	伊良湖水道航路管制信号所（34° 34′ 50″N，137° 01′ E）	信号板によるNの点滅	伊良湖水道航路を南東の方向に航行しようとする長さ130メートル以上の船舶(巨大船を除く。)は，航路外で待機しなければならない。
		信号板によるSの点滅	伊良湖水道航路を北西の方向に航行しようとする長さ130メートル以上の船舶(巨大船を除く。)は，航路外で待機しなければならない。
		信号板によるNとSの交互点滅	伊良湖水道航路を航行しようとする長さ130メートル以上の船舶(巨大船を除く。)は，航路外で待機しなければならない。

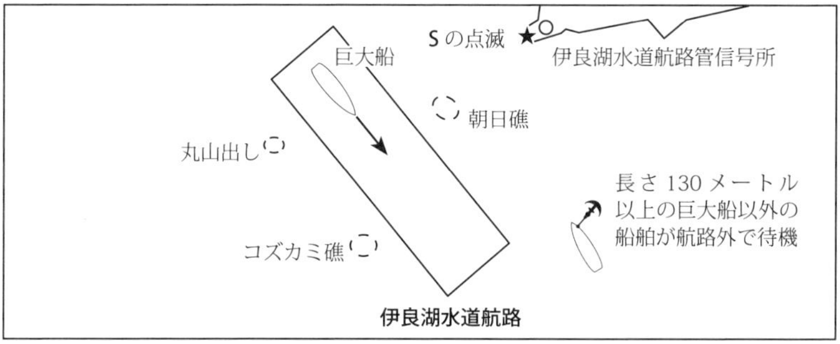

信号板による航路外待機の指示

例題 1 伊良湖水道航路において，巨大船との危険な行き会いを避けるため航行管制の対象となる船舶(航路外で待機しなければならない船舶)は，どのような船舶か。

（海上交通安全法及び同施行規則） **4 級・5 級**

解 長さ 130 メートル以上の巨大船以外の船舶

例題 2 伊良湖水道航路をこれに沿って航行する船舶が順守しなければならない航法規定を述べよ。

（海上交通安全法） **4 級**

解
① 船舶は，伊良湖水道航路をこれに沿って航行するときは，できる限り，同航路の中央から右の部分を航行しなければならない。
② 伊良湖水道航路をこれに沿って航行している巨大船以外の船舶は，同航路をこれに沿って航行している巨大船と行き会い衝突するおそれがあるときは，当該巨大船の進路を避けなければならない。
③ 伊良湖水道航路をこれに沿って航行する船舶は，同航路を横断する場合を除き，12 ノットを超える速力で航行してはならない。

第 15 条　明石海峡航路

第 15 条　船舶は，明石海峡航路をこれに沿って航行するときは，同航路の中央から右の部分を航行しなければならない。

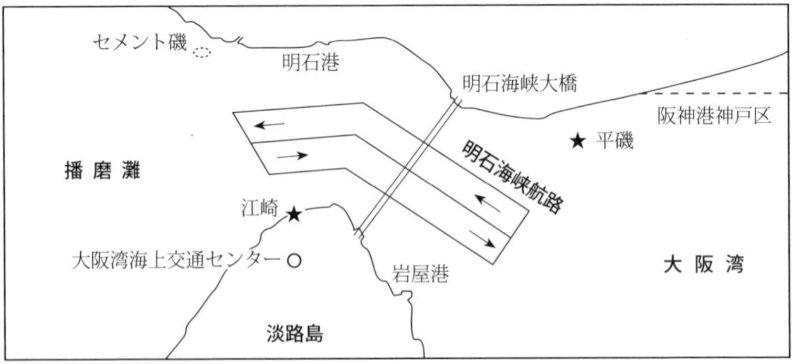

例題 明石海峡航路について： **4 級**

（1） 航路に沿う航行方法について述べよ。
（2） 航路に沿って航行する場合の速力について述べよ。
（3） 他の船舶に進路を知らせるための信号には，どのようなものがあるか。（昼

間の信号の１例を示せ。）　　　　　　　（海上交通安全法及び同法施行規則）

解

（1）船舶は，明石海峡航路をこれに沿って航行するときは，同航路の中央から右の部分を航行しなければならない。

（2）航路に沿って航行する場合の速力については特別な規定はない。

（3）第２代表旗の下にＳ旗を表示する。

第 16 条～第 17 条　備讃瀬戸東航路，宇高東航路及び宇高西航路

第 16 条　船舶は，備讃瀬戸東航路をこれに沿って航行するときは，同航路の中央から右の部分を航行しなければならない。

第２項　船舶は，宇高東航路をこれに沿って航行するときは，北の方向に航行しなければならない。

第３項　船舶は，宇高西航路をこれに沿って航行するときは，南の方向に航行しなければならない。

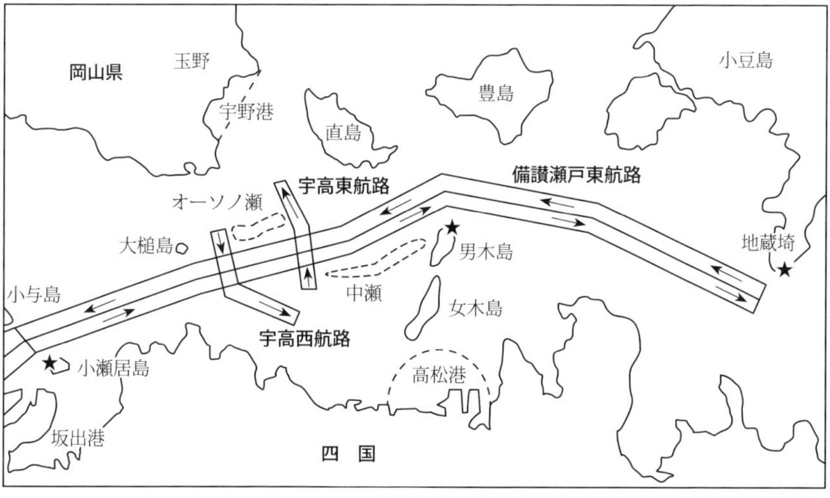

第 17 条　宇高東航路又は宇高西航路をこれに沿って航行している船舶は，備讃瀬戸東航路をこれに沿って航行している巨大船と衝突するおそれがあるときは，当該巨大船の進路を避けなければならない。この場合にお

いて，海上衝突予防法第 9 条第 2 項及び第 3 項，第 15 条第 1 項前段並びに第 18 条第 1 項(第 3 号及び第 4 号に係る部分に限る。)の規定は，当該巨大船について適用しない。

第 2 項　航行し，又は停留している船舶（巨大船を除く。）は備讃瀬戸東航路をこれに沿って航行し，同航路から北の方向に宇高東航路に入ろうとしており，又は宇高西航路をこれに沿って南の方向に航行し，同航路から備讃瀬戸東航路に入ろうとしている巨大船と衝突するおそれがあるときは, 当該巨大船の進路を避けなければならない。この場合において，第 3 条第 1 項並びに海上衝突予防法第 9 条第 2 項及び第 3 項，第 13 条第 1 項, 第 14 条第 1 項, 第 15 条第 1 項前段並びに第 18 条第 1 項 (第 3 号及び第 4 号に係る部分に限る。) の規定は，当該巨大船について適用しない。

第 3 項　第 3 条第 3 項の規定は，前 2 項の規定を適用する場合における備讃瀬戸東航路をこれに沿って航行する巨大船について準用する。

⑴　**宇高東・西航路の航行船は備讃瀬戸東航路の巨大船を避航**（第 1 項）

宇高東航路又は宇高西航路をこれに沿って航行している船舶は，備讃瀬戸東航路をこれに沿って航行している巨大船と衝突するおそれがあるときは，当該巨大船の進路を避けなければならない。

【注】　宇高東航路又は宇高西航路をこれに沿って航行している船舶は，備讃瀬戸東航路をこれに沿って航行している巨大船以外の船舶と衝突するおそれがあるときは，予防法で処置しなければならないので注意する。

⑵　**航行し又は停留中の巨大船以外の船舶は変針して他の航路へ入ろうとしている巨大船を避航**（第 2 項）

航行し，又は停留している巨大船以外の船舶は，備讃瀬戸東航路をこれに沿って航行し，同航路から変針して宇高東航路に入ろうとしている巨大船，又は宇高西航路をこれに沿って南の方向に航行し，同航路から変針して備讃瀬戸東航路に入ろうとしている巨大船と衝突するおそれがあるときは，当該巨大船の進路を避けなければならない。

この規定において航行し又は停留している巨大船以外の船舶を避航船と定めたのは，航路の交差部において変針して他の航路へ入ろうとしている巨大船は，変針動作が精一杯で，付近の航行船や停留船を避航する余裕がないためである。

例題 1 備讃瀬戸東航路をこれに沿って西行している巨大船と，宇高西航路をこれに沿って南行している巨大船以外の一般動力船とが，両航路の交差部付近で衝突するおそれがあるときは，どちらが避航船となるか。　（海上交通安全法）**4級**

解 宇高西航路をこれに沿って南行している巨大船以外の一般動力船

例題 2 備讃瀬戸東航路において，航路の中央から左の部分を西の方向に航行中のA丸と，同航路の中央から右の部分を東の方向に航行中のB丸とが衝突のおそれがある場合，どちらが避航船となるか。　（海上交通安全法）**4級・5級**

解 航路の中央から左の部分を西の方向に航行中のA丸

第18条～第19条　備讃瀬戸北航路，備讃瀬戸南航路及び水島航路

第18条　船舶は，備讃瀬戸北航路をこれに沿って航行するときは，西の方向に航行しなければならない。
第2項　船舶は，備讃瀬戸南航路をこれに沿って航行するときは，東の方向に航行しなければならない。
第3項　船舶は，水島航路をこれに沿って航行するときは，できる限り，同航路の中央から右の部分を航行しなければならない。
第4項　第14条の規定は，水島航路について準用する。

⑴　**備讃瀬戸北航路は西航，備讃瀬戸南航路は東航**（第1項，第2項）

船舶は，備讃瀬戸北航路をこれに沿って航行するときは，西の方向に航行しなければならず，また備讃瀬戸南航路をこれに沿って航行するときは，東の方向に航行しなければならない。

⑵　**水島航路はできる限り右側航行**（第3項）

船舶は，水島航路をこれに沿って航行するときは，できる限り，同航路の中央から右の部分を航行しなければならない。

⑶　**水島航路の巨大船以外の船舶は同航路で行き会う巨大船を避航**（第 4 項）

第 4 項の規定は，第 14 条（第 1 項，第 2 項）の規定の準用を定めたものである。

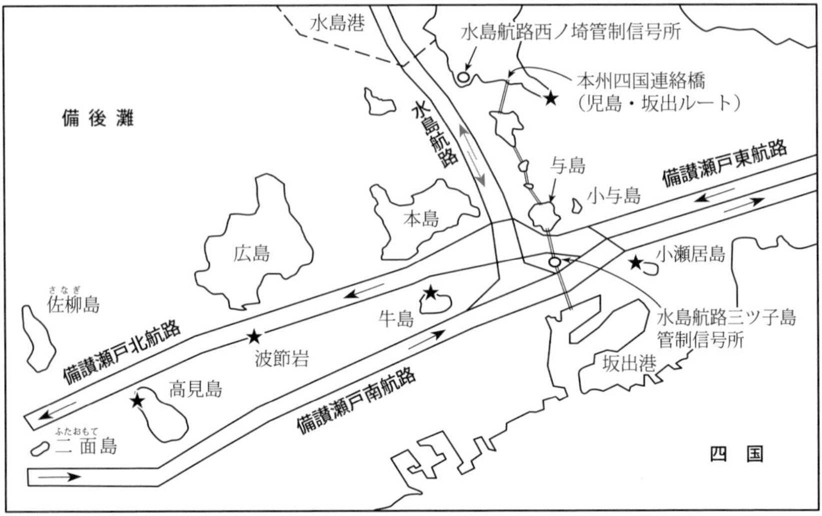

⑷　**水島航路において巨大船と行き会う場合の航路外待機の指示**（第 10 条の 2）

水島航路における巨大船との危険な行き会いを避けるための**航路外待機の指示**（則第 8 条第 2 項）は，海上保安庁長官が告示で定めるところにより**VHF 無線電話その他適切な方法（AIS による送信等）**により行うとともに，次表の左欄に掲げる信号所より，同表の中欄に掲げる信号の方法（**信号板による点滅信号**）で行われる。この場合において，その信号の意味は，それぞれ同表の右欄に掲げるとおりとする。

信号所の名称・位置	信号の方法(電光板)	信号の意味
水島航路西ノ埼管制信号所(34°26′09″N，133°47′12″E)及び水島航路三ツ子島管制信号所(34°22′19″N，133°49′20″E及び34°22′18″N，133°49′21″E)	Nの点滅	水島航路を南の方向に航行しようとする長さ70メートル以上の船舶(巨大船を除く。)は，航路外で待機しなければならない。
	Sの点滅	水島航路を北の方向に航行しようとする長さ70メートル以上の船舶(巨大船を除く。)は，航路外で待機しなければならない。

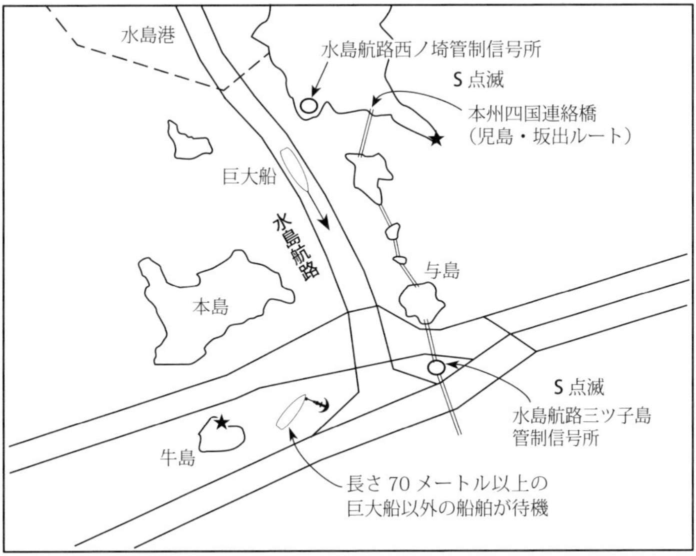

信号板による航路外待機の指示

第19条　水島航路をこれに沿って航行している船舶（巨大船及び漁ろう船等を除く。）は，備讃瀬戸北航路をこれに沿って西の方向に航行している他の船舶と衝突するおそれがあるときは，当該他の船舶の進路を避けなければならない。この場合において，海上衝突予防法第9条第2項，第12条第1項，第15条第1項前段及び第18条第1項（第4号に係る部分に限る。）の規定は，当該他の船舶について適用しない。
第２項　水島航路をこれに沿って航行している漁ろう船等は，備讃瀬戸北航路をこれに沿って西の方向に航行している巨大船と衝突するおそれがあるときは，当該巨大船の進路を避けなければならない。この場合において，海上衝突予防法第９条第２項及び第３項，第15条第１項前段並びに第18条第１項（第３号及び第４号に係る部分に限る。）の規定は，当該巨大船について適用しない。
第３項　備讃瀬戸北航路をこれに沿って航行している船舶（巨大船を除く。）は，水島航路をこれに沿って航行している巨大船と衝突するおそれがあるときは，当該巨大船の進路を避けなければならない。この場合において，海上衝突予防法第９条第２項及び第３項，第15条第１項前段並びに第18条第１項（第３号及び第４号に係る部分に限る。）の規定は，当該巨大船について適用しない。
第４項　航行し，又は停留している船舶（巨大船を除く。）は，備讃瀬戸北航路をこれに沿って西の方向に若しくは備讃瀬戸南航路をこれに沿って東の方向に航行し，これらの航路から水島航路に入ろうとしており，又は水島航路をこれに沿って航行し，同航路から西の方向に備讃瀬戸北航路若しくは東の方向に備讃瀬戸南航路に入ろうとしている巨大船と衝突するおそれがあるときは，当該巨大船の進路を避けなければならない。この場合において，第３条第１項並びに海上衝突予防法第９条第２項及び第３項，第13条第１項，第14条第１項，第15条第１項前段並びに第18条第１項（第３号及び第４号に係る部分に限る。）の規定は，当該巨大船について適用しない。
第５項　第３条第３項の規定は，前２項の規定を適用する場合における水島航路をこれに沿って航行する巨大船について準用する。

⑴　**水島の巨大船・漁ろう船等以外の船舶は備讃北の全船舶を避航**（第１項）

水島航路をこれに沿って航行している巨大船及び漁ろう船等以外の船舶は，備讃瀬戸北航路をこれに沿って西航している他の船舶と衝突するおそれがあるときは，当該他の船舶の進路を避けなければならない。

⑵　**水島の漁ろう船等は備讃北の巨大船を避航**（第２項）

水島航路をこれに沿って航行している漁ろう船等は，備讃瀬戸北航路をこれに沿って西航している巨大船と衝突するおそれがあるときは，当該巨大船の進路を避けなければならない。

⑶ **備讃北の巨大船以外の船舶は水島の巨大船を避航**（第 3 項）

備讃瀬戸北航路をこれに沿って西航している巨大船以外の船舶は，水島航路をこれに沿って航行している巨大船と衝突するおそれがあるときは，当該巨大船の進路を避けなければならない。

⑷ **航行し又は停留している巨大船以外の船舶は変針して他の航路へ入ろうとしている巨大船を避航**（第 4 項）

航行し，又は停留している巨大船以外の船舶は，備讃瀬戸北航路をこれに沿って西の方向に若しくは備讃瀬戸南航路をこれに沿って東の方向に航行し，これらの航路から水島航路に入ろうとしており，又は水島航路をこれに沿って航行し，同航路から西の方向に備讃瀬戸北航路若しくは東の方向に備讃瀬戸南航路に入ろうとしている巨大船と衝突するおそれがあるときは，当該巨大船の進路を避けなければならない。

⑸ **第 3 条第 3 項の準用**（第 5 項）

第 3 条第 3 項の準用も，伊良湖水道航路の場合と同様である。つまり，第 19 条第 3 項及び第 4 項の規定を適用する場合において，漫然と航路の中央又は中央より左の部分を航路に沿って航行している巨大船は，航路をこれに沿って航行している船舶とは見なされない。

例題 1 海上交通安全法及び同法施行規則に関する次の問いに答えよ。 5 級

（1）巨大船と巨大船以外の他の船舶（長さが国土交通省令で定める長さ以上のものに限る。）とが航路内で行き会うことが予想される場合，危険な行き会いを避けるため，海上保安庁長官が，当該他の船舶に対して，信号その他の方法により，必要な間航路外で待機すべき旨を指示することができる航路の名称を記せ。

（2）備讃瀬戸東航路をこれに沿って航行する船舶の航法について述べた次の文のうち，正しいものはどれか。

㋐ 宇高東航路及び同西航路を横切るときは，信号による進路の表示を行わなければならない。

㋑ 航路の一部区間は，対水速力 12 ノット以下で航行しなければならない。

㋒ 夜間は，十分な余地があっても他の船舶を追い越してはならない。

㋓ できる限り航路の中央から右の部分を航行しなければならない。

解 （1）① 伊良湖水道航路　　② 水島航路

(2) (イ) 航路の一部区間は，対水速力 12 ノット以下で航行しなければならない。

例題 2 右図は，瀬戸内海にある海上交通安全法に規定された航路の一部とその付近を航行中の船舶（------- は航路の中央，⟶ は航行方向を示す。）を示す略図である。次の問いに答えよ。 **5 級**

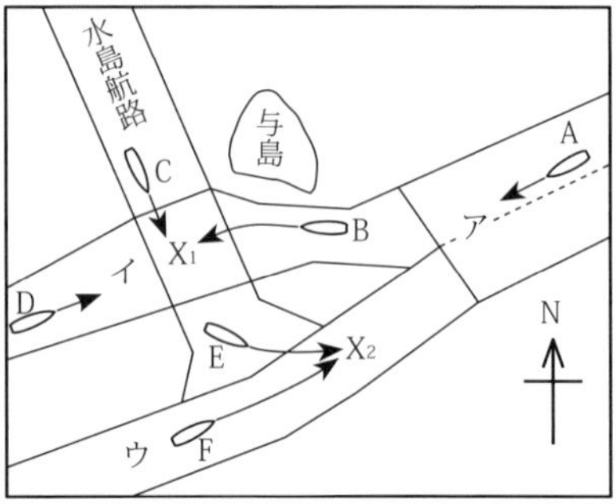

（1）ア～ウの航路の名称を，それぞれ記せ。

（2）航路ごとの航法に違反して航行している船舶は A ～ F のうちどれか。

（3）動力船 B（長さ 160 メートル）と動力船 C（長さ 70 メートル）とが X_1 付近で衝突するおそれがあるときは，避航船となるのはどちらか。

（4）動力船 E（長さ 230 メートル）と動力船 F（長さ 60 メートル）とが X_2 付近で衝突するおそれがあるとき，避航船となるのはどちらか。

解

（1）ア：備讃瀬戸東航路　イ：備讃瀬戸北航路　ウ：備讃瀬戸南航路

（2）D

（3）C

（4）F

例題 3 水島航路をこれに沿って航行している船舶と備讃瀬戸北航路をこれに沿って航行している船舶とが，衝突するおそれがあるときは，どちらの船舶が避航船となるか。理由を付して答えよ。ただし，両船とも巨大船以外の一般動力船である。

（海上交通安全法）**4 級**

解

水島航路をこれに沿って航行している船舶

〔理由〕上記の船舶に，海交法第 19 条第 1 項の航法規定が適用される。

第 20 条～第 21 条　来島海峡航路

(1) **来島海峡航路をこれに沿って航行する船舶の 5 つの航法**（第 1 項）

船舶は，来島海峡航路をこれに沿って航行するときは，次の①～⑤に掲げる航法によらなければならない。この場合において，これらの航法によって航行している船舶については，海上衝突予防法第 9 条第 1 項の規定は適用しない。

①　順潮の場合は来島海峡中水道（以下，中水道という。）を，逆潮の場合は来島海峡西水道（以下，西水道という。）を航行すること。ただし，これらの水道を航行している間に転流があった場合は，引き続き当該水道を航行することができることとし，また，来島海峡西水道を航行して小島と波止浜の間の水道へ出ようとする船舶又は同水道から来島海峡航路に入って西水道を航行しようとする船舶は，潮流の順逆に関係なくいつでも西水道を航行することができることとする。

②　順潮の場合は，できる限り大島及び大下島側に近寄って航行すること。

③　逆潮の場合は，できる限り四国側に近寄って航行すること。

④　前２号の規定にかかわらず，西水道を航行して小島と波止浜の間の水道へ出ようとする場合又は同水道から来島海峡航路に入って西水道を航行しようとする場合は，その他の船舶の四国側を航行すること。

⑤　逆潮の場合は，対地速力４ノット以上の速力で航行すること。（則第９条第１項）

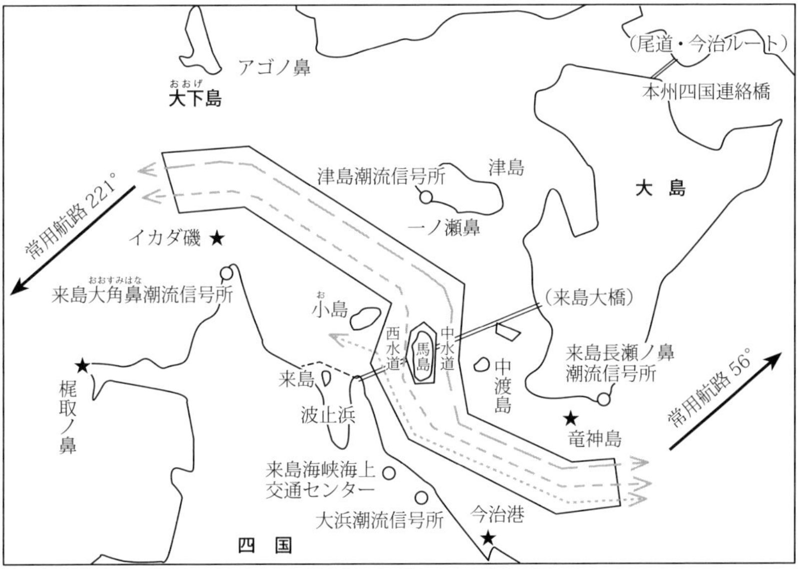

⑵　**潮流の流向**（第２項）

前項①～③まで及び⑤の潮流の流向は，来島海峡航路に沿って設置されている４箇所の潮流信号所（来島長瀬ノ鼻潮流信号所，津馬潮流信号所，大浜潮流信号所，来島大角鼻潮流信号所）が行う潮流信号により示す流向によるものとする。（則第９条第２項）

⑶　**転流前後における特別な航法の指示**（第３項）

海上保安庁長官（来島海上交通センター長）は，来島海峡航路において転流すると予想され，又は転流があった場合において，同航路を第１項規定による航法により航行することが，船舶交通の状況により，船舶交通の危険を生ずるおそれがあると認めるときは，同航路をこれに沿って航行し，又は航行しようとする船舶に対し，**同項（第１項）による航法と異なる航法を指示**することができる。この場合において，当該指示された航法によって航行している船舶については，予防法第９条第１項の規定は，適用しない。

この規定は，転流前後の微妙な時期に潮流の順・逆の判断ができず，来島海峡航路をこれに沿って航行している船舶が，西水道又は中水道において危険な行き会い状態になること等を想定して海上保安庁長官が特別に指示する航法である。

例えば，転流時において，２隻の船舶が同時に中水道へ進入して危険な行き会い関係が発生するおそれがあるとき，来島海上交通センターは，いずれか一方の船舶に対して西水道を航行するように指示することがある。

⑷　**来島海峡航路を航行しようとする船舶の通報義務**（第４項）

来島海峡航路をこれに沿って航行しようとする船舶の船長（船長以外の者が船長に代わってその職務を行うべきときは，その者。以下同じ。）は，下記の通報方法により海上保安庁長官（来島海上交通センター）に**通報**（以下，**入航前の通報**という。）しなければならない。

入航前の通報（則第９条第３項及び第４項）

入航前の通報は，来島海峡航路において転流する時刻の１時間前から転流する時刻まで間（この間，潮流信号所において「↓」の電光表示がある。）に，同航路を航行しようとする船舶が，次図に示す線（通報ライン）を横切った直後に海上保安庁長官が告示に示すところによりVHF無線電話，その他の適切な方法で行わなければならない。

なお，この場合の通報事項は，①船舶の名称，②来島海上交通センターとの連絡手段，③航行する速力，④航路外から航路に入ろうとする時刻である。

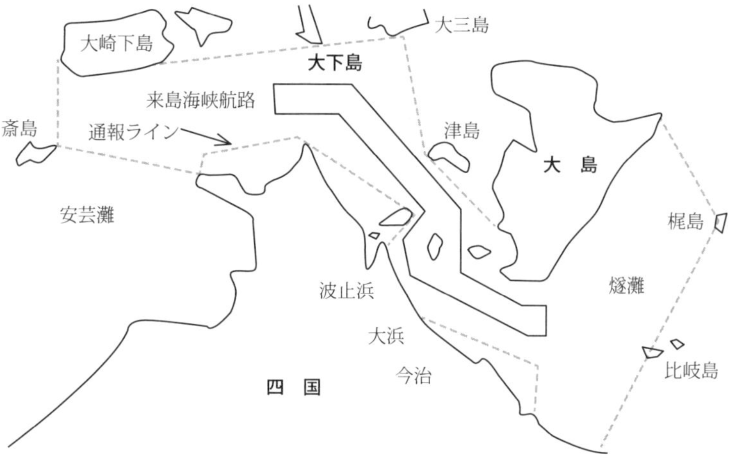

来島海峡航路へ入航する前の通報ライン（グレー色の破線）

第 21 条は，来島海峡航路をこれに沿って航行する船舶の信号について，次のように定めている。

⑴　**汽笛を備えている船舶が鳴らさなければならない信号**（則第 9 条第 5 号）

①　中水道を来島海峡航路に沿って航行する場合において，同水道を通過中に転流すると予想されるときは，津島一ノ瀬鼻又は竜神島に並航したときから中水道を通過し終わるときまで「**長音 1 回**」による汽笛信号を鳴らさなければならない。

②　西水道を来島海峡航路に沿って航行する場合において，同水道を通過中に転流すると予想されるときは，津島一ノ瀬鼻又は竜神島に並航したときから西水道を通過し終わるときまで「**長音 2 回**」による汽笛信号を鳴らさなければならない。

③　西水道を来島海峡航路に沿って航行して小島と波止浜との間の水道へ出ようとするとき，又は同水道から来島海峡航路に入って西水道を同航路に沿って航行しようとするときは，来島又は竜神島に並航したときから西水道を通過し終わるときまで「**長音 3 回**」による汽笛信号を鳴らさなければならない。

⑵　予防法第34条第6項の規定による汽笛信号の吹鳴禁止（則第９条第６項）

来島海峡航路及びその周辺の国土交通省令で定める海域（蒼社《そうしゃ》川口右岸突堤から大島タケノ鼻まで引いた線並びに陸岸により囲まれた海域のうち航路以外の海域とする。）において航行する船舶は，海上衝突予防法第 34 条第 6 項の規定による汽笛信号（長音 1 回による湾曲部信号及び応答信号）を鳴らしてはならない。

⑶　来島海峡航路の航法が予防法第９条第１項の航法（右側航行）と相反する場合

次の①及び②の場合は，船舶は互いに右舷対右舷で航過しなければならない。

①　潮流が南流の場合，東航船は中水道をできる限り大島及び大下島側に近寄って航行し，西航船は西水道をできる限り四国側に近寄って航行するため，両船は右舷対右舷で航行することになる。

②　潮流が北流の場合，東航船は西水道を航行し，また西水道を航行して小島と波止浜の間の水道へ出ようとする西航船はその他の船舶の四国側を航行するから，西水道の南部その南側の水域において，両船は右舷対右舷で航行することになる。

⑷　来島海峡航路の出入口付近における衝突の危険性

潮流が南流の場合，来島海峡航路の東西両側の出入口付近において，入航船と出航船が同航路に同時に出入すると，両船は互いに針路を交差させて衝突の危険が発生する。その原因は，来島海峡航路の東西両側の出入口付近に，常用航路が設定されているためである。（下図参照）

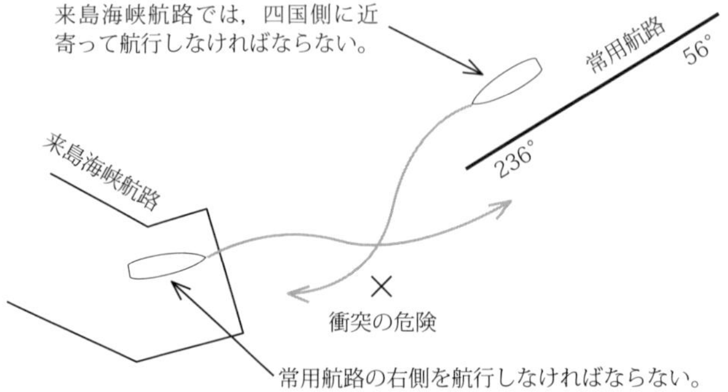

来島海峡航路の出入口付近における衝突の危険性

例題 1　海上交通安全法及び同法施行規則に関する次の問いに答えよ。　**5級**

（1）来島海峡航路の潮流の流向を示す信号所の名称を３つあげよ。

（2）来島海峡航路の全区間を航路に沿って航行する船舶は，来島海峡の潮流の順逆によってどの水道を航行しなければならないか。

解

（1）① 来島大角鼻潮流信号所
② 津島潮流信号所
③ 大浜潮流信号所
④ 来島長瀬ノ鼻潮流信号所
（以上のうちから３つ答える）

（2）逆潮のときは西水道を，順潮のときは中水道を航行しなければならない。

例題 2　来島海峡航路の全区間を中水道を経由して航行する船舶の航法について：

（1）どこに近寄って航行しなければならないか。　**4級**

（2）この水道を航行しなければならないのは，潮流の方向がどのようなときか。

（海上交通安全法及び同法施行規則）

解

（1）大島及び大下島側

（2）順潮のとき

例題 3　船舶が，来島海峡航路をこれに沿って航行するとき，順潮・逆潮に関係なく西水道を航行できるのは，西水道を航行中，転流があった場合及び海上保安庁長官による特別な航法の指示があった場合のほかどのような場合か。　**4級**

（海上交通安全法及び同法施行規則）

解

来島海峡西水道を航行して小島と波止浜の間の水道へ出ようとする場合又は同水道から来島海峡航路に入って西水道を航行しようとする場合

例題 4　来島海峡航路において，汽笛を備えている総トン数 100 トン以上の船舶が，次の汽笛信号を行わなければならないのは，それぞれどのような場合か。　**4級**

（1）長音２回　　（2）長音３回

（海上交通安全法及び同法施行規則）

解

（1）西水道を来島海峡航路に沿って航行中に転流すると予想される場合

（2）西水道を来島海峡航路に沿って航行して小島と波止浜との間の水道へ出ようとするとき，又は同水道から来島海峡航路に入って西水道を同航路に沿って航行しようとする場合

練習問題

1 海上交通安全法及び同法施行規則に関する次の問いに答えよ。 4級・5級

(1) 航路をこれに沿って航行するとき，北の方向に航行しなければならない航路名を２つあげよ。

(2) 航路をこれに沿って航行するとき，その航路の中央から右の部分を航行しなければならない航路名を２つあげよ。

(3) 航路をこれに沿って航行するとき，できる限り，その航路の中央から右の部分を航行しなければならない航路名を２つあげよ。

答 (1) ① 中ノ瀬航路　② 宇高東航路
(2) ① 浦賀水道航路　② 明石海峡航路（又は備讃瀬戸東航路）
(3) ① 伊良湖水道航路　② 水島航路

2 次の(1)～(3)の航路を船舶がこれに沿って航行する場合，どのような速力で，どのように航行しなければならないか。 4級

(1) 浦賀水道航路　(2) 宇高東航路　(3) 水島航路

（海上交通安全法及び同法施行規則）

答 (1) 同航路の中央から右の部分を，12 ノット以下の速力で航行しなければならない。
(2) 北の方向に，安全な速力で航行しなければならない。
(3) できる限り，同航路の中央から右の部分を，12 ノット以下の速力で航行しなければならない。

3 備讃瀬戸東航路及びその付近の航法について： 4級

(1) この航路に沿って航行するときは，どのように航行しなければならないか。

(2) この航路と交差している他の航路名をあげ，その航路に沿う航行方法を記せ。

（海上交通安全法）

答 (1) 同航路の中央から右の部分を航行しなければならない。
(2) ① 宇高東航路：北の方向に航行しなければならない。
② 宇高西航路：南の方向に航行しなければならない。

4 右図は，来島海峡の略図である。次の問いに答えよ。 **4級**

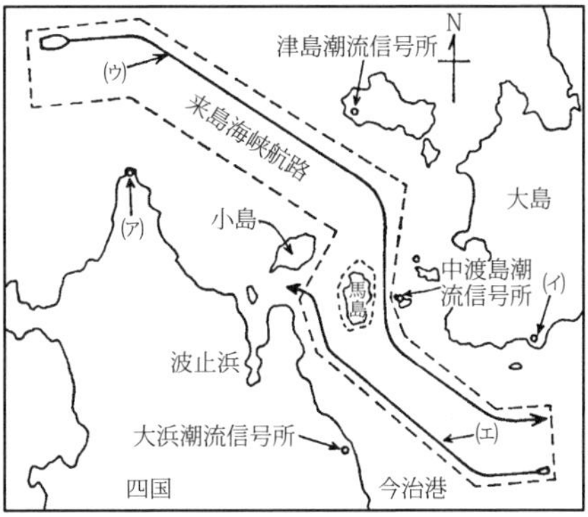

(1) (ア)，(イ)は，それぞれ何という潮流信号所か。(図中の∘印が潮流信号所の位置)

(2) (ウ)のように航行しなければならないのは，潮流がどのように流れている場合か。

(3) (ウ)のように航行する船舶は，航路の東側出入り口付近では，航法上特にどのような注意が必要か。

(4) (エ)のように航行する船舶は，どのような汽笛信号を行わなければならないか。

(海上交通安全法及び同法施行規則)

答 (1) (ア) 来島大角鼻潮流信号所　(イ) 来島長瀬ノ鼻潮流信号所

(2) 南流の場合

(3) 航路の東側の出入口付近では，同航路に入航してくる西航船と進路を交差させないように注意して出航しなければならない。(注)この問題のキーポイントは，来島海峡航路の東側の出入り口付近では，西航船が常用航路から針路を左転して来島海峡航路へ進入することを熟知しておく必要がある。)

(4) 竜神島に並航した時から西水道を通過し終わるときまで，長音3回による汽笛信号を行わなければならない。

5 海上交通安全法及び同法施行規則に関する次の問いに答えよ。

(1) 船舶は，航路においては原則として錨泊をしてはならないが，どのような事由があるときに限り，例外的に認められるか。

(2) 航路をこれに沿って航行する船舶が，航路の全区間において，法第5条(速力の制限)の規定を守らなければならない航路を4つあげよ。

(3) 来島海峡航路をこれに沿って航行するとき，潮流の流向に関係なく西水道を航行できるのは，西水道を航行中，転流があった場合のほかどのような場合か。 (海上交通安全法) **4級**

答 (1) ① 海難を避けるためやむを得ない事由があるとき。

② 人命又は他の船舶を救助するためにやむを得ない事由のあるとき。

(2) ① 中ノ瀬航路　② 浦賀水道航路

③ 伊良湖水道航路　④ 水島航路

(3) 西水道を来島海峡航路に沿って航行して小島と波止浜との間の水道へ出ようとする場合，又は同水道から来島海峡航路に入って西水道を同航路に沿って航行しようとする場合

第 3 節　特殊な船舶の航路における交通方法の特則(第 22 条～第 24 条)

第 22 条　巨大船等の航行に関する通報

⑴　**航行に関する通報義務船**

航路を航行しようとする場合に，あらかじめ船舶の名称等を海上保安庁長官（海上交通センターの長）に通報しなければならない船舶は，次に掲げる①～④の船舶である。

①　**巨大船**

②　**巨大船以外の船舶**であって，その長さが次表の左欄に掲げる航路ごとに同表右欄に定める長さ以上のものである。(則第 10 条)

航路	長さ
浦賀水道航路，中ノ瀬航路，明石海峡航路，備讃瀬戸東航路，宇高東航路，宇高西航路，備讃瀬戸北航路，備讃瀬戸南航路，来島海峡航路	160 メートル以上
伊良湖水道航路	130 メートル以上
水島航路	70 メートル以上

③　**危険物積載船**（則第 11 条）

危険物積載船とは，次に掲げる船舶である。

ⓐ　80 トン以上の火薬類を積載した総トン数 300 トン以上の船舶

ⓑ　高圧ガスで引火性のものをばら積みにした総トン数 1,000 トン以上の船舶

ⓒ　引火性液体類をばら積みした総トン数 1,000 トン以上の船舶

ⓓ　200 トン以上の有機過酸化物を積載した総トン数 300 トン以上の船舶

④　**物件曳航船等**（則第 12 条）

物件曳航船等とは，引き船又は押し船集団であって全体の距離が，次表の左欄に掲げる航路ごとに同表の右欄に定める距離以上のものである。

航路	距離
浦賀水道航路，中ノ瀬航路，伊良湖水道航路，備讃瀬戸東航路，宇高東航路，宇高西航路，備讃瀬戸北航路，備讃瀬戸南航路，水島航路	200 メートル以上
明石海峡航路	160 メートル以上
来島海峡航路	100 メートル以上

⑵　**通報事項**（則第 13 条）

巨大船等の航行に関する通報事項は，次のとおりである。

①　船舶の名称，総トン数及び長さ

②　航行しようとする航路の区間，航路入航予定時刻及び航路から航路外へ出ようとする時刻

③　船舶局のある船舶にあっては，その呼出符号又は呼出名称

④　船舶局のない船舶にあっては，海上保安庁との連絡手段

⑤　仕向港の定まっている船舶にあっては，仕向港

⑥　巨大船にあっては，その喫水

⑦　危険物積載船にあっては，積載している危険物の種類及び種類ごとの数量

⑧　物件曳航船等にあっては，引き船の船首から当該引き船の引く物件の後端まで又は押し船の船尾から当該押し船の押す物件の先端までの距離及び当該物件の概要

⑶　**通報時期及び通信手段**（則第 14 条第 1 項～第 3 項）

巨大船等の航行に関する通報は，次表の左欄に掲げる船舶ごとに，同表中欄及び右欄に掲げる時期及び通信手段により行わなければならない。

船舶	通報時期	通信手段
巨大船，巨大船以外の一定長さ以上の船舶(水島航路を航行しょうとする長さ 70 メートル以上 160 メートル未満の船舶を除く。)，積載している危険物が液化ガスである総トン数 25,000 トン以上の危険物積載船，物件曳航船等	航路入航予定日の前日の正午まで。 以後通報した事項に変更があったときは，入航予定時刻の 3 時間前まで。以後通報した事項に変更があったときは直ちに。	無線通信，無線電話，ファクシミリ又は郵便

水島航路を航行しようとする長さ 70 メートル以上 160 メートル未満の船舶，危険物積載船（上欄の危険物積載船を除く。）	航路入航予定時刻の 3 時間前まで。 以後通報した事項に変更があったときは直ちに。	

(4)　**通報先**（則第 14 条第 4 項）

巨大船等の航行に関する通報の通報先は，次表の左欄に掲げる航路ごとに，同表右欄に掲げる海上交通センターの長である。

航路	通報先
浦賀水道航路又は中ノ瀬航路	東京湾海上交通センターの長
伊良湖水道航路	伊勢湾海上交通センターの長
明石海峡航路	大阪湾海上交通センターの長
備讃瀬戸東航路，宇高東航路，宇高西航路，備讃瀬戸北航路，備讃瀬戸南航路又は水島航路	備讃瀬戸海上交通センターの長
来島海峡航路	来島海峡海上交通センターの長

例題　巨大船の船長は，航路を航行しようとするときは，いつまでに航行に関する通報をしなければならないか。次のうちから選べ。　**5級**

(1) 航路外から航路に入ろうとする日の午前 0 時
(2) 航路外から航路に入ろうとする日の前日の午後 6 時
(3) 航路外から航路に入ろうとする日の前日の正午
(4) 航路外から航路に入ろうとする日の前日の午前 9 時

（海上交通安全法及び同法施行規則）

解

(3) 航路外から航路に入ろうとする日の前日の正午まで

第 24 条　緊急用務を行う船舶等に関する航法の特例

本条は，緊急用務，漁ろう，工事などのため，一定の規定の交通方法に従うことができないか，又は困難である船舶について，一定の航法規定又は航路航行の規定の適用除外の特例を定めている。

(1)　**航法等の特例を認められる船舶**

航法等の特例を認められる船舶は，次の船舶である。

①　緊急用務船

② 漁ろうに従事している船舶

③ 許可を受けた工事作業船

⑵ **緊急用務船**（令第４条）

㈠ **緊急用務船の意義**

緊急用務船とは，政令で定める緊急用務を行うための船舶であって，消防，海難救助，障害の除去，汚染の防除，犯罪の予防・鎮圧，犯罪の捜査，交通規制などの用務で緊急に処理することを要するものを行うための船舶で，使用する者の申請に基づき管轄の管区海上保安本部長が指定したものをいう。

㈡ **緊急用務船の灯火及び標識**（令第５条，則第 21 条）

緊急用務船は，緊急用務を行う場合において表示しなければならない灯火及び標識は，下記のとおりである。

夜間	一定の間隔で毎分 180 回以上 200 回以下の閃光を発する紅色の閃光灯１個	視認距離２海里以上	最も見えやすい場所
昼間	頂点を上にした紅色の円すい形形象物１個		最も見えやすい場所

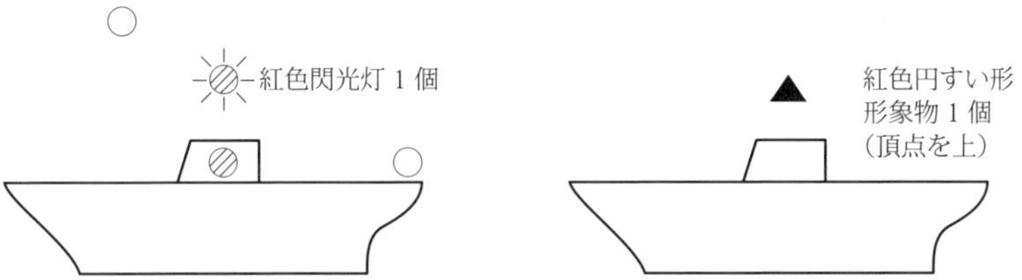

灯火　　　　標識

第６節　灯火等（第 27 条～第 29 条）

第 27 条　巨大船及び危険物積載船の灯火等

第 27 条　巨大船及び危険物積載船は，航行し，停留し，又は錨泊をしているときは，国土交通省令で定めるところにより灯火又は標識を表示しなければならない。

> 第２項　巨大船及び危険物積載船以外の船舶は，前項の灯火若しくは標識又はこれと誤認される灯火若しくは標識を表示してはならない。

本条は，巨大船及び危険物積載船の灯火及び標識について，次のように定めている。

⑴　**巨大船の灯火及び標識**（則第 22 条）

巨大船は，海交法の適用海域において航行し，停留し，又は錨泊しているときは，予防法の灯火及び形象物に加えて，次の灯火及び標識を表示しなければならない。

夜間	毎分 180 回以上 200 回以下の閃光を発する緑色閃光灯 1 個	視認距離 2 海里以上	最も見えやすい場所
昼間	黒色円筒形形象物 2 個を連掲		最も見えやすい場所

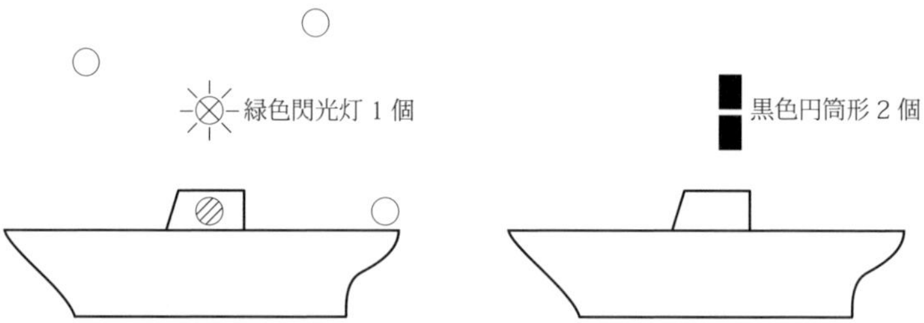

灯火　　標識

⑵　**危険物積載船の灯火及び標識**（則第 22 条）

危険物積載船は，海交法の適用海域において航行し，停留し，又は錨泊しているときは，予防法に定める灯火及び形象物のほか，次の灯火及び標識を表示しなければならない。

夜間	毎分 120 回以上 140 回以下の閃光を発する紅色閃光灯 1 個	視認距離 2 海里以上	最も見えやすい場所
昼間	第 1 代表旗(上)，B 旗(下)の連掲		最も見えやすい場所

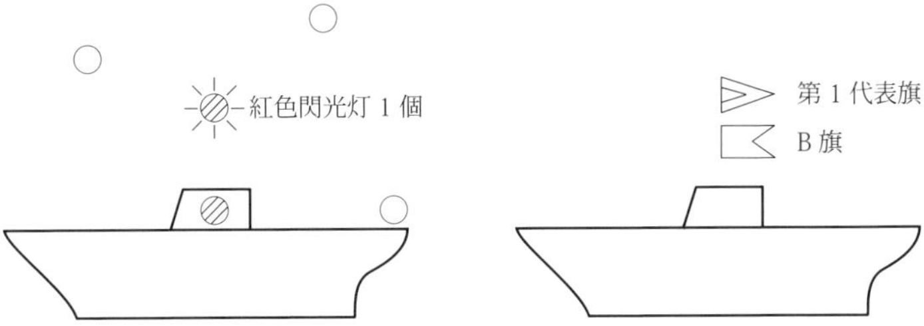

灯火　　　　**標識**

例題１　緊急用務に従事している船舶は，海上衝突予防法に定める灯火及び形象物のほか，どのような灯火及び標識を表示しなければならないか。　**４級・５級**

（海上交通安全法及び同法施行令）

解　灯火：毎分 180 回以上 200 回以下の閃光を発する紅色閃光灯１個
標識：紅色円すい形形象物１個(頂点を上)

例題２　巨大船が航行し，停留し，又は錨泊しているときは，どのような灯火及び標識を表示しなければならないか。　**４級・５級**

（海上交通安全法及び同法施行規則）

解　灯火：毎分 180 回以上 200 回以下の閃光を発する緑色閃光灯１個
標識：黒色円筒形２個を縦掲した標識

例題３　海上交通安全法の適用海域を航行中の危険物積載船は，どのような灯火及び標識を表示しなければならないか。　**４級・５級**

（海上交通安全法及び同法施行規則）

解　灯火：毎分 120 回以上 140 回以下の閃光を発する紅色閃光灯１個
標識：第１代表旗の下にB旗を連掲した標識

例題４　昼間，海上交通安全法の適用海域において航行し，停留し，又は錨泊している長さ 250 メートルの危険物積載船は，海上衝突予防法に規定している形象物のほかに，どのような標識を表示しなければならないか。　**４級・５級**

（海上交通安全法及び同法施行規則）

解　黒色円筒形の形象物２個を連掲した標識及び第１代表旗の下にB旗を掲げた標識

例題 5 海上交通安全法及び同法施行規則に関する次の問いに答えよ。 **4級**

本法の適用海域において，右図(ア)及び(イ)の標識を掲げているのは，それぞれどのような船舶か。

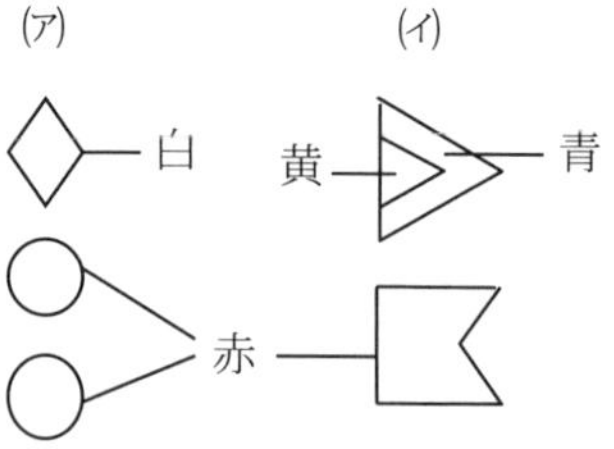

解

(ア) 昼間，海上保安庁長官の許可を受けて航路及びその周辺海域で工事又は作業を行っているため，接近してくる他の船舶の進路を避けることが容易でない船舶

(イ) 昼間，航行し，停留し，又は錨泊している危険物積載船

第 7 節　船舶の安全な航行を援助するための措置

第 30 条　海上保安庁長官が提供する情報の聴取

本条は，船舶の安全な航行を援助するための措置として，海上保安庁長官が特定船舶に対して行う必要な情報提供及び特定船舶の当該情報の聴取義務について，次のように定めている。

(1) **海上保安庁長官の船舶の安全な航行を援助するための情報の提供**（第 1 項）

第 1 項は，海上保安庁長官が次に掲げる特定船舶に対し，次に掲げる情報を提供することを定めている。

(ア) **特定船舶**

特定船舶とは，長さ 50 メートル以上の船舶（第 4 条本文・則第 3 条）であって，航路及び当該航路の周辺の特に船舶交通の安全を確保する必要があるものとして国土交通省令（則第 23 条の 2 第 1 項・別表第 3）で定める海域を航行するものをいう。

下図は，特定船舶が，航行している間，海上保安庁長官の提供する情報を聴取しなければならない航路及びその周辺の一定海域を具体的に図示したものである。（則第 23 条の 2）

① 浦賀水道航路，中ノ瀬航路及びこれらの航路の周辺海域

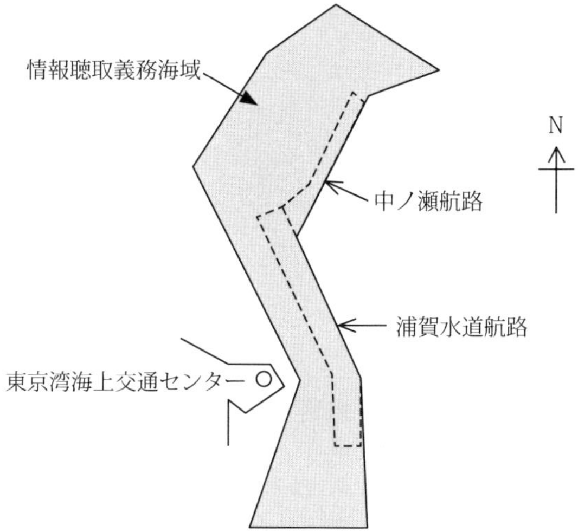

② 伊良湖水道航路及び同航路の周辺海域

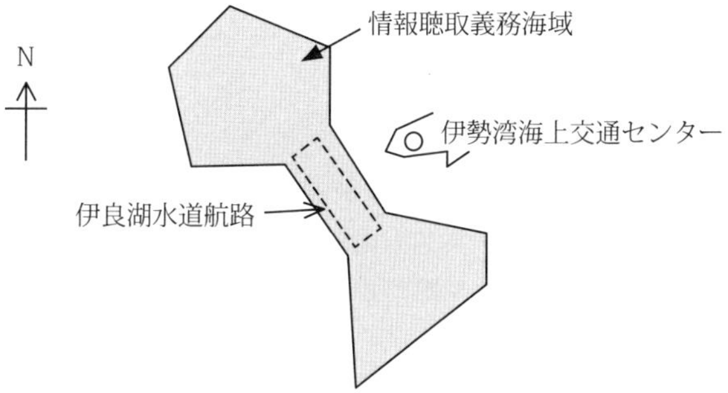

③ 明石海峡航路及び同航路の周辺海域

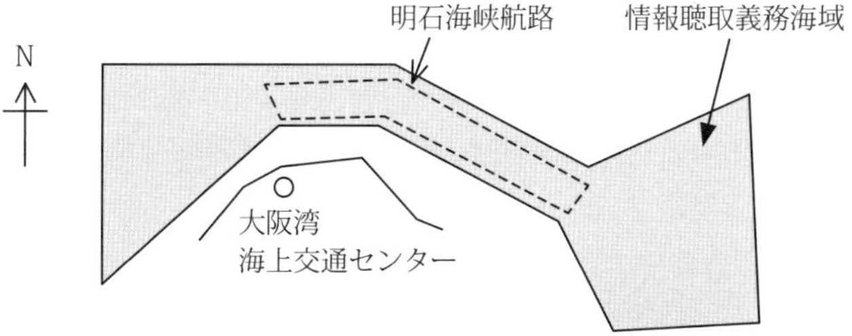

④　**備讃瀬戸東航路，宇高東航路，宇高西航路，備讃瀬戸北航路，備讃瀬戸南航路，水島航路及びこれらの航路の周辺海域**

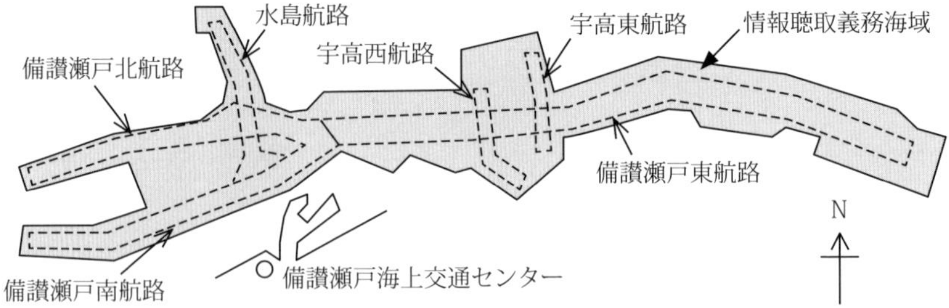

⑤　**来島海峡航路及び同航路の周辺海域**

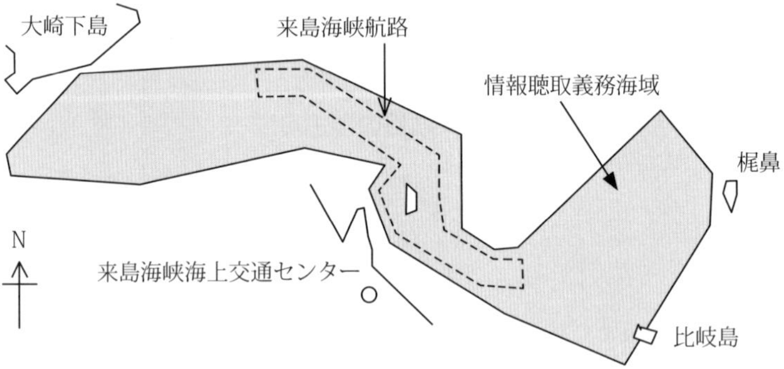

⑷　**海上保安庁長官が提供する情報**

海上保安庁長官は，船舶交通の障害の発生等に関する情報であって，国土交通省令(則第 23 条の 2 第 3 項)で定める次に掲げるものを提供する。

①　特定船舶が航路及び第 1 項に規定する海域において適用される交通方法に従わないで航行するおそれがあると認める場合における，当該交通方法に関する情報

②　船舶の沈没，航路標識の機能の障害その他船舶交通の障害であって，特定船舶の航行の安全に著しい支障を及ぼすおそれのあるものの発生に関する情報

③　特定船舶が，工事又は作業が行われている海域，水深が著しく浅い海域その他特定船舶が安全に航行することが困難な海域に著しく接近

するおそれがある場合における，当該海域に関する情報

④　他の船舶の進路を避けることが容易でない船舶であって，その航行により特定船舶の航行の安全に著しい支障を及ぼすおそれのあるものに関する情報

⑤　特定船舶が他の特定船舶に著しく接近するおそれがあると認められる場合における，当該他の船舶に関する情報

⑥　前各号に掲げるもののほか，特定船舶において聴取することが必要と認められる情報

⑵　**特定船舶の情報の聴取**（第２項）

第２項は，特定船舶が第１項の航路及び海域を航行している間は，同項の情報を聴取しなければならないと定めている。

ただし，聴取することが困難な場合として次に掲げる①～③の場合は，この限りではない。（則第 23 条の 3）

①　VHF 無線電話を備えていない場合

②　電波の電波障害等により VHF 無線電話による通信が困難な場合

③　他の船舶等と VHF 無線電話による通信を行っている場合

第 31 条　航法の遵守及び危険の防止のための勧告

本条は，前条と同様，**船舶の安全な航行を援助するための措置**として，海上保安庁長官は，特定船舶に対し，航法の遵守及び危険の防止のため必要があると認めるときは，進路の変更その他の措置を講ずべきことを勧告することができ，また，その勧告に基づき講じた措置について報告を求めることができると定めている。

第 8 節　指定海域における措置

第 32 条　指定海域への入域に関する通報

本条は，海上保安庁長官が指定海域を航行する船舶の情報を把握し，船舶火災等による非常災害の発生時に船舶交通の混乱を防止し，また平時においては指定港（港則法第３条第３項）との一元的な航行管制を行い船舶交通の安全を確保するため，同海域に入域する船舶に対し，通報義務を課すことにしたものである。

なお，東京湾における指定海域は，東京湾内の海交法の適用海域に一致する。（令第 4 条）

⑴　**指定海域入域の通報義務船**

指定海域への入域通報をしなければならない船舶は，第 4 条本文に規定する「長さ 50 メートル以上の船舶」である。

⑵　**指定海域への入域に関する通報事項**（則第 23 条の 5，第 2 項）

指定海域へ入域しようとするときの通報事項は，次のとおりである。

①　船舶の名称及び長さ

②　船舶の呼出符号

③　仕向港

④　船舶の喫水

⑤　通報の時点における船舶の位置

⑶　**指定海域への入域に関する通報時期，通報先及び通報方法**（則第 23 条の 5）

①　通報時期：船舶が指定海域と他の海域との境界線（以下「通報ライン」という。）を横切るときである。東京湾内の指定海域への入域通報ラインは，洲崎灯台から剣崎灯台まで引いた線である。

②　通報先：入域する指定海域を担当する海上交通センター。
東京湾内の指定海域へ入域するときは，東京湾海上交通センターへ通報する。

③　通報方法：VHF 無線電話又は電話。

【注】 東京湾海上交通センターは，平成 30 年 1 月 31 日以降，横浜へ移設されている。

第 33 条　非常災害発生周知措置等

本条は，非常災害が発生し，指定海域において船舶交通の危険が生ずるおそれがある場合に，その危険を防止するため，海上保安庁長官がとらなければならない措置について，次のように定めている。

⑴　**非常災害発生周知措置**（第 1 項）

海上保安庁長官は，非常災害が発生し，これにより指定海域において船舶交通の危険が生ずるおそれがある場合において，当該危険を防止する必要があると認めるときは，当該海域及びその周辺海域にある船舶に対し，直ちに，次に掲げる措置をとらなければならない。

①　非常災害が発生した旨を周知させるための措置

②　非常災害の発生により，指定海域において船舶交通の危険が生ずるおそれがある旨を周知させるための措置

⑵　**非常災害解除周知措置**（第 2 項）

海上保安庁長官は，⑴の措置をとった後，指定海域において，非常災害の発生により生じた船舶交通の危険がなくなったと認めるとき，又は当該非常災害の発生により生じた船舶交通の危険がおおむねなくなってと認めるときは，当該海域及びその周辺海域にある船舶に対し，速やかに，次に掲げる措置をとらなければならない。

①　指定海域において，非常災害の発生により船舶交通の危険が生ずるおそれがなくなった旨を周知させる措置

②　指定海域において，非常災害の発生により船舶交通の危険が生ずるおそれがおおむねなくなった旨を周知させる措置

第 34 条　非常災害発生周知措置がとられた際に海上保安庁長官が提供する情報の聴

本条は，非常災害の発生時に指定海域における船舶交通の混乱を防止し，航行の安全を確保するための措置について，次のように定めている。

⑴　**海上保安庁長官による航行の安全を確保するための情報の提供**（第 1 項）

海上保安庁長官は，非常災害周知措置をとったときは，指定海域内船舶に対し，VHF 無線電話により（則第 23 条の 6，第 1 項），次の情報（則第 23 条の 6，第 2 項）を提供する。なお，指定海域内船舶とは，第 4 条本文に規定する船舶であって，指定海域内にある長さ 50 メート以上の船舶である。

①　非常災害の発生の状況に関する情報

②　船舶交通の制限の実施に関する情報

③　船舶の沈没，航路標識の機能の障害その他の船舶交通の障害であって，指定海域内船舶の航行の安全に著しい支障を及ぼすおそれのあるものの発生に関する情報

④　指定海域内船舶が，船舶の錨泊により著しく混雑する海域，水深が著しく浅い海域その他の指定海域内船舶が航行の安全を確保することが困難な海域に著しく接近する場合における，当該海域に関する情報

⑤　その他，指定海域内船舶が航行の安全を確保するために聴取することが必要と認められる情報

⑵　**指定海域内船舶の情報の聴取義務**（第 2 項）

指定海域内船舶は，非常災害発生周知措置がとられたときは，非常災害解除周知措置がとられるまでの間，前項の規定により提供される情報を聴取しなければならない。

ただし，次の場合はこの限りではない。（則第 23 条の 7）

①　VHF 無線電話を備えていない場合

②　電波の伝播障害等により VHF 無線電話による通信が困難な場合

③　他の船舶等と VHF 無線電話による通信を行っている場合

第 35 条　非常災害発生周知措置がとられた際の航行制限等

海上保安庁長官は，非常災害が発生した場合に，船舶交通の危険を防止し，かつ，海上交通に支障を来さないようにするため，非常災害発生周知措置をとってから非常災害解除周知措置をとるまでの間に，指定海域及びその周辺海域にある船舶に対し，船舶交通の危険を防止するため必要な限度において，次に掲げる制限等による措置をすることができる。

①　非常災害周知措置に係る指定海域に進行して来る船舶の航行を制限し，又は禁止すること。

②　指定海域の境界付近にある船舶に対し，停泊する場所若しくは方法を指定し，移動を制限し，又は指定海域の境界付近から退去することを命ずること。

③　指定海域にある船舶に対し，停泊する場所若しくは方法を指定し，指定海域内における移動を命じ，又は指定海域から退去することを命ずること。

第３章　危険の防止

第 36 条　航路及びその周辺の海域における工事等

船舶交通が輻輳する航路及びその周辺の政令で定める海域（航路の側方の境界線から航路の外側 200 メートル以内の海域及び令第 7 条・別表第 3 に掲げる海域をいう。）において工事又は作業をしようとする者は海上保安庁長官の「許可」を受けなければならない。

上記の航路及びその周辺の政令で定める海域において，海上保安庁長官の許可を受けて工事又は作業を行う船舶は，予防法に定める灯火及び形象物のほかに海交法第 2 条第 2 項第 3 号ロに定める**灯火**（緑色全周灯 2 個を連掲）及び**標識**（白色菱形形象物 1 個の下に紅色球形形象物 2 個を垂直線上に掲げた標識）を表示しなければならない。

第 37 条　航路及びその周辺海域以外の海域における工事等

航路及びその周辺海域以外の海域は，前条の航路及びその周辺の海域に比べて船舶の交通量が少なく，工事等による船舶交通の妨害のおそれも少ないので，許可制ではなく，届出制にしている。

なお，本条の規定により，海上保安庁長官に届け出て，航路及びその周辺海域以外の海域において工事又は作業に従事している船舶は，予防法に規定する操縦性能制限船の灯火又は形象物を表示しなければならない。

第４章　雑則

第 40 条　航路等の海図への記載

海上保安庁が刊行する海図のうち海上保安庁長官が指定するものには，次の①～⑩に掲げる事項を記載しなければならない。

① 東京湾，伊勢湾及び瀬戸内海の境界（令第 1 条）
② 航路（令第 3 条・別表第 2）
③ 指定海域（令第 4 条）
④ 航路での速力制限区間（則第 4 条）
⑤ 航路での追越し禁止区間（則第 5 条の 2）
⑥ 航路への出入り・横断の制限区間（則第 7 条）
⑦ 2 分航路における航路の中央（法第 11 条第 1 項，法第 15 条，法第 16 条第 1 項）
⑧ 海上保安庁長官が提供する情報の聴取義務海域（則第 23 条の 2・別表第 3）
⑨ 航路以外の海域における指定経路（経路の指定に関する告示）
⑩ 帆船の灯火等の常時表示海域（令第 7 条）

第５章　罰則

本文省略。

III

港則法

及び同法施行規則

第 1 章　総則(1 条～ 3 条)

法律の目的(1 条)，港及びその区域(2 条)，定義(3 条)

第 2 章　入出港及び停泊(4 条～ 11 条)

入出港の届出(4 条)，錨地(5 条)，移動の制限(7 条)，
係留等の制限(9 条)，移動命令(10 条)，停泊の制限(11 条)

第 3 章　航路及び航法(12 条～ 20 条)

航路に関する規定〔航路航行義務(12 条)，投錨等の禁止(13 条)〕，
港内航法〔航路内航法(14 条)，航路外での待機の指示(14 条の 2)，防波堤の入口付近の汽船の航法(15 条)，速力の制限(16 条)，右小回り左大回りの航法(17 条)，汽艇等及び小型船の航法(18 条)〕

第 4 章　危険物(21 条～ 23 条)

港長の指揮(21 条)，港長の指定(22 条)，港長の許可(23 条)

第 5 章　水路の保全(24 条～ 26 条)

廃物及び散乱物に関する規則(24 条)

第 6 章　灯火等(27 条～ 30 条の 2)

ろかい船等の灯火(27 条)，汽笛等の吹鳴の制限(28 条)，
火災警報(30 条，30 条の 2)

第 7 章　雑則(31 条～ 48 条)

漁ろうの制限(35 条)，灯火の制限(36 条)，喫煙等の制限(37 条)

第 8 章　罰則(49 条～ 54 条)

〔注〕港則法は，8 章 54 条で構成されている

第１章　総則

第１条　法律の目的

港則法の目的について，次のように定めている。

①　港内における船舶交通の安全を図ること

②　港内の整とんを図ること

第２条　港及びその区域

港則法の適用される港及びその区域については，令第１条・別表第１に定められている。

同表によると，現在，港則法の適用される港は 679 港となっている。（平成 27 年８月 15 日現在）また，これらの港の区域については，上記別表第１に明記しているほか，海図上に港界（ハーバーリミット）を示す破線を記入して示されている。

第３条　定義

⑴　**汽艇等**（第１項）

「汽艇等」とは，①汽艇（総トン数 20 トン未満の汽船をいう。），②はしけ，③端舟，④その他ろかいのみをもって運転し，又は主としてろかいをもって運転する船舶をいう。

⑵　**特定港**（第２項）

「特定港」とは，喫水の深い船舶が出入できる港又は外国船舶が常時出入している港であって，港則法施行令第２条・別表第２に記載されているものをいう。

同表によると，現在，特定港の数は 84 港となっている。（平成 27 年８月 15 日現在）特定港は，第２条で定めた 679 港の中から 84 港を選び出したものであり，これらの特定港には港を管理する「港長」が存在する。

⑶　**指定港**（第３項）

「指定港」とは，指定海域（海上交通安全法（昭和 47 年法律第 115 号）第２条第４項に規定する指定海域をいう。以下同じ。）に隣接する港のうち，レーダーその他の設備により当該港内における船舶交通を一体的に把握することができる状況にあるものであって，非常災害（船舶の衝突，沈没，火災等による災害）が発生した場合に当該指定海域と一体的に船舶交通の危険を防止する必要があるものとして政令（令第３条，別表第3）で定めるものをいう。

現在，指定港に指定されている港は，東京湾に存在する次の５港である。

①館山港，②木更津港，③千葉港，④京浜港，⑤横須賀港

参考　**汽艇等について**

①　本条では,「汽艇」とは,“総トン数20トン未満の汽船”をいうとしているが,汽船とは解りにくいので，海上保安庁では，汽船とは動力船の総称であると説明している。従って，港内のみで航行する総トン数20トン未満の交通艇や綱取りボートは汽艇である。又，港外で航行することが多いプレジャーボートや漁船であっても，総トン数が20トン未満であれば，港内航行中は汽艇である。

②「はしけ」は，陸岸と港内停泊船との間の貨物の運搬に用いられる船舶で，そのほとんどが無動力船である。

③「端舟」は，モーターボート程度の小型の動力船である。

④「ろかいのみをもって運転し，又は主としてろかいをもって運転する船舶」は，伝馬船や小型のヨット程度の舟である。

例題１　港則法の目的を述べよ。　**4級**

解　この法律は，港内における船舶交通の安全及び港内の整とんを図ることを目的とする。

例題２　港則法に定める次の(1)及び(2)の用語の定義をそれぞれ述べよ。

(1) 汽艇等　　(2) 特定港　**4級・5級**

解　(1) 汽艇等とは，汽艇（総トン数20トン未満の汽船をいう。)，はしけ，端舟，その他ろかいのみをもって運転し，又は主としてろかいをもって運転する船舶をいう。

(2) 特定港とは，喫水の深い船舶が出入できる港又は外国船舶が常時出入している港をいう。

第２章　入出港及び停泊

第４条　入出港の届出

本条は，特定港に出入りする船舶の港長への届出について定めたものである。この届出の方法については，国土交通省令，即ち港則法施行規則において，次のように定めている。

なお，本条の入出港の届出により，港長は，特定港内に存在する船舶の状況を正確に把握することができる。

⑴　**入出港の届出の区分**（則第１条第１項）

特定港への入出港の届出は，次の区分によって行わなければならない。

㋐　**入港届及び出港届**

①　船舶は，特定港に入港したときは，遅滞なく，施行規則で定める事項を記載した**入港届**を港長に提出しなければならない。

②　船舶は，特定港を出港しようとするときは，施行規則で定める事項を記載した**出港届**を港長に提出しなければならない。

㋑　**入出港届**（則第１条第２項，第３項）

船舶は，特定港に入港した場合において，出港の日時があらかじめ定まっているときは，入港届に代えて，入出港届を港長に提出してもよい。

また，入出港届を提出した後において，出港の日時に変更があったときは，遅滞なく，その旨を港長に届け出なければならない。

⑵　**やむを得ない事情がある場合の特定港への入出港**（則第１条第５項）

避難その他船舶の事故などによるやむを得ない事情に係る特定港への入港又は特定港からの出港をしようとするときは，上記⑴の届出に代えて，その旨をVHF無線電話等で港長に届け出てもよい。

⑶　**入出港の届出を要しない船舶**（則第２条）

①　汽艇等（総トン数20トン未満の汽船，はしけ及び端舟その他ろかいのみをもって運転し，又は主としてろかいをもって運転する船舶）

②　平水区域を航行区域とする船舶

③　旅客定期航路事業に使用される船舶であって，港長の指示する入港実績報告書等を提出しているもの

例題 入出港の届出を要しない船舶は，どのような船舶か。　**4級・5級**

（港則法及び同法施行規則）

解
① 汽艇等（総トン数 20 トン未満の汽船，はしけ及び端舟その他ろかいのみをもって運転し，又は主としてろかいをもって運転する船舶）
② 平水区域を航行区域とする船舶
③ 旅客定期航路事業に使用される船舶であって，港長の指示する入港実績報告書等を港長に提出しているもの

第5条　錨地

第5条　特定港内に停泊する船舶は，国土交通省令の定めるところにより，各々そのトン数又は積載物の種類に従い，当該特定港内の一定の区域内に停泊しなければならない。

第2項　国土交通省令の定める船舶は，国土交通省令の定める特定港内に停泊しようとするときは，係船浮標，桟橋，岸壁その他船舶が係留する施設（以下「係留施設」という。）に係留する場合の外，港長から錨泊すべき場所（以下「錨地」という。）の指定を受けなければならない。この場合には，港長は，特別の事情がない限り，前項に規定する一定の区域内において錨地を指定しなければならない。

第3項　前項に規定する特定港以外の特定港でも，港長は，特に必要があると認めるときは，入港船舶に対し錨地を指定することができる。

第4項　第2項の規定により，錨地の指定を受けた船舶は，第1項の規定にかかわらず，当該錨地に停泊しなければならない。

第5項　特定港の係留施設の管理者は，当該係留施設を船舶の係留の用に供するときは，国土交通省令の定めるところにより，その旨をあらかじめ港長に届け出なければならない。

第6項　港長は，船舶交通の安全のため必要があると認めるときは，特定港の係留施設の管理者に対し，当該係留施設を船舶の係留の用に供することを制限し，又は禁止することができる。

第7項　港長及び特定港の係留施設の管理者は，錨地の指定又は係留施設の使用に関し船舶との間に行う信号その他の通信について，互いに便宜を供与しなければならない。

⑴ **特定港の定められた一定の区域内に停泊**（第５条第１項）

特定港に停泊する船舶は，国土交通省令の定めるところにより，各々そのトン数又は積載物の種類に従い，特定港内の一定の区域内に停泊しなければならない。

この場合の「国土交通省令の定めるところにより」は，則第３条の「別表第１」に具体的に記載されている。

（具体例）下表は，「別表第１」の一部を抜粋したものである。

港の名称	港　区	境　界	停泊すべき船舶
釜石	第１区	釜石港湾口北防波堤灯台から300度2,815メートルの地点から185度590メートルまで引いた線，同地点から235度に引いた線及び陸岸により囲まれた海面並びに矢ノ浦橋下流の甲子川水面	各種船舶及び係留施設に係留する場合における危険物を積載した船舶
	第２区	第１区を除いた港域内界面	各種船舶及び危険物を積載した船舶

⑵ **錨地の指定**（第５条第２項）

国土交通省令の定める船舶は，国土交通省令の定める特定港内に停泊しようとするときは，係船浮標，桟橋，岸壁その他船舶が係留する施設（以下，係留施設という。）に係留する場合の外，**港長から錨泊すべき場所の指定**（以下，錨地の指定という。）を受けなければならない。

この場合，港長は，特別の事情がない限り，前項に規定する一定の区域内（港区）において錨地を指定しなければならない。

本条の国土交通省令の定める船舶は，**総トン数500トン以上の船舶（関門港若松区においては総トン数300トン以上の船舶）**とする。ただし，**阪神港尼崎西宮芦屋区に停泊しようとする船舶**については錨地の指定は適用されない。（則第４条第１項）

また，本条の国土交通省令の定める特定港は，①**京浜港**，②**阪神港**，③**関門港**とする。（則第４条第３項）

⑶ **係留施設への係留**（第５条第５項，第６項）

特定港の係留施設の管理者（地方公共団体や私企業が管理者となってい

る。）は，当該係留施設を船舶の係留の用に供するときは，国土交通省令の定めるところにより，その旨をあらかじめ港長に届け出なければならない。

また港長は，船舶交通の安全のため必要があると認めるときは，特定港の係留施設の管理者に対し，当該係留施設の使用を**制限**し又は**禁止**することができる。（第６項）

例題１ 下記は，港則法に定める条文である。文中の［　　］内に該当する語句を記号とともに答えよ。 **４級**

第５条　特定港内に停泊する船舶は，国土交通省令の定めるところにより，各々そのトン数又は［㋐］の種類に従い，当該特定港内の［㋑］の区域内に停泊しなければならない。

解 ㋐：積載物　㋑：一定

例題２ 港則法及び同法施行規則に関する次の問いに答えよ。 **４級・５級**

（1）錨地の指定を受けなければならない船舶は，どのような船舶か。
（2）錨地の指定を受けなければならない特定港の名称を３つあげよ。

解 （1）総トン数500トン以上の船舶，ただし，関門港若松区においては総トン数300トン以上の船舶とする。なお，阪神港の尼崎西宮芦屋区に停泊しようとする船舶については，錨地の指定は適用されていない。
（2）京浜港，阪神港，関門港

第７条　移動の制限

第７条　汽艇等以外の船舶は，第４条，次条第１項，第10条及び第23条の場合を除いて，港長の許可を受けなければ，第５条第１項の規定により停泊した一定の区域外に移動し，又は港長から指定された錨地から移動してはならない。ただし，海難を避けようとする場合その他やむを得ない事由のある場合は，この限りでない。

第２項　前項ただし書の規定により移動したときは，当該船舶は，遅滞なくその旨を港長に届け出なければならない。

第 9 条　係留等の制限

> 第 9 条　汽艇等及びいかだは，港内においては，みだりにこれを係船浮標若しくは他の船舶に係留し，又は他の船舶の交通の妨げとなるおそれのある場所に停泊させ，若しくは停留させてはならない。

例題　港則法は，係留等の制限についてどのように規定しているか。　5級

解　汽艇等及びいかだは，港内においては，みだりにこれを係船浮標若しくは他の船舶に係留し，又は他の船舶の交通の妨げとなるおそれのある場所に停泊させ，若しくは停留させてはならない。

第 10 条　移動命令

> 第 10 条　港長は，特に必要があると認めるときは，特定港内に停泊する船舶に対して移動を命ずることができる。

海難を未然に防止するために特定港に停泊している船舶に対して，港長は，必要があると認めるときは移動を命じることができる。

例えば，津波や台風が来襲し，又は港内火災が発生して，特定港内に停泊している船舶に被害が及ぶ危険があるときは，港長は当該船舶に対して移動を命じることがある。

第 11 条　停泊の制限

⑴　**錨泊又は停留の制限場所**（則第 6 条）

船舶は，港内においては，次の場所に，みだりに**錨泊**又は**停留**してはならない。

① ふとう，桟橋，岸壁，係船浮標及びドックの付近

② 河川，運河その他狭い水路及び船だまりの入口付近

⑵　**暴風が来るおそれがあるとき等の準備**（則第 7 条）

港内に停泊する船舶は，異常な気象又は海象により，当該船舶の安全の確

保に支障が生じるおそれのあるとき（例えば，暴風警報や津波警報が発令されたとき等）は，

① 適当な予備錨を投下する準備をしなければならない。

② この場合において汽船は，さらに蒸気の発生その他直ちに運航できるように準備をしなければならない。

例題 1 船舶は，港内においては，どのような場所にみだりに錨泊してはならないか。
（港則法及び同法施行規則）　4級・5級

解
(1) ふとう，桟橋，岸壁，係船浮標及びドックの付近
(2) 河川，運河その他狭い水路及び船だまりの入口付近

例題 2 港内に停泊している船舶は，暴風警報が発令されたときは，どのような準備をしなければならないか。　（港則法及び同法施行規則）　4級・5級

解
① 適当な予備錨を投下する準備をしなければならない。
② この場合において汽船は，さらに蒸気の発生その他直ちに運航できるように準備をしなければならない。

第３章　航路及び航法

〔1〕 航路に関する規定（第 12 条，第 13 条）

第 12 条　航路航行義務

第 12 条　汽艇等以外の船舶は，特定港に出入し，又は特定港を通過するには，国土交通省令で定める航路（次条から第 39 条まで及び第 41 条において単に「航路」という。）によらなければならない。ただし，海難を避けようとする場合その他やむを得ない事由のある場合は，この限りでない。

例題 1 特定港に出入りするのに航路によらなければならないのは，どのような船舶か。　（港則法）**5 級**

解
汽艇等以外の船舶

例題 2 汽艇等以外の船舶が国土交通省令で定める航路によって航行しなければならないのはどのような場合か。また，当該船舶が当該航路によらないで航行できるのは，どのような場合か。　（港則法）**4 級・5 級**

解
〔航路によって航行しなければならない場合〕
① 特定港に出入する場合
② 特定港を通過する場合
〔航路によらないで航行できる場合〕
① 海難を避けようとする場合
② その他やむを得ない事由のある場合

第 13 条　投錨等の禁止

第 13 条　船舶は，航路内においては，次の各号の場合を除いては，投錨し，又は曳航している船舶を放してはならない。
一　海難を避けようとするとき。
二　運転の自由を失ったとき。
三　人命又は急迫した危険のある船舶の救助に従事するとき。

四　第 31 条の規定による港長の許可を受けて工事又は作業に従事するとき。

例題　船舶は，航路内においては，どのような場合を除いて，投錨し，又は曳航している船舶を放してはならないか。　（港則法）**4 級・5 級**

解
① 海難を避けようとする場合
② 運転の自由を失った場合
③ 人命又は急迫した危険のある船舶の救助に従事する場合
④ 港長の許可を受けて工事又は作業に従事する場合

〔2〕 航法（第 14 条～第 19 条）

第 14 条　航路内航法

第 14 条　航路外から航路に入り，又は航路から航路外に出ようとする船舶は，航路を航行する他の船舶の進路を避けなければならない。
第 2 項　船舶は，航路内においては，並列して航行してはならない。
第 3 項　船舶は，航路内において，他の船舶と行き会うときは，右側を航行しなければならない。
第 4 項　船舶は，航路内においては，他の船舶を追い越してはならない。

(1) 航路内優先

第 1 項の規定は，航路を航行中の船舶は，他の船舶と横切り関係を生じても，避航義務を負うことなく，そのまま航路に沿って進むことができるようにしたものである。

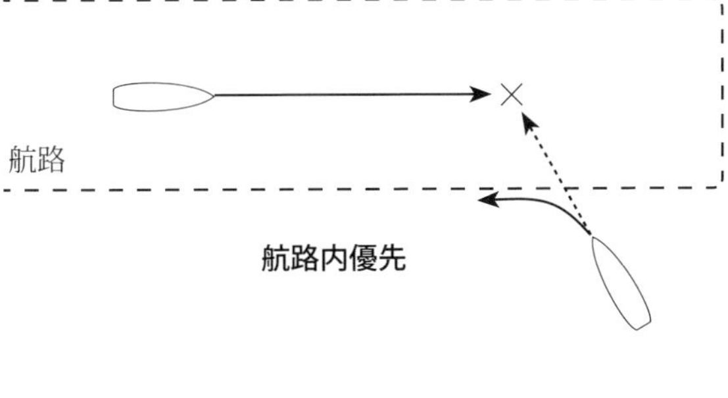

航路内優先

⑵ 並列禁止

第 2 項は，航路内での並列航行を禁止したものである。航路内で，2 隻の船舶が並列して航行すると，船舶間に相互作用が発生して，衝突や接触事故を起こす危険がある。

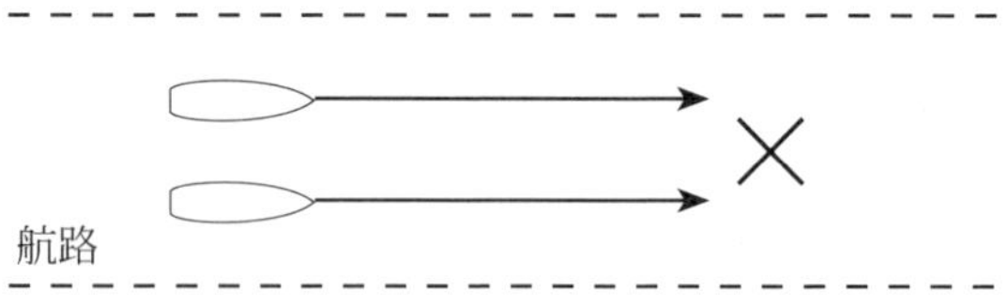

並列禁止

⑶ 右側航行

第 3 項は，船舶が，航路内で他の船舶と行き会うときは，右側を航行しなければならないと定めている。従って，航路内で他の船舶と行き会わないときは，船舶は航路のいずれの側を航行しても差し支えない。

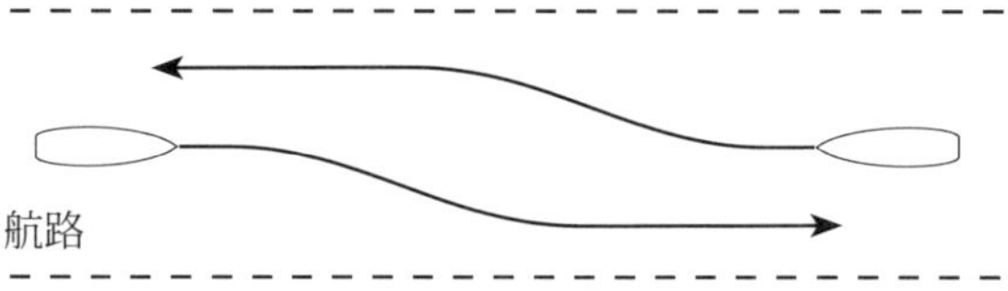

右側通行

⑷ 追越し禁止

第 4 項は，船舶が航路内で，他の船舶を追い越すことを禁止している。

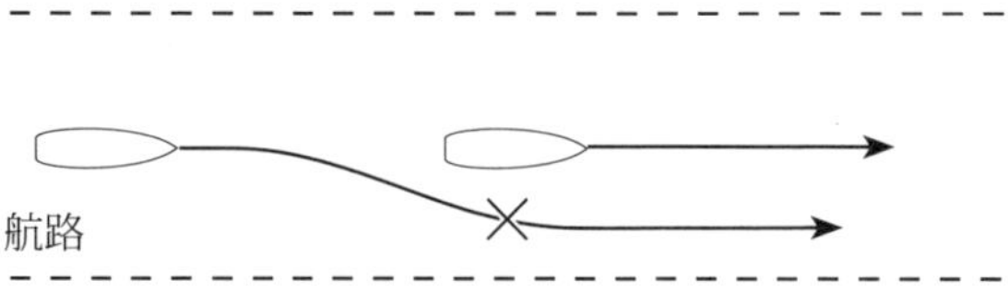

追越し禁止

【注】「特定航法」により航路内での追い越しが認められる航路

港則法第 14 条第 4 項の規定により，航路内における追い越しは禁止されているが，港則法施行規則の各則にある**特定航法**では，船舶は，次の①～③の航路においては，**安全に代わり行く余地を有する場合**は，他の船舶を追い越すことができる。この場合において，汽船が他の船舶の右舷側を追い越そうとするときは，「**長短**」（ — - ）の汽笛信号を，他の船舶の左舷側を追い越そうとするときは，「**長短短**」（ — - - ）の汽笛信号を吹き鳴らさなければならない。

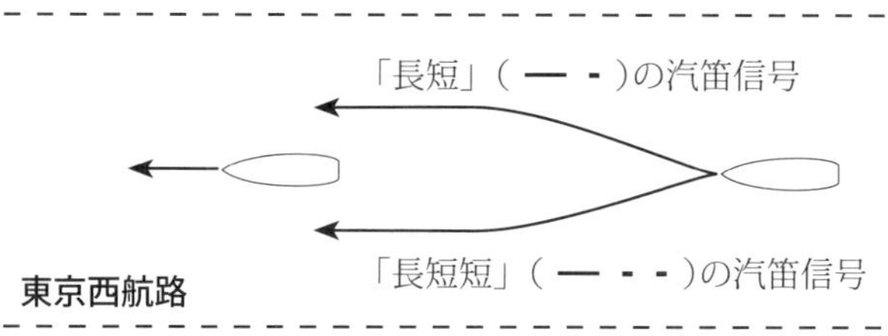

追い越しが認められる航路

① 京浜港の**東京西航路**
② 名古屋港の**東航路**，**西航路**（一部区間に限る）及び**北航路**
③ 関門港の**関門航路**

例題 1 港則法及び同法施行規則に関する次の問いに答えよ。　**5 級**

（1）航路を航行している船舶が航路内で他の船舶と行き会うときは，どのようにしなければならないか。

（2）他の船舶の追い越しが認められている航路であっても，他の船舶を追い越してはならない場合があるが，それはどのような場合か。

解
（1）航路の右側を航行しなければならない。
（2）周囲の状況を考慮して，次の①及び②のいずれかに該当する場合
　① 当該他の船舶が自船を安全に通過させるための動作をとる必要があるとき。
　② 自船以外の船舶の進路を安全に避けることができないとき。（則第 27 条の 2 参照）

例題 2 右図は，港則法に定める特定港内の航路内を航行する動力船 A 丸（総トン数 1,200 トン）とその航路を横切る動力船 B 丸（総トン数 550 トン）とが，それぞれ図示のように進行すれば×地点付近で衝突するおそれがある場合を示す。この場合における次の問いに答えよ。　**4 級・5 級**

（港則法）

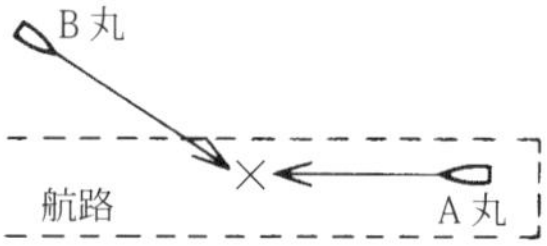

（1）適用される航法は，何か。
（2）A 丸は，どのような処置をとらなければならないか。

解 (1) A 丸には「保持船の航法」(予防法第 17 条), B 丸には「航路内航行船の優先」(港則法第 14 条第 1 項)が，それぞれ適用される。

(2) A 丸は，保持船となるので，次のような処置をとる。

① そのままの針路と速力を保ち，B 丸に十分注意して航行する。

② もし，B 丸の避航動作に疑問を感じたときは，急速に汽笛短音 5 回を鳴らして，B 丸に適切な避航動作をとるように促す。

③ それでも B 丸が避航動作をとらないときは，機関を全速後進にかける等して，B 丸との衝突を避けるための動作をとる。機関を後進に使用しているときは，汽笛短音 3 回を明確に発する。

④ なお，B 丸との衝突を避けるための最善の協力動作は，いつでもとれる態勢にしておく。

例題 3 右図に示すように，特定港の航路内を航行中の一般動力船甲丸(総トン数 700 トン)と一般動力船乙丸(総トン数 600 トン)とが行き会うとき，甲丸及び乙丸はそれぞれどのような処置をとらなければならないか。

(港則法) 5 級

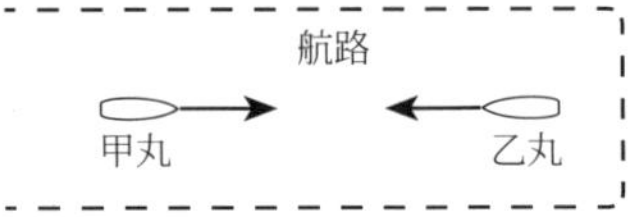

解 甲丸及び乙丸は，それぞれに港則法第 14 条第 3 項「船舶は，航路内において，他の船舶と行き会うときは，右側を航行しなければならない。」の規定が適用されるので，両船とも航路の右側を航行しなければならない。

第 14 条の 2　航路外での待機の指示

> 第 14 条の 2　港長は，地形，潮流その他の自然的条件及び船舶交通の状況を勘案して，航路を航行する船舶の航行に危険を生じるおそれのあるものとして航路ごとに国土交通省令で定める場合において，航路を航行し，又は航行しようとする船舶の危険を防止するため必要があると認めるときは，当該船舶に対し，国土交通省令で定めるところにより，当該危険を防止するため必要な間航路外で待機すべき旨を指示することができる。

本条は，港長は，地形，潮流その他自然的条件や船舶交通の状況を勘案して，航路を航行し，又は航行しようとする船舶の危険を防止するため必要があると認めるときは，国土交通省令に定めるところにより，当該船舶に対し，当該危険を防止するため必要な間航路外で待機すべき旨を指示することができると定めている。

本条に定める港長の指示は，次表の左欄に掲げる航路ごとに，同表の右欄に掲げる場合において，海上保安庁長官が告示で定めるところにより，VHF 無線電話その他の方法により行うものとする。（港則法施行規則第 8 条の 2）

<table>
<tr><th colspan="2">航路</th><th>危険を生ずるおそれのある場合</th></tr>
<tr><td colspan="2">仙台塩釜航路</td><td>視程が 500 メートル以下の状態で，総トン数 500 トン以上の船舶が航路を航行する場合</td></tr>
<tr><td colspan="2">京浜港横浜航路</td><td>船舶の円滑な航行を妨げる停留その他の行為をしている船舶と航路を航行する長さ 50 メートル以上の他の船舶（総トン数 500 トン未満の船舶を除く。）との間に安全な間隔を保つことが困難となるおそれがある場合</td></tr>
<tr><td rowspan="2">関門港</td><td>関門航路</td><td>次の各号のいずれかに該当する場合
①　視程が 500 メートル以下の状態である場合
②　早鞆瀬戸において潮流にさかのぼって航路を航行する船舶が潮流の速度に 4 ノットを加えた速力（対水速力をいう。以下この表及び第 38 条において同じ。）以上の速力を保つことができずに航行するおそれがある場合</td></tr>
<tr><td>関門第 2 航路
安瀬航路
砂津航路
戸畑航路
若松航路
若松航路
奥洞海航路</td><td>視界が 500 メートル以下の状態である場合</td></tr>
</table>

第 15 条　防波堤の入口付近の汽船の航法

第 15 条　汽船が港の防波堤の入口又は入口付近で他の汽船と出会うおそれのあるときは，入航する汽船は，防波堤の外で出航する汽船の進路を避けなければならない。

本条は，汽船が港の防波堤の入口又は入口付近において他の汽船と出会うおそれのあるときは，防波堤の入口が一方通航となるように，入航汽船が，防波堤の外で出航汽船の進路を避けなければならないと定めている。

防波堤の入口を一方通航とするのは，その部分が両側の防波堤に挟まれ，極めて狭い水路となっているためである。本条では，出航汽船の出航を優先させているが，その理由は，内港は外港に比べて水域が狭く停泊船等が混雑しているためである。

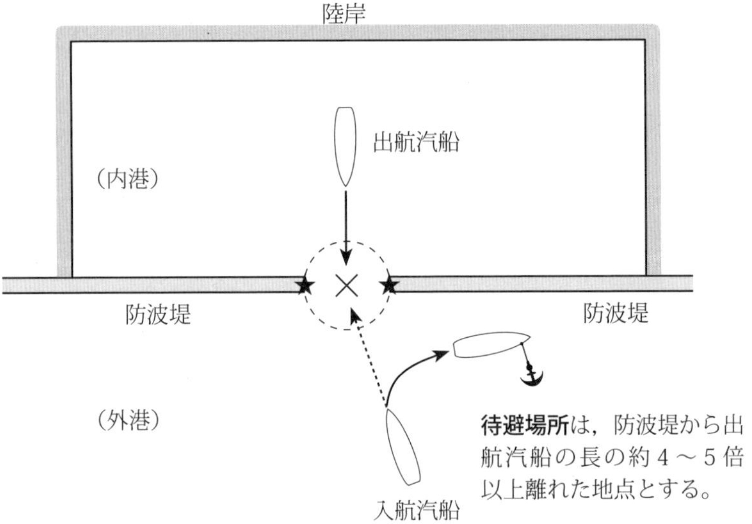

用語説明

① **汽船**とは，動力船の総称である。

② **入航**とは，船舶が外港から内港に向かって，防波堤の入口又は入口付近を通航することをいう。

③ **出航**とは，船舶が内港から外港に向かって，防波堤の入口又は入口付近を通航することをいう。

④ **防波堤の入口付近**とは，防波堤の入口を直径として描いた円周付近と解釈して差し支えない。なお，一方が防波堤で他方が岬の先端等で挟まれた部分であっても，防波堤の入口と見なされる。

⑤ **出会うおそれのあるとき**とは，入航汽船と出航汽船が防波堤の入口又

は入口付近を同時に出入すると，両船間に吸引・反発等の運航上の危険が生ずるおそれのある場合をいう。

例題 1 汽船が，港の防波堤の入口又は入口付近で他の汽船と出会うおそれのあるときは，どのようにしなければならないか。 （港則法） **4級・5級**

解 入航汽船は，防波堤の外で出航汽船の進路を避けなければならない。

例題 2 右図に示すように，航路内を航行中の動力船A(総トン数600トン）と航路に入ろうとする動力船B(総トン数2,000トン）とが防波堤の入口付近で衝突のおそれがあるとき，A及びBはそれぞれどのような処置をとらなければならないか。 **4級**

（港則法及び同法施行規則）

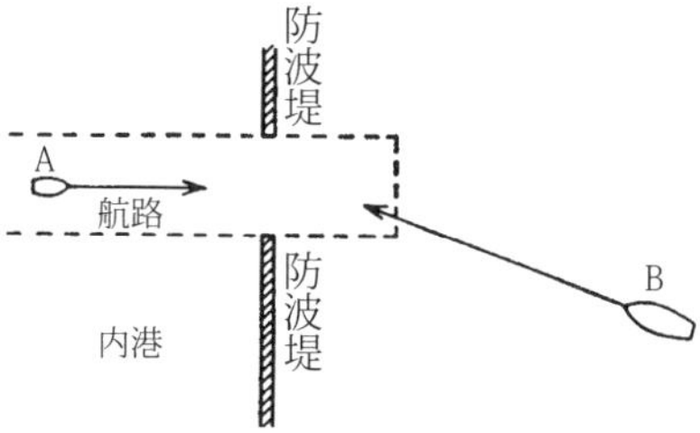

解 〔動力船Aのとるべき処置〕

Aは，「保持船の航法」（予防法第17条)が適用されるので，

① そのままの針路と速力を保って，Bに十分注意して出航する。

② もし，Bの避航動作に疑問又は不安を感じたときは，汽笛で短音5回以上を急速に鳴らし，Bに積極的に避航動作をとるように促す。

③ それでもBが適切な避航動作をとらないときは，直ちに機関を全速後進に使用し，同時に汽笛短音3回を明確に発して，Bとの衝突回避動作をとる。

④ なお，Bとの衝突を避けるための最善の協力動作は，いつでもとれる態勢にしておく。

〔動力船Bのとるべき処置〕

Bは，「防波堤の入口付近の汽船の航法」（港則法第15条)が適用されるので，

① 直ちに針路を大きく左転し，汽笛短音2回を明確に発して，防波堤の外でAの進路を避ける。

② この場合,Bは,Aが防波堤の入口を通過した後,いずれの方向に出航しても,その航行を妨害しない防波堤の外で待避する。また，待避中は，Aに不安を与えないように，自船の船首をAの方向に向けないように注意する。

第 16 条　速力の制限

第 16 条　船舶は，港内及び港の境界付近においては，他の船舶に危険を及ぼさないような速力で航行しなければならない。
第 2 項　帆船は，港内では，帆を減じ又は引船を用いて航行しなければならない。

⑴　**港内減速**（第 1 項）

船舶は，港内及び港の境界付近においては，他の船舶に危険を及ぼさないような速力で航行しなければならない。つまり，適度に減速して航行しなければならない。

⑵　**帆船の減帆等**（第 2 項）

帆船も第 1 項の規定により，港内及び港の境界付近においては，減速して航行しなければならないが，帆船は，特に帆を用いて推進する船舶なので，港内では他の船舶に危険を及ぼさないように，帆の枚数を減じ又は引船を用いて航行するように定めている。

例題　船舶は，港内及び港の境界付近においては，どのような速力で航行しなければならないか。　（港則法）5 級

解　他の船舶に危険を及ぼさないような速力で航行しなければならない。

第 17 条　右小回り左大回りの航法

第 17 条　船舶は，港内においては，防波堤，ふとうその他の工作物の突端又は停泊船舶を右舷に見て航行するときは，できるだけこれに近寄り，左舷に見て航行するときは，できるだけこれに遠ざかって航行しなければならない。

この規定は，港内における船舶の航行を航法上整然とさせるほか，防波堤や停泊船舶の背後から突然他船が出現して，2 船間に衝突する危険が発生するのを防止するものである。従って，港内に散在する小さな浮標や灯浮標などの付

近を航行する場合には，本条の規定は適用されない。なお，本条は，船舶の航跡が右小回り，左大回りとなることから，一般に「右小回り左大回りの航法」と呼ばれている。

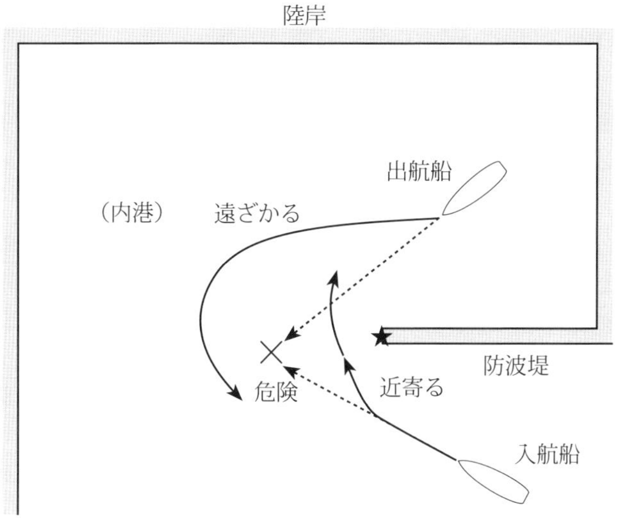

右小回り左大回りの航法

例題 船舶が，港内において，防波堤，ふとう及びその他の工作物の突端又は停泊船舶の付近を航行するときは，どのように航行しなければならないか。**4級・5級**
（港則法）

解 船舶は，港内において，防波堤，ふとうその他の工作物の突端又は停泊船舶を右舷に見て航行するときは，できるだけこれに近寄り，左舷に見て航行するときは，できるだけこれに遠ざかって航行しなければならない。

第18条　汽艇等及び小型船の航法

第18条　汽艇等は，港内においては，汽艇等以外の船舶の進路を避けなければならない。

第2項　総トン数が500トンを超えない範囲内において国土交通省令で定めるトン数以下である船舶であって汽艇等以外のもの（以下「小型船」という。）は，国土交通省令で定める船舶交通が著しく混雑する特定港内においては，小型船及び汽艇等以外の船舶の進路を避けなければならない。
第３項　小型船及び汽艇等以外の船舶は，前項の特定港内を航行するときは，国土交通省令で定める様式の標識をマストに見やすいように掲げなければならない。

⑴　**汽艇等のとるべき航法**（第１項）

汽艇等は，港内においては，汽艇等以外の船舶の進路を避けなければならない。

ただし，汽艇等と汽艇等が，港内で衝突するおそれが生じたときは，予防法で処置しなければならない。

⑵　**小型船のとるべき航法**（第２項）

総トン数が500トンを超えない範囲内において，国土交通省令で定めるトン数以下の船舶であって汽艇等以外のもの（以下「**小型船**」という。）[注1]は，国土交通省令で定める船舶交通が著しく混雑する特定港[注2]においては，小型船及び汽艇等以外の船舶の進路を避けなければならない。

ただし，小型船と小型船が，船舶交通が著しく混雑する特定港において衝突するおそれが生じたときは，予防法で処置しなければならない。

【注1】「**小型船**」とは，①千葉港，②京浜港，③名古屋港，④四日市港，⑤阪神港においては「総トン数500トン以下の汽艇等以外の船舶」をいい，⑥関門港においては「総トン数300トン以下の汽艇等以外の船舶」をいう。（則第８条の3）

【注2】　船舶交通が著しく混雑する特定港とは，①千葉港，②京浜港，③名古屋港，④四日市港（第１航路及び午起《うまおこし》航路に限る。），⑤阪神港（尼崎西宮芦屋区を除く。）及び⑥関門港（響新港区を除く。）をいう。（則第８条の3）

⑶　**標識**（則第８条の4）

小型船及び汽艇等以外の船舶は，上記の**船舶交通が著しく混雑する特定港**内を航行するときは，国土交通省令で定める様式の標識（**数字旗の1**）を**マストに見やすいように**掲げなければならない。

＜重要＞港内における航法の適用順位

法律の一般的な適用順位は，次の通りである。

⑴　**特別法**(海上交通安全法，港則法)は，**一般法**(海上衝突予防法)に優先して適用される。

⑵　同一法では，**特別規定**が**一般規定**に優先して適用される。

従って，港内における**航法の適用優先順位**は，次のようになる。

①　「**雑種船の航法**」(港則法第 18 条第 1 項)

②　「**小型船の航法**」(港則法第 18 条第 2 項)

③　「**防波堤の入り口付近の汽船の航法**」(港則法第 15 条)

④　「**航路内航法**」(港則法第 14 条)

⑤　①〜④以外の「**港内航法**」

⑥　「**海上衝突予防法の航法規定**」

例題 1　国土交通省令の定める船舶交通が著しく混雑する特定港においては，小型船は，他の小型船と出会う場合を除き，どのような船舶の進路を避けなければならないか。また，どのような船舶に対してその針路と速力を保持しなければならないか。

(港則法及び同法施行規則)　**4 級**

解

小型船は，小型船及び汽艇等以外の船舶の進路を避けなければならない。

また，小型船は，汽艇等に対して，その針路と速力を保たなければならない。

例題 2　右図に示すように港内において，入航中の動力船甲丸(総トン数 200 トン)と出航中の汽艇乙丸とが×地点付近で衝突するおそれがあるとき，甲丸及び乙丸は，それぞれどのような航法上の処置をとらなければならないか。　**5 級**

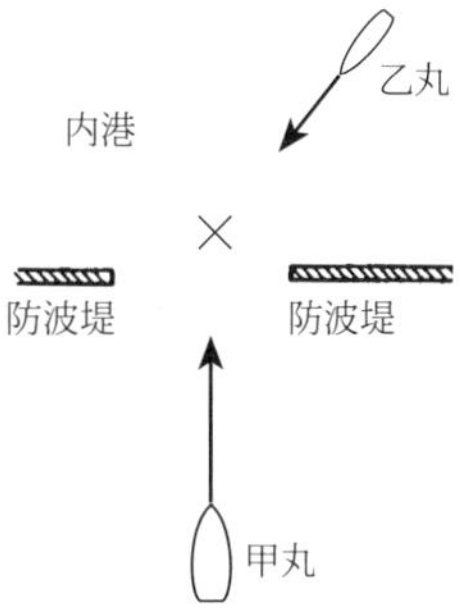

解

〔甲丸の航法上の処置〕

甲丸は，「保持船の航法」(予防法第 17 条)が適用されるので，次のような航法上の処置をとらなければならない。

① そのままの針路と速力を保って，乙丸に十分注意して入航する。

② 乙丸が適切な避航動作をとっていないことが明らかになったときは，行き足を停止するなどして，乙丸との衝突を避けるための動作をとる。

③ なお，乙丸との衝突を避けるための最善の協力動作はいつでもとれる態

勢にしておく。

〔乙丸の航法上の処置〕

乙丸は，「汽艇等の航法」（港則法第 18 条第 1 項）が適用されるので，次のような航法上の処置をとらなければならない。

針路を激左転するなどして，甲丸の進路を避ける。

例題 3 港則法及び同法施行規則に関する次の問いに答えよ。 **4 級**

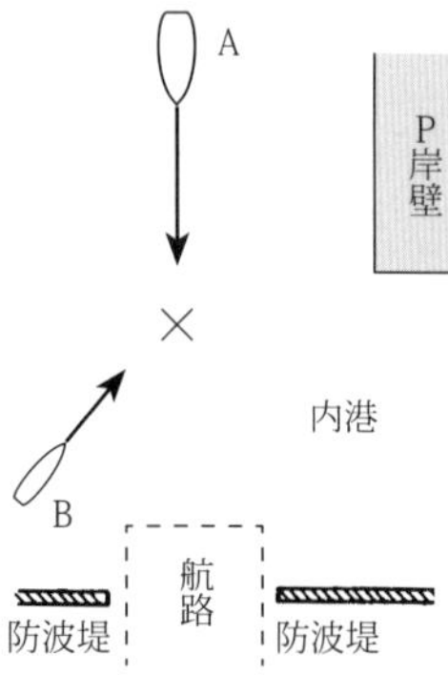

（1）国土交通省令で定める船舶交通が著しく混雑する特定港の名称を 6 つあげよ。

（2）右図は，国土交通省令で定める船舶交通が著しく混雑する特定港の港内において，昼間，出航する動力船 A（総トン数 2,000 トン）と，P 岸壁に向かう動力船 B（総トン数 250 トン）とが×地点付近で衝突するおそれがある場合を示す。次の問いに答えよ。

㈠ 自船の大きさを示すために国際信号旗を掲げなければならないのは，A 及び B のうちどちらの動力船か。また，それはどのような国際信号旗か。図を描いて示せ。

㈡ A はどのような航法をとらなければならないか。

解

（1）① 千葉港　② 京浜港　③ 名古屋港

④ 四日市港（第 1 航路及び午起航路に限る。）

⑤ 阪神港（尼崎西宮芦屋区を除く。）

⑥ 関門港（響新港区を除く。）

（2）㈠ 動力船 A

図示 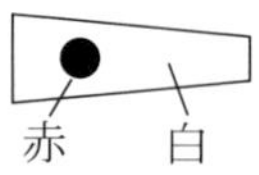

（数字旗 1）

㈡ 動力船 A は，「保持船の航法」（予防法第 17 条）が適用されるので，

① そのままの針路と速力を保って，動力船 B に十分注意して出航する。

② 動力船 B が適切な避航動作をとっていないことが明らかになったときは，行き足を停止するなどして，動力船 B との衝突を避けるための動作をとる。

③ なお，動力船 B との衝突を避けるための最善の協力動作は，いつでもとれる態勢にしておく。

練 習 問 題

1 港則法及び同法施行規則に関する次の問いに答えよ。　**5級**

(1) 特定港を出入するのに航路によらなければならないのは，どのような船舶か。また，航路を航行している船舶が，航路内で他の船舶と行き会うときは，どのようにしなければならないか。

(2) 港則法施行規則の特定航法により，追い越しが認められている特定港の航路内において他の船舶を追い越そうとする汽船は，追越し信号としてどのような信号を行わなければならないか。

(3) 特定港に入港したとき，港長に「入港届」を提出しなくてもよいのは，どのような船舶か。3つあげよ。

答 (1) 汽艇等以外の船舶である。また，航路を航行している船舶が，航路内で他の船舶と行き会うときは，右側を航行しなければならない。

(2) 汽船が他の船舶の右舷側を追い越そうとするときは，「長音・短音」の汽笛信号を行い，他の船舶の左舷側を追い越そうとするときは，「長音・短音・短音」の汽笛信号を行わなければならない。

(3) ① 汽艇等（総トン数 20 トン未満の汽船及び端舟その他ろかいのみをもって運転し，又は主としてろかいをもって運転する船舶をいう。）

② 平水区域を航行区域とする船舶

③ 旅客定期航路事業に使用される船舶であって，港長の指示する入港実績報告書等を港長に提出しているもの

2 右図に示すように，港則法に定められた特定港を出航する動力船甲(総トン数 2,000 トン)と航路を横断する動力船乙(総トン数 550 トン)とがそのまま進行すれば×地点で衝突するおそれがあるとき，甲及び乙はそれぞれどのような航法をとらなければならないか。　(港則法) **4級**

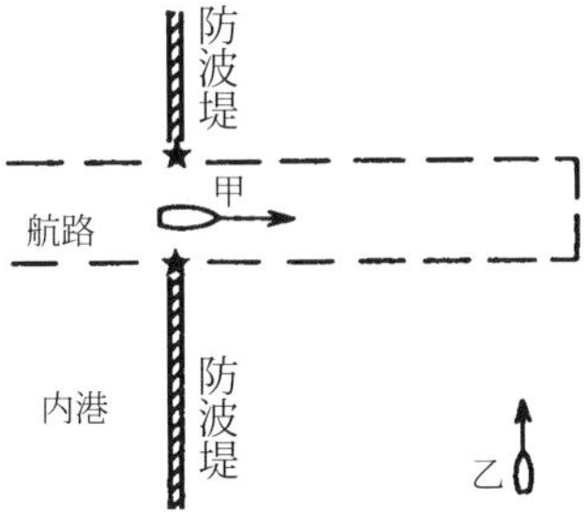

答 〔甲のとるべき航法〕

甲は，「保持船の航法」（予防法第 17 条)が適用されるので，次のような航法をとらなければならない。

① そのままの針路と速力を保って，乙に十分注意して出航する。

② 乙が適切な避航動作をとっていないことが明らかになったときは，行き足を停止するなどして，乙との衝突を避けるための動作をとる。

③ なお，乙との衝突を避けるための最善の協力動作は，いつでもとれる態勢にしておく。

〔乙のとるべき航法〕

乙は，「航路内航行船を避航」（港則法第 14 条第 1 項）が適用されるので，次のような航法をとらなければならない。

減速するなどして，甲の進路を避ける。

3 右図に示すように，港則法に定められた特定港を出航する甲動力船（総トン数 2,000 トン）と B 錨地に向かう乙動力船（総トン数 550 トン）及び A 錨地に向かう丙汽艇とがそのまま進行すれば×地点で衝突するおそれがあるとき，甲，乙及び丙は，それぞれどのような航法をとらなければならないか。 **4 級・5 級**

（港則法及び同施行規則）

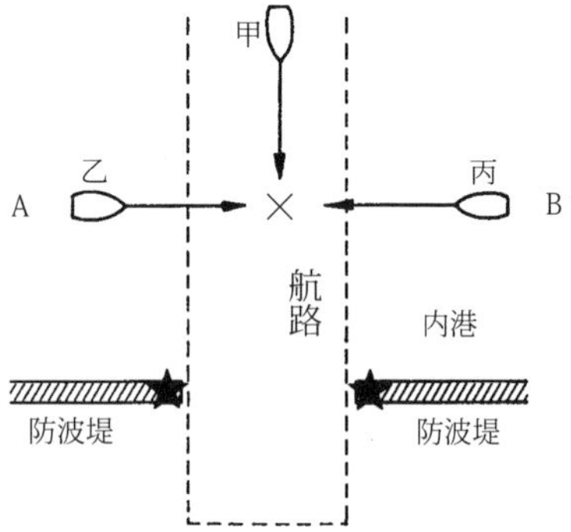

答 〔甲のとるべき航法〕

甲は，乙及び丙に対して「保持船の航法」が適用されるので，そのままの針路と速力を保って，両船に十分注意しながら出航する。

〔乙のとるべき航法〕

乙は，甲に対して避航義務，丙に対して保持義務を負う立場になっている。このような場合は，避航義務を優先させないと危険なので，まず，減速又は停止して甲の進路を避ける。（予防法第 38 条切迫した危険のある特殊状況で処置したもの）そして B 錨地に向かう途中で再び丙と衝突するおそれを生じたときは，針路と速力を保つ。

〔丙のとるべき航法〕

丙は，甲及び乙に対して「汽艇等の航法」（法第 18 条第 1 項）が適用されるので，針路を大きく右転して，甲と乙の進路を同時に避ける。その後，針路を A 錨地に向けて進む。

4 港則法及び同法施行規則に関する次の問いに答えよ。 **5 級**

（1）「特定港」の定義を述べよ。

（2）次の(ア)及び(イ)の特定港を，右の枠内から選びそれぞれ記号で答えよ。

〔解答例〕(ウ) — (m), (n)

(ア) 総トン数 600 トンの船舶が錨泊しようとするとき，港長から錨地の指定を受けなければならない特定港。

(イ) 国土交通省令で定める船舶交通が著しく混雑する特定港であって，汽艇等以外の総トン数 350 トンの船舶を小型船としない特定港。

(a) 函館港	(g) 阪神港
(b) 塩釜港	(h) 水島港
(c) 横須賀港	(i) 坂出港
(d) 清水港	(j) 関門港
(e) 名古屋港	(k) 長崎港
(f) 四日市港	(l) 佐世保港

答　(1) 特定港とは，喫水の深い船舶が出入できる港又は外国船舶が常時出入している港であって，港則法施行令で定めるものをいう。

(2) (ア)—(g)，(j)

(イ)—(j)

5　右図は国土交通省令で定める船舶交通が著しく混雑する特定港において，出航するA，B 2隻の一般動力船がそのまま進行すると，防波堤の入口付近で衝突するおそれがあることを示す。動力船が次の(1)と(2)の場合，避航船となるのはどちらか。理由とともに答えよ。

(1) A，B両船とも総トン数が500トンを超える場合

(2) A船が総トン数2,000トンで，B船が総トン数250トンの場合　**4級**

(港則法及び同法施行規則)

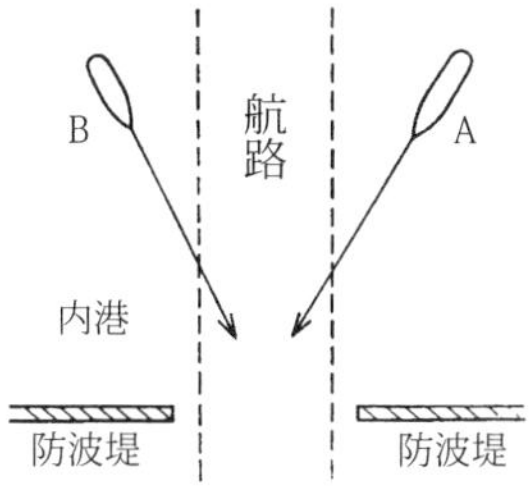

答　(1) 一般動力船A

〔理由〕Aに「横切り船の航法」(予防法第15条)が適用される。

(2) 一般動力船B

〔理由〕Bに「小型船の航法」(港則法第18条第2項)が適用される。

則第11条　進路の表示

本条は，船舶が港内又は港の境界付近を航行するときに，自船の進路を他の船舶に知らせるため，船舶自動識別装置（AIS）による進路情報の送信及び信号旗による進路の表示について，それぞれ次のように定めている。

(1)　**船舶自動識別装置（AIS）による進路情報の送信**（則第11条第1項）

船舶は，港内又は港の境界付近を航行するときは，自船の進路を他の船舶に知らせるため，海上保安庁長官が告示で定める記号（平成28年海上保安庁告示第18号）を，AISの目的地に関する情報として送信しなければならない。ただし，AISを備えていない場合及び船員法施行規則第3条の16のただし書規定によりAISを作動させていない場合においては，この限りでない。

港則法施行規則第 11 条第 1 項の規定による進路を他の船舶に知らせるために船舶自動識別装置（AIS）の目的地に関する情報として送信する記号（1 例）

＞JP　TYO　A

（①：JP　TYO　②：A）

（記号の意味）

①の部分（JP　TYO）は，船舶の**目的港**を表す記号である。この場合の目的港は，日本国　京浜港東京区となる。（別表第 1 参照）

②の部分（A）は，**目的港内での進路**を表す記号である。この場合の進路は，有明埠頭又は台場官庁船桟橋に向かって航行するとなる。（別表第 2 参照）

⑵　**港内を航行するときの信号旗による進路の表示**（則第 11 条第 2 項）

船舶は，釧路港，苫小牧港，函館港，秋田船川港，鹿島港，千葉港，京浜港，名古屋港，四日市港，阪神港，水島港，関門港，博多港，那覇港（以上 14 港）の港内を航行するときは，前部マストその他の見やすい場所に海上保安庁長官が告示で定める信号旗を掲げて進路を表示しなければならない。ただし，当該信号旗を有しない場合又は夜間においては，この限りでない。

港則法施行規則第 11 条第 2 項の港を航行するときの進路を表示する信号（1 例）

関門港　1 代・E

信号：信号旗による信号

信文：関門港を東口に向かって航行し，関門港（響新港区，新門司区を除く。）を通過又は出港する。（平成 28 年海上保安庁告示第 18 号参照）

第４章　危険物

第21条　港長の指揮

第21条　爆発物その他の危険物（当該船舶の使用に供するものを除く。以下同じ。）を積載した船舶は，特定港に入港しようとするときは，港の境界外で港長の指揮を受けなければならない。
第２項　前項の危険物の種類は，国土交通省令でこれを定める。

第22条　港長の指定

第22条　危険物を積載した船舶は，特定港においては，錨地の指定を受けるべき場合を除いて，港長の指定した場所でなければ停泊し，又は停留してはならない。ただし，港長が爆発物以外の危険物を積載した船舶につきその停泊の期間並びに危険物の種類，数量及び保管方法に鑑み差支えがないと認めて許可したときは，この限りでない。

第23条　港長の許可

第23条　船舶は，特定港において危険物の積込，積替又は荷卸をするには，港長の許可を受けなければならない。
第２項　港長は，前項に規定する作業が特定港内においてされることが不適当であると認めるときは，港の境界外において適当の場所を指定して前項の許可をすることができる。
第３項　前項の規定により指定された場所に停泊し，又は停留する船舶は，これを港の境界内にある船舶とみなす。
第４項　船舶は，特定港内又は特定港の境界付近において危険物を運搬しようとするときは，港長の許可を受けなければならない。

例題 1 危険物を積載した船舶が，特定港に入港しようとする場合は，どのようにしなければならないか。　　　　　　　　　　（港則法及び同法施行規則）**5級**

解 港の境界外で港長の指揮を受けなければならない。

例題 2 国土交通省令で定める危険物を積載した船舶が，港則法上守らなければならないことを，次の各場合について述べよ。　　　　　　　　　　**4級**

（1）特定港に入港しようとする場合
（2）特定港に停泊する場合
（3）特定港において，危険物を他の船舶に積み替える場合

解
（1）港の境界外で，港長の指揮を受けなければならない。
（2）港長の指定した場所に停泊しなければならない。
（3）港長の許可を受けなければならない。

第５章　水路の保全

第 24 条　廃物及び散乱物に関する規制

第 24 条　何人も，港内又は港の境界外１万メートル以内の水面においては，みだりに，バラスト，廃油，石炭から，ごみその他これに類する廃物を捨ててはならない。

第２項　港内又は港の境界付近において，石炭，石，れんがその他散乱するおそれのある物を船舶に積み，又は船舶から卸そうとする者は，これらの物が水面に脱落するのを防ぐため必要な措置をしなければならない。

第３項　港長は，必要があると認めるときは，特定港内において，第１項の規定に違反して廃物を捨て，又は前項の規定に違反して散乱するおそれのある物を脱落させた者に対し，その捨て，又は脱落させた物を取り除くべきことを命ずることができる。

例題　港則法において，次の(1)及び(2)についてそれぞれどのように規定されているか。　**4級・5級**

（1）バラスト，廃油，石炭から，ごみその他これに類する廃物の投棄

（2）港内における石炭，石，れんが，その他の散乱するおそれのある物の荷役

解　(1) 何人も，港内又は港の境界外１万メートル以内の水面においては，みだりに，バラスト，廃油，石炭から，ごみその他これに類する廃物を捨ててはならない。

(2) 港内又は港の境界付近において，石炭，石，れんがその他の散乱するおそれのある物を船舶に積み，又は船舶から卸そうとする者は，これらの物が水面に脱落するのを防ぐため必要な措置をしなければならない。

第６章　灯火等

第 27 条　ろかい船等の灯火

予防法では臨時表示が認められている灯火の常時表示（第１項）

①航行中の長さ７メートル未満の帆船，及び②ろかいを用いて航行中の船舶は，港内においては，白色の携帯電灯又は点火した白灯を，周囲から最も見えやすい場所に常時表示しなければならない

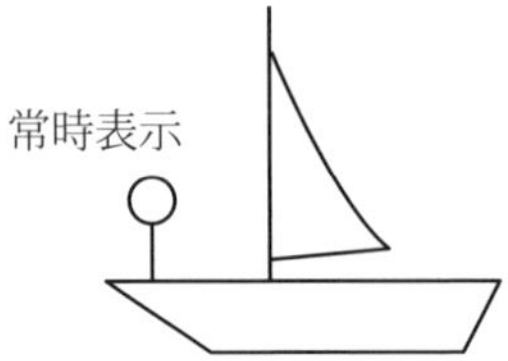

①航行中の長さ７メートル未満の帆船の灯火

②航行中のろかい船の灯火

例題 夜間，港内において，ろかいを用いて航行中の船舶は，どのような灯火を表示しなければならないか。　（港則法）4級・5級

解 白色の携帯電灯又は点火した白灯を周囲から最も見えやすい場所に常時表示しなければならない。

第 28 条　汽笛等の吹鳴の制限

> 第 28 条　船舶は，港内においては，みだりに汽笛又はサイレンを吹き鳴らしてはならない。

例題 港則法によると，船舶は，港内においては，みだりに汽笛又はサイレンを吹き鳴らしてはならないと規定しているが，それはなぜか。　5級

解 船舶が，港内において，みだりに汽笛又はサイレンを吹き鳴らすと，騒音の原因になるばかりでなく，他の正規の音響信号と誤認されて，船舶交通の安全が阻害されることになるので，これを防止するためである。

第 30 条～第 30 条の 2　火災警報

> 第 30 条　特定港内にある船舶であって汽笛又はサイレンを備えるものは，当該船舶に火災が発生したときは，航行している場合を除き，火災を示す警報として汽笛又はサイレンをもって長音（海上衝突予防法第 32 条第 3 項の長音をいう。）を 5 回吹き鳴らさなければならない。
> 第 2 項　前項の警報は，適当な間隔をおいて繰り返さなければならない。

火災警報の船内表示義務（第 30 条の 2）

特定港内に停泊する船舶であって汽笛又はサイレンを備えるものは，船内において，汽笛又はサイレンの吹鳴に従事する者（通常，三航士）が見やすいところに，火災警報の方法を表示しなければならない。

本条の規定による表示は，通常，三等航海士が，次図のような表示板を作成して，これを船橋内の見やすいところに掲げて行う。

火災警報
汽笛又はサイレンによる長音 5 回
— — — — —

例題 火災が発生した錨泊中の船舶(汽笛又はサイレンを備えている。)が鳴らさなければならない火災警報について：　**4 級・5 級**

(1) 船舶がどのような港にあるときに行なうか。
(2) どのような方法で行なうか。
(3) (2)の方法は船内のどのようなところに表示しなければならないか。

（港則法）

解

(1) 特定港
(2) 火災を示す警報として汽笛又はサイレンをもって長音を 5 回吹き鳴らさなければならない。この警報は，適当な間隔をおいて繰り返さなければならない。
(3) 船内の見やすいところ

第７章　雑則

第 35 条　漁ろうの制限

第 35 条　船舶交通の妨げとなるおそれのある港内の場所においては，みだりに漁ろうをしてはならない。

例題　港則法では，港内における漁ろうに関して，どのように規定しているか。
4 級・5 級

解　港内においては，漁ろうをしてもよいが，船舶交通の妨げとなる場所においてはみだりに行ってはならない。

第 36 条　灯火の制限

第 36 条　何人も，港内又は港の境界付近における船舶交通の妨げとなるおそれのある強力な灯火をみだりに使用してはならない。

第２項　港長は，特定港内又は特定港の境界付近における船舶交通の妨げとなるおそれのある強力な灯火を使用している者に対し，その灯火の減光又は被覆を命ずることができる。

例題　港則法の規定によると，何人もみだりに使用してはならない灯火は，どのような灯火か。
4 級・5 級

解　港内又は港の境界付近における船舶交通の妨げとなるおそれのある強力な灯火

第 37 条　喫煙等の制限

第 37 条　何人も，港内においては，相当の注意をしないで，油送船の付近で喫煙し，又は火気を取り扱ってはならない。

第２項　港長は，海難の発生その他の事情により特定港内において引火性の液体が浮流している場合において，火災の発生のおそれがあると認めるときは，当該水域にある者に対し，喫煙又は火気の取扱いを制限し，又は禁止することができる。ただし，海洋汚染等及び海上災害の防止に関する法律第 42 条の 5 第 1 項の規定の適用がある場合は，この限りでない。

例題 港則法では，喫煙等の制限に関して，どのように規定しているか。（港長の権限については述べなくてよい。）　4 級・5 級

解　何人も，港内においては，相当の注意をしないで，油送船の付近で喫煙し，又は火気を取り扱ってはならない。

第 8 章　罰則

本文省略。

練習問題

1 港則法に関する次の問いに答えよ。 **5級**

（1）汽船が港の防波堤の入口又は入口付近で他の汽船と出会うおそれがあるときは，どのようにしなければならないか。

（2）船舶は，次の(ア)及び(イ)の場合は，それぞれどのように航行しなければならないか。

(ア) 特定港の航路内を航行中，他の船舶と行き会う場合

(イ) 港内において，防波堤の突端付近を航行する場合

答 （1）入航汽船は，防波堤の外で，出航汽船の進路を避けなければならない。

（2）(ア) 右側を航行しなければならない。

(イ) 防波堤の突端を右舷に見て航行するときは，できるだけこれに近寄り，左舷に見て航行するときは，できるだけこれに遠ざかって航行しなければならない。

2 次の(1)～(5)は，それぞれ港則法の規定であるが，［　　］内に適合する語句を，記号とともに記せ。 **4級**

（1）この法律は，港内における船舶交通の安全及び港内の［ ㋐ ］を図ることを目的とする。

（2）船舶は，港内及び港の境界付近においては，他の船舶に［ ㋑ ］を及ぼさないような速力で航行しなければならない。

（3）汽船が港の防波堤の入口又は入口付近で他の汽船と出会うおそれのあるときは，入航する汽船は，［ ㋒ ］で出航する汽船の進路を避けなければならない。

（4）船舶は，特定港において危険物の積込，積替又は［ ㋓ ］をするには，港長の許可を受けなければならない。

（5）船舶交通の妨げとなるおそれのある港内の場所においては，みだりに［ ㋔ ］をしてはならない。

答 （1）㋐：整とん　（2）㋑：危険　（3）㋒：防波堤の外

（4）㋓：荷卸　（5）㋔：漁ろう

実力テスト ここで実力テスト（第２回）を実施しましょう！

Ⅳ

船員法
及び同法施行規則

第 1 章　総則

船員(1 条〜 3 条)

第 2 章　船長の職務及び権限

指揮命令権(7 条)，発航前の検査(8 条)，航海の成就(9 条)，
甲板上の指揮(10 条)，在船義務(11 条)，
船舶に危険がある場合における処置(12 条)，
船舶が衝突した場合における処置(13 条)，遭難船舶等の救助(14 条)，
異常気象等(14 条の 2)，非常配置表及び操練(14 条の 3)，
航海の安全の確保(14 条の 4)，書類の備置(18 条)，
航行に関する報告(19 条)，船長の職務の代行(20 条)

第 3 章　紀律

船内秩序(21 条)，懲戒権(22 条〜 24 条)，
危険に対する処置権(25 条〜 27 条)，強制下船権(28 条)，
行政庁に対する援助の請求権(29 条)

第 4 章　雇入契約等

船員手帳(50 条)

第 9 章　年少船員

年少船員の夜間労働の禁止(86 条)

第1章　総則

第1条～第3条　船員

(1)　船員とは

船員法における船員とは，日本船舶(又は日本船舶以外の国土交通省令の定める船舶)に乗り組む船長，海員及び予備船員をいう。

(2)　船員法上の船舶職員とは

船員法では，下の①～⑪にあげる者を職員と定め，船長は職員に含めていない。船長は，船員法においては船舶所有者として取り扱われる。

① 航海士
② 機関長
③ 機関士
④ 通信長
⑤ 通信士
⑥ 運航士
⑦ 事務長
⑧ 事務員
⑨ 船医
⑩ 看護士
⑪ 見習職員

第２章　船長の職務及び権限

第７条　指揮命令権

第７条　船長は，海員を指揮監督し，かつ，船内にある者に対して自己の職務を行うのに必要な命令をすることができる。

この指揮命令権は，国家が船長に与えた独立した権限であり，誰もこれを侵すことはできない。船長は，この権限を行使し，人命，船舶及び積荷の安全を図る公的義務を果たし，その責任を全うしている。なお，この条文にある「船内にある者」とは，人の如何を問わない。

第８条　発航前の検査

第８条　船長は，国土交通省令の定めるところにより，発航前に船舶が航海に支障がないかどうかその他航海に必要な準備が整っているかいないかを検査しなければならない。

発航前の検査（則第２条の２）

船長は，発航前に次に掲げる①～⑧の事項を検査しなければならない。

ただし，当該発航の前 12 時間以内に①に掲げる事項のうち「操舵設備」に係る事項について発航前の検査をしたとき並びに当該発航の前 24 時間以内に①（操舵設備に係る事項を除く。），④，⑤に掲げる事項について発航前の検査をしたときは，当該事項については，検査を行わないことができる。

① 船体，機関及び排水設備，**操舵設備**（12 時間前），係船設備，揚錨設備，救命設備，無線設備その他の設備が整備されていること。（24 時間前）

② 積載物の積付けが船舶の安定性をそこなう状況にないこと。

③ 喫水の状況から判断して船舶の安全性が保たれていること。

④ 燃料，食料，清水，医薬品，船用品その他の航海に必要な物品が積み込まれていること。（24 時間前）

⑤ 水路図誌その他の航海に必要な図誌が整備されていること。（24 時間

前）

⑥　気象通報，水路通報その他の航海に必要な情報が収集されており，それらの情報から判断して航海に支障がないこと。

⑦　航海に必要な員数の乗組員が乗り組んでおり，かつ，それらの乗組員の健康状態が良好であること。

⑧　前各号に掲げるもののほか，航海を支障なく成就するため必要な準備が整っていること。

【注】「操舵設備」は，発航前 12 時間以内に必ず検査しなければならない。また，①に掲げる操舵設備以外の設備並びに④，⑤に掲げる事項は，発航前 24 時間以内に必ず検査しなければならない。なお，本条の「発航前」とは，航海の各港の出港前をいう。

例題 1　発航前の検査を省略できる場合について述べた次の文のうち，誤っているのはどれか。（船員法及び同法施行規則）**5 級**

（1）発航前 24 時間以内に操舵設備に係る発航前の検査をしたとき。
（2）発航前 24 時間以内に揚錨設備に係る発航前の検査をしたとき。
（3）発航前 24 時間以内に救命設備に係る発航前の検査をしたとき。
（4）発航前 24 時間以内に無線設備に係る発航前の検査をしたとき。

解　（1）発航前 24 時間以内に操舵設備に係る発航前の検査をしたとき。

例題 2　船長は，発航前の検査義務の一部として，航海に必要な物品が積み込まれていること及び航海に必要な情報が収集されていることを確かめ，航海に支障がないかどうかを検査しなければならないが，これらの物品及び情報にはそれぞれどのようなものがあるか。（船員法及び同法施行規則）**5 級**

解　物品：燃料，食料，清水，医薬品，船用品その他の航海に必要な物品
情報：気象通報，水路通報その他の航海に必要な情報

例題 3　船長は，発航前に，次の(1)及び(2)については，それぞれどのようなことを検査しなければならないか。（船員法及び同法施行規則）**4 級**

（1）積載物　　（2）喫水

解　（1）積載物の積付けが船舶の安定性をそこなう状況にないこと。
（2）喫水の状況から判断して船舶の安全性が保たれていること。

例題 4　船長は，発航前に，次の(1)及び(2)については，それぞれどのようなこと

を検査しなければならないか。　(船員法及び同法施行規則) 4級
(1) 航海に必要な情報　(2) 乗組員

解
(1) 気象通報，水路通報その他の航海に必要な情報が収集されており，それらの情報から判断して航海に支障がないこと。
(2) 航海に必要な員数の乗組員が乗り組んでおり，かつ，それらの乗組員の健康状態が良好であること。

第９条　航海の成就

第９条　船長は，航海の準備が終ったときは，遅滞なく発航し，かつ，必要がある場合を除いて，予定の航路を変更しないで到達港まで航行しなければならない。

⑴　**発航義務**

船長は，航海の準備が終ったときは，遅滞なく発航しなければならない。航海の準備とは法律上又は事実上の一切の準備をいう。また，遅滞なくとは，準備が終わり発航できる状態になったときは，険悪な天候など正当な事由のない限り，即時発航することである。

⑵　**直航義務**

船長は，船舶が発航した以上，必要な場合を除いて，目的港に向かうために予定された航路を直航しなければならない。必要がある場合とは，暴風や流氷などを避ける場合又は急病人の発生等により予定していない港に寄港すること等である。

第10条　甲板上の指揮

第10条　船長は，船舶が港を出入するとき，船舶が狭い水路を通過するときその他船舶に危険のおそれがあるときは，甲板にあって自ら船舶を指揮しなければならない。

例題 船長が，甲板にあって自ら船舶を指揮しなければならないのは，どのような場合か。 （船員法） 4級・5級

解
① 船舶が港を出入するとき。
② 船舶が狭い水路を通過するとき。
③ その他船舶に危険のおそれがあるとき。

第11条　在船義務

第11条　船長は，やむを得ない場合を除いて，自己に代わって船舶を指揮すべき者にその職務を委任した後でなければ，荷物の船積及び旅客の乗込のときから荷物の陸揚及び旅客の上陸のときまで，自己の指揮する船舶を去ってはならない。

例題 船長が，自己の指揮する船舶を去ってはならないのは，いつからいつまでの間か。また，この間に船長が所要で船舶を去る必要があるときは，船長はどのようにしておかなければならないか。 （船員法） 5級

解 船長が，自己の指揮する船舶を去ってはならないのは，「荷物の船積及び旅客の乗込のときから荷物の陸揚げ及び旅客の上陸のときまで」の間である。

また，この間に船長が船舶を去る必要があるときは，船長は，自己に代わって船舶を指揮すべき者にその職務を委任しておかなければならない。

【注】 5級の国家試験では，船長の在船義務については，条文を文理解釈して回答すれば良いようである。

第12条　船舶に危険がある場合における処置

第12条　船長は，自己の指揮する船舶に急迫した危険があるときは，人命の救助並びに船舶及び積荷の救助に必要な手段を尽くさなければならない。

例題 船長は，自己の指揮する船舶に急迫した危険がある場合，どのような処置をしなければならないか。 （船員法） 4級・5級

解　船長は，人命の救助並びに船舶及び積荷の救助に必要な手段を尽くさなければならない。

第 13 条　船舶が衝突した場合における処置

> 第 13 条　船長は，船舶が衝突したときは，互いに人命及び船舶の救助に必要な手段を尽くし，かつ船舶の名称，所有者，船籍港，発航港及び到達港を告げなければならない。ただし，自己の指揮する船舶に急迫した危険があるときは，この限りでない。

例題　船長は，船舶が衝突したときは，自己の指揮する船舶に急迫した危険がある場合を除き：　（船員法）**4 級・5 級**

（1）互いにどのような手段を尽くさなければならないか。

（2）(1)の手段を尽くし，かつ，どのようなことを告げなければならないか。

解

（1）人命及び船舶の救助に必要な手段を尽くさなければならない。

（2）船名，船舶所有者，船籍港，発航港及び到達港

第 14 条　遭難船舶等の救助

> 第 14 条　船長は，他の船舶又は航空機の遭難を知ったときは，人命の救助に必要な手段を尽くさなければならない。ただし，自己の指揮する船舶に急迫した危険がある場合及び国土交通省令の定める場合は，この限りでない。

(1)　**遭難船舶等の救助義務の免除**（則第 3 条第 1 項）

遭難船舶等の救助義務が免除される場合は，次のとおりである。

①　遭難者の所在に到着した他の船舶から救助の必要のない旨の通報があったとき。

②　遭難船舶の船長又は航空機の機長が，遭難信号に応答した船舶中適当と認める船舶に救助を求めた場合において，当該救助を求められた船舶のすべてが救助に赴いていることを知ったとき。

③　やむを得ない事由で救助に赴くことができないとき，又は特殊の事情によって救助に赴くことが適当でないか若しくは必要でないと認められるとき。

⑵　**通報義務**（則第３条第２項）

上記③の場合においては，その旨を付近にある船舶に通報し，かつ，他の船舶が救助に赴いていることが明らかでないときは，遭難船舶の位置その他救助に必要な事項を海上保安機関又は救難機関（日本近海にあっては，海上保安庁）に通報しなければならない。

例題１　他の船舶又は航空機の遭難を知ったとき，船長はどのような処置をしなければならないか。　（船員法）**５級**

解　人命の救助に必要な手段を尽くさなければならない。ただし，自己の指揮する船舶に急迫した危険がある場合及び国土交通省令の定める場合は，この限りでない。

例題２　船長は，他の船舶の遭難を知ったときは人命の救助に必要な手段を尽くさなければならないが，やむを得ない事由で救助に赴くことができない場合は，どのようにしなければならないか。　（船員法及び同法施行規則）**４級**

解　その旨を付近にある船舶に通報し，かつ，他の船舶が救助に赴いていることが明らかでないときは，遭難船舶の位置その他救助に必要な事項を海上保安機関又は救難機関(日本近海にあっては，海上保安庁)に通報しなければならない。

第14条の２　異常気象等

第14条の２　国土交通省令の定める船舶の船長は，暴風雨，流氷その他の異常な気象，海象若しくは地象又は漂流物若しくは沈没物であって，船舶の航行に危険を及ぼすおそれのあるものに遭遇したときは，国土交通省令の定めるところにより，その旨を付近にある船舶及び海上保安機関その他の関係機関に通報しなければならない。

異常気象等の通報（則第３条の２）

無線電信又は無線電話を備える船舶の船長は，下表の左欄に掲げる船舶の航行に危険を及ぼすおそれのある異常な現象に遭遇したときは，当該異常な現象が存することについて海上保安機関又は気象機関があらかじめ予報又は警報を発している場合を除き，当該異常な現象の種類及び同表右欄に掲げる事項を付近にある船舶及び海上保安機関（日本近海にあっては，海上保安庁）に通報しなければならない。

異常な現象の種類	通報すべき事項
1　熱帯性暴風雨又はその他のビューフォート風力階級 10 以上(風速毎秒 24.5m 以上)の風を伴う暴風雨	イ　日時(協定世界時による。以下同じ。)及び位置 ロ　気圧(補正の有無を明らかにすること。)及び前3時間中の気圧の変化の状況 ハ　風向(真方位による。以下同じ。)及び風力(ビューフォート風力階級による。以下同じ。)又は風速 ニ　うねりの進行方向(真方位による。)及び周期又は波長その他の海面の状態 ホ　船舶の針路(真方位による。)及び速力
2　構造物上に激しく着氷を生ぜしめる強風	イ　日時及び位置 ロ　気温 ハ　表面水温 ニ　風向及び風力又は風速
3　漂流物又は通常の漂流海域外における流氷若しくは氷山	イ　日時及び位置 ロ　形状，漂流方向(真方位による。)及び漂流速度
4　沈没物	イ　日時及び位置 ロ　形状及び深度
5　その他船舶の航行に危険を及ぼすおそれのある異常な現象	イ　日時及び位置 ロ　概要

通報を要する異常な現象の種類

例題 1　無線電信又は無線電話の設備を有する船舶の船長は，異常気象等に遭遇したときは，国土交通省令の定めるところにより，その旨を付近にある船舶及び海上保安機関その他の関係機関に通報しなければならないが，異常気象等とはどのようなことか。例を 4 つあげよ。　（船員法）**4級**

解　① 熱帯性暴風雨
② ビューフォート風力階級 10 以上の風を伴う暴風雨
③ 浮遊機雷
④ 流木群
⑤ 氷山
⑥ 海底火山の噴火
(以上のうちから，4 つ答える)

例題 2　無線電信又は無線電話の設備を有する船舶の船長は，異常気象等に遭遇したときは，国土交通省令の定めるところにより，その旨をどこに通報しなければならないか。　（船員法）**4級**

解　付近にある船舶及び海上保安機関その他の関係機関

第 14 条の 3　非常配置表及び操練

第 14 条の 3　国土交通省令の定める船舶の船長は，第 12 条乃至第 14 条に規定する場合その他非常の場合における海員の作業に関し，国土交通省令の定めるところにより，非常配置表を定め，これを船員室その他の適当な場所に掲示しておかなければならない。

第 2 項　国土交通省令の定める船舶の船長は，国土交通省令の定めるところにより，海員及び旅客について，防火操練，救命艇操練その他非常の場合のために必要な操練を実施しなければならない。

本条は，国土交通省令の定める船舶の船長の非常配置表の作成及びその掲示並びに海員及び旅客に対する非常の場合のために必要な操練の実施について，それぞれ次のように定めている。

⑴　**非常配置表の作成が義務付けられている船舶**（則第 3 条の 3，第 1 項）

次に掲げる船舶の船長は，非常配置表を作成し，これを船員室その他適当な場所に掲示しなければならない。

①　旅客船（平水区域を航行区域とするものにあっては国土交通大臣の指定する航路に就航するものに限る。）

②　旅客船以外の遠洋区域又は近海区域を航行区域とする船舶

③　特定高速船

④　専ら沿海区域において従業する漁船以外の漁船

参考　**特定高速船**とは，船舶安全法施行規則（昭和 38 年運輸省令第 41 号）第 1 条第 14 項に規定する管海官庁が 1974 年の海上における人命の安全のための国際条約附属書第 10 章第 1 規則に規定する高速船コード（以下高速船コードという。）に従って指示するところにより当該船舶が船舶安全法（昭和 8 年法律第 11 号）第 2 条第 1 項に掲げる事項を施設している旨及び当該船舶に係る航行上の条件が，船舶安全法施行規則第 13 条の 5 第 2 項の規定により記入された船舶検査証書を受有する船舶をいう。

⑵　**非常配置表に定めるべき事項等**（則第 3 条の 3，第 2 項～第 7 項）

第 1 項の**国土交通省令の定めるところにより**とは，非常配置表に定めるべき事項等のことで，次のように定めている。

① **非常配置表に定めるべき事項**

ⓐ 非常の場合における作業につく海員の配置

ⓑ 非常の場合に，海員を上記ⓐの配置につかせるための信号

ⓒ 上記ⓑの信号が出されたとき，海員及び旅客がとるべき措置等

参考 上記ⓑの信号は，「汽笛又はサイレンによる7回以上の短音に引き続く長音1回」の信号とする。

② **非常の場合における作業**

上記①-ⓐの非常の場合における作業とは，次のⓐ～ⓔに掲げる作業とする。

ⓐ 水密戸，弁，舷窓その他の水密を保持するために必要な閉鎖装置の閉鎖，排水その他の防水作業

ⓑ 防火戸の閉鎖，通風の遮断，防火設備の操作その他の消火作業

ⓒ 食料，航海用具その他の物品の救命艇，端艇及び救命いかだ（以下「救命艇等」という。）並びに救助艇への積込み，救命艇及び救助艇の降下並びに救命艇等及び救助艇の操艇

ⓓ 救命索発射器，救命浮環その他の救命設備の操作

ⓔ 旅客の招集及び誘導，旅客の救命胴衣の着用の確認その他旅客の安全を確保するための作業

⑶ **操練を実施しなければならない船舶**（則第3条の4，第1項）

第2項の**国土交通省令の定める船舶**とは，操練を実施しなければならない船舶のことで，次の①～④に掲げる船舶とする。

① 旅客船

② 遠洋区域又は近海区域を航行区域とする非旅客船

③ 特定高速船

④ 専ら沿海区域において従業する漁船以外の漁船

⑷ **操練の種類とその実施方法**（則第3条の4第1項）

前条第1項に掲げる船舶（①旅客船，②旅客船以外の遠洋区域又は近海区域を航行区域とする船舶，③特定高速船，④専ら沿海区域において従業する漁船以外の漁船）における非常の場合のために必要な海員に対する操練は，非常配置表に定めるところにより海員を配置につかせるほか，次に掲げるところにより実施しなければならない。

① **防火操練**は，防火戸の閉鎖，通風の遮断，消火設備の操作を行うこと。

② **救命艇等操練**は，救命艇等の振り出し又は降下及びその付属品の確認，救命艇の内燃機関の始動及び操作並びに救命艇の進水及び操船を行い，かつ，進水装置用の照明装置を使用すること。

③ **救助艇操練**は，救助艇の進水及び操船並びにその附属品の確認を行うこと。

④ **防水操練**は，水密戸，弁，舷窓その他水密を保持するために必要な閉鎖装置の操作を行うこと。

⑤ **非常操舵操練**は，操舵機室からの操舵設備の直接の制御，船橋と操舵機室との連絡その他操舵設備の非常の場合における操舵を行うこと。

⑥ **密閉区画における救助操練**，保護具，船内通信装置及び救助器具を使用し，並びに救急措置の指導を行うこと。

⑦ **特定高速船**にあっては，前各号に掲げるところによるほか，次表（省略）に掲げる防水操練，救命艇等操錬，防水操練を実施すること。

(5) **操練の実施時期**（則第３条の４第２項〜第８項）

① 海員に対する操練のうち，膨張式救命いかだの振出し又は降下及びその附属品の確認は，少なくとも１年に１回（乙区域又は甲区域（船舶職員及び小型船舶操縦者法施行令別表第１の配乗表適用に関する通則 12 又は 13 の乙区域又は甲区域をいう。）において従業する総トン数 500 トン以上の漁船（次項及び第５項において「**外洋大型漁船**」という。）以外の漁船においては，少なくとの２年に１回）実施しなければならない。（第３項）

② 海員に対する操練のうち，救命艇の進水及び操船は搭載する全ての救命艇について少なくとも３月に１回（国内各港間のみを航海する船舶（特定高速船及び漁船を除く。）及び外洋大型漁船以外の漁船（以下この項及び第６項並びに第３条の９第２項第２号及び第３号において，「**国内航海船等**」という。）においては，少なくとも１年に１回），救助艇操練及び非常操舵操練は少なくとも３月に１回（国内航行船等の救助艇操練にあっては，少なくとも１年に１回），それぞれ実施しなければならない。（第４項）

③ 第１項の船舶のうち，漁船以外の船舶（国内各港間のみを航海する旅客船を除く。）及び外洋大型漁船においては，発航の直前に行なわれた海員に対する操練に海員の４分の１以上が参加していない場合は，

発航後24時間以内に操練を実施しなければならない。(第5項)

④　第1項の船舶のうち国内航海船以外の船舶（国内各港間のみを航海する特定高速船を除く。）においては，旅客の乗船後24時間以内に旅客に対する避難のための操練を実施しなければならない。ただし，荒天その他の事由により実施することが著しく困難である場合は，この限りでない。(第6項)

⑤　第1項の船舶以外の船舶においては，少なくとも3月に1回海員に対して第1項第5号に掲げる操練（非常操舵操練）を実施しなければならない。(第7項)

例題1 非常配置表には，非常の場合における作業について海員の配置を定めなければならないことになっているが，その作業に該当しないものは，次のうちどれか。
（船員法及び同法施行規則）4級

（1）排水その他の防水作業
（2）海員の救命胴衣着用の確認
（3）救命艇等及び救助艇の降下
（4）旅客の招集及び誘導

解 （2）海員の救命胴衣着用の確認

例題2 船員法施行規則に定める操練の種類を5つあげよ。　4級・5級

解
① 防火操練
② 救命艇等操練
③ 救助艇操練
④ 防水操練
⑤ 非常操舵操練

第14条の4　航海の安全の確保

第14条の4　第8条から前条までに規定するもののほか，航海当直の実施，船舶の火災の予防，水密の保持その他航海の安全に関し船長の遵守すべき事項は，国土交通省令でこれを定める。

(1)　**航海当直の実施**（則第3条の5第1項）

船長は，航海当直の編成及び航海当直を担当する者がとるべき措置につい

て国土交通大臣が告示で定める基準に従って，適切に航海当直を実施するための措置をとらなければならない。

〔**航海当直基準**〕（抜粋）

甲板部の当直を行う職員は，次に掲げるところにより当直を維持すること。

① 当直中，予定する針路を確保するために，利用することができる航行援助装置等の使用により，船舶の位置，針路及び速力を確認すること。

② 船内の安全設備及び航海設備の設置場所，操作方法及び停止距離その他の操縦性能等について精通していること。

③ 航海設備を効果的に使用するとともに，必要に応じて操舵装置，機関及び音響による信号を的確に使用すること。

④ 船橋において当直を行い，常に適切な見張りが行なわれることを確保すること。

⑤ 船長が船橋にいる場合にあっても，船長が当直を引き受けることを相互の間で明確に確認するまでは，当該当直に係る責任があるものとして当直を行なうこと。

⑥ 船舶に備えられている航海設備の作動状況を，可能な限り頻繁に点検しなければならない。

⑦ 航海の安全に関して疑義がある場合には，船長にその旨を連絡すること。さらに，必要に応じて，ためらわず緊急措置をとること。

⑧ 船舶の航行に関して適切に記録すること。

⑵ **船上教育**（則第３条の 11）

旅客船，遠洋区域又は近海区域を航行区域とする非旅客船，特定高速船及び専ら沿海区域において従業する漁船以外の漁船の船長は，

① 海員が船舶に乗り組んでから２週間以内に，当該船舶の救命設備及び消火設備の使用方法に関する教育を施さなければならない。

② 海員に対して，当該船舶の救命設備及び消火設備の使用方法並びに海上における生存方法に関する教育を毎月１回実施しなければならない。

⑶ **船上訓練**（則第３条の 12）

旅客船，遠洋区域又は近海区域を航行区域とする非旅客船，特定高速船及び専ら沿海区域において従業する漁船以外の漁船の船長は，海員が船舶に乗

り組んでから2週間以内に船舶の救命設備及び消火設備の使用方法に関する訓練を実施しなければならない。

⑷　**自動操舵装置の使用**（則第3条の15）

船長は，自動操舵装置の使用に関し，次の各号に掲げる事項を遵守しなければならない。

①　自動操舵装置を長時間使用したとき又は前条に規定する危険のおそれがある海域（船舶交通の輻輳する海域，視界が制限されている状態にある海域その他の船舶に危険のおそれがある海域）を航行しようとするときは，手動操舵を行うことができるかどうかについて検査しなければならない。

②　前条に規定する危険のおそれがある海域を航行する場合に自動操舵装置を使用するときは，直ちに手動操舵装置を使用できるようにしておくとともに，操舵を行う能力を有する者が速やかに操舵を引き継ぐことができるようにしておくこと。

③　自動操舵から手動操舵への切り換え及びその逆の切り換えは，船長若しくは甲板部の職員により又はその監督の下に行わせること。

⑸　**船舶自動識別装置（AIS）の作動**（則第3条の16）

船舶設備規程第146条の29の規定により船舶自動識別装置を備える船舶の船長は，当該船舶の航行中は，船舶自動識別装置を常時作動させておかなければならない。ただし，当該船舶が抑留され若しくは捕獲されるおそれがある場合その他の当該船舶の船長が航海の安全を確保するためやむを得ないと認める場合又は当該船舶が航海の目的，態様，運航体制等を勘案して船舶自動識別装置を常時作動させることが適当でないものとして国土交通大臣が告示で定める船舶に該当する場合については，この限りでない。

例題　船長は，自動操舵装置の使用に関し，どのようなことを遵守しなければならないか。2つあげよ。　（船員法及び同法施行規則）**5級**

解　〔次のうちから2つ答える〕

① 自動操舵装置を長時間使用したとき又は船舶交通が輻輳する海域，視界が制限されている状態にある海域その他の船舶に危険のおそれがある海域を航行しようとするときは，手動操舵を行うことができるかどうかについて検査しなければならない。

② 船舶交通が輻輳する海域，視界が制限されている状態にある海域その他の

船舶に危険のおそれがある海域を航行する場合に自動操舵装置を使用するときは，直ちに手動操舵装置を使用できるようにしておくとともに，操舵を行う能力を有する者が速やかに操舵を引き継ぐことができるようにしておくこと。

③ 自動操舵から手動操舵への切り換え及びその逆の切り換えは，船長若しくは甲板部の職員により又はその監督の下に行わせること。

第 18 条　書類の備置

第 18 条　船長は，国土交通省令の定める場合を除いて，次の書類を船内に備え置かなければならない。

一　船舶国籍証書又は国土交通省令の定める証書

二　海員名簿

三　航海日誌

四　旅客名簿

五　積荷に関する書類

六　海上運送法（昭和 24 年法律第 187 号）第 26 条第 3 項に規定する証明書

第 2 項　海員名簿，航海日誌及び旅客名簿に関し必要な事項は，国土交通省令でこれを定める。

⑴ **書類の備え置き義務**（第 1 項）

船長は，国土交通省令の定める場合を除いて，次の書類を船内に備え置かなければならない。

① 船舶国籍証書又は国土交通省令の定める証書

② 海員名簿

③ 航海日誌

④ 旅客名簿

⑤ 積荷に関する書類

【注】 第 3 号の航海日誌は，公用航海日誌を指すものであって，船用航海日誌のことではない。

⑵　**航海日誌に記載すべき事項**（則第 11 条）

船長は，次の①〜⑮にあげる事項を航海日誌に記載しなければならない。

① 航海の概要
② 発航前に操舵設備の検査を行ったときその概要
③ 遭難船舶等を救助しなかったときその概要
④ 操練を行ったとき，又は行うことができなかったときその概要
⑤ 規定により水密を保持すべき水密戸を開放し，若しくは閉じ，又は第 3 条の 8 の規定により点検したときその概要
⑥ 救命設備の点検整備を行ったときその概要
⑦ 船上訓練を行ったときその概要
⑧ 船員法第 15 条〜第 17 条まで又は第 22 条〜第 29 条までの規定により処置したときその概要
⑨ 航行に関する報告をすべき事態が発生したときその概要
⑩ 船員法第 20 条又は商法 707 条の規定により船長以外の者が船長の職務を行ったときその概要
⑪ 自蔵式呼吸具，送気式呼吸具及び空気圧縮機の点検を行ったときその概要
⑫ 貨物タンクの圧力逃し弁の設定圧力の変更を行ったときその概要
⑬ 船内において出生又は死産があったときその概要
⑭ 海員その他船内にある者による犯罪があったときその概要
⑮ 労働関係に関する争議行為があったときその概要

例題 1　船長は，どのような書類を船内に備え置かなければならないか。（ただし，国土交通省令に定める場合を除く。）　（船員法及び同法施行規則）［5 級］

［解］
① 船舶国籍証書
② 海員名簿
③ 航海日誌
④ 旅客名簿
⑤ 積荷目録

例題 2　航海日誌の第 5 表に記載しなければならない事項に該当しないものは次のうちどれか。　（船員法及び同法施行規則）［5 級］

（1）操舵設備について検査を行ったとき
（2）操練を行えなかったとき

(3) 船長以外の者が船長の職務を行ったとき
(4) 船長が交代したとき

解 (4) 船長が交代したとき

第 19 条　航行に関する報告

第 19 条　船長は，次の各号の一に該当する場合には，国土交通省令の定めるところにより，国土交通大臣にその旨を報告しなければならない。
一　船舶の衝突，乗揚，沈没，滅失，火災，機関の損傷その他の海難が発生したとき。
二　人命又は船舶の救助に従事したとき。
三　無線電信によって知ったときを除いて，航行中他の船舶の遭難を知ったとき。
四　船内にある者が死亡し，又は行方不明となったとき。
五　予定の航路を変更したとき。
六　船舶が抑留され，又は捕獲されたときその他船舶に関し著しい事故があったとき。

⑴　**船長が管海官庁に航行に関する報告をしなければならない場合**
① 船舶の衝突，乗揚，沈没，滅失，火災，機関の損傷その他の海難が発生したとき。
② 人命又は船舶の救助に従事したとき。
③ 無線電信によって知ったときを除いて，航行中他の船舶の遭難を知ったとき。
④ 船内にある者が死亡し，又は行方不明となったとき。
⑤ 予定の航路を変更したとき。
⑥ 船舶が抑留され，又は捕獲されたときその他船舶に関し著しい事故があったとき。

⑵　**報告すべき官庁**（則第 14 条第 1 項）

船長は，法第 19 条の規定により航行に関する報告をしようとするときは，遅滞なく，最寄りの「**地方運輸局等の事務所**」又は「**指定市町村長の事務所**」

において，航行に関する報告書３通を提出し，かつ，航海日誌を提示しなければならない。

参考　**地方運輸局等の事務所**とは，地方運輸局（運輸監理部を含む。），運輸支局，海事事務所及び沖縄総合事務局に置かれる事務所をいう。なお，船長に航行に関する報告を義務付けた理由は，公法上では船長の職務遂行状況の行政的監督に資するためと，私法上では航行に関する報告書の写しに証明を受けておくと，海難処理に際して海難の証拠書類となるからである。

例題１　船長は，海難が発生したときは，いつ，どこに，どのような報告をしなければならないか。　（船員法及び同法施行規則）５級

解　遅滞なく，最寄りの地方運輸局等の事務所又は指定市町村長の事務所において，航行に関する報告をしなければならない。

例題２　航行に関する報告の規定により，船長が国土交通大臣に報告しなければならないのは，「船舶の衝突，乗揚，沈没，滅失，火災，機関の損傷その他の海難が発生したとき。」のほか，どのような場合か。４つあげよ。　（船員法）４級

解　〔次のうちから４つ答える〕

① 人命又は船舶の救助に従事したとき。
② 無線電信によって知ったときを除いて，航行中他の船舶の遭難を知ったとき。
③ 船内にある者が死亡し，又は行方不明となったとき。
④ 予定の航路を変更したとき。
⑤ 船舶が抑留され，又は捕獲されたときその他船舶に関し著しい事故があったとき。

例題３　船舶に海難が発生した場合，船長が「航行に関する報告」をしようとするとき，運輸局長に提示しなければならない書類は，次のうちどれか。　５級

（1）海員名簿　（2）旅客名簿　（3）航海日誌　（4）積荷に関する書類

（船員法及び同法施行規則）

解　（3）航海日誌

例題４　予定の航路を変更して航海したとき，入港後，船長はだれに，どのような報告をしなければならないか。　（船員法及び同法施行規則）４級

解　最寄りの地方運輸局等の事務所の長に対し，航行に関する報告をしなければならない。

第 20 条　船長の職務の代行

第 20 条　船長が死亡したとき，船舶を去ったとき，又はこれを指揮することができない場合において他人を選任しないときは，運航に従事する海員は，その職掌の順位に従って船長の職務を行う。

第3章　紀律

第21条　船内秩序

第21条　海員は，次の事項を守らなければならない。

一　上長の職務上の命令に従うこと。

二　職務を怠り，又は他の乗組員の職務を妨げないこと。

三　船長の指定する時までに船舶に乗り込むこと。

四　船長の許可なく船舶を去らないこと。

五　船長の許可なく救命艇その他の重要な属具を使用しないこと。

六　船内の食料又は淡水を濫費しないこと。

七　船長の許可なく電気若しくは火気を使用し，又は禁止された場所で喫煙しないこと。

八　船長の許可なく日用品以外の物品を船内に持ち込み，又は船内から持ち出さないこと。

九　船内において争闘，乱酔その他粗暴な行為をしないこと。

十　その他船内の秩序を乱すようなことをしないこと。

例題1　船内秩序を維持するため，海員は次の(1)～(4)について，どのようなことを守らなければならないか。　（船員法）5級

(1) 上長の命令
(2) 船内の食料又は淡水
(3) 喫煙
(4) 日用品以外の物品

解　(1) 上長の職務上の命令に従うこと。
(2) 船内の食料又は淡水を濫費しないこと。
(3) 禁止された場所で喫煙しないこと。
(4) 船長の許可なく日用品以外の物品を船内に持ち込み，又は船内から持ち出さないこと。

例題 2 船内秩序を維持するため，海員は，「上長の職務上の命令に従うこと。」のほか，どのようなことを守らなければならないか。4 つあげよ。　（船員法）**4 級**

解
〔次のうちから 4 つ答える〕
① 職務を怠り，又は他の乗組員の職務を妨げないこと。
② 船長の指定するときまでに船舶に乗り込むこと。
③ 船長の許可なく船舶を去らないこと。
④ 船長の許可なく救命艇その他の重要な属具を使用しないこと。
⑤ 船内の食料又は淡水を濫費しないこと。
⑥ 船長の許可なく電気若しくは火気を使用し，又は禁止された場所で喫煙しないこと。
⑦ 船長の許可なく日用品以外の物品を船内に持ち込み，又は船内から持ち出さないこと。
⑧ 船内において争闘，乱酔その他粗暴な行為をしないこと。
⑨ その他船内の秩序を乱すようなことをしないこと。

第 22 条～第 24 条　懲戒権

第 22 条　船長は，海員が前条の事項を守らないときは，これを懲戒することができる。

第 23 条　懲戒は，上陸禁止及び戒告の 2 種とし，上陸禁止の期間は，初日を含めて 10 日以内とし，その期間は，停泊日数のみを算入する。

第 24 条　船長は，海員を懲戒しようとするときは，3 人以上の海員を立ち会わせて本人及び関係人を取り調べた上，立会人の意見を聴かなければならない。

例題 船長は，海員が船長の指定するときまでに船舶に乗り込まない場合，どのようにすることができるか。　（船員法）**5 級**

解 船長は，その海員を懲戒することができる。

第 25 条～第 27 条　危険に対する処置権

第 25 条　船長は，海員が凶器，爆発又は発火しやすい物，劇薬その他の危険物を所持するときは，その物につき保管，放棄その他の処置をすることができる。

第26条　船長は，船内にある者の生命若しくは身体又は船舶に危害を及ぼすような行為をしようとする海員に対し，その危害を避けるのに必要な処置をすることができる。

第27条　船長は，必要があると認めるときは，旅客その他船内にいる者に対しても，前二条に規定する処置をすることができる。

例題　船長は，海員が凶器，爆発又は発火しやすい物，劇薬その他の危険物を所持する場合，どのようにすることができるか。（船員法）5級

解　船長は，その危険物につき保管，放棄その他の処置をすることができる。

第28条　強制下船権

第28条　船長は，雇入契約の終了の届出をした後当該届出に係る海員が船舶を去らないときは，その海員を強制して船舶から去らせることができる。

第29条　行政庁に対する援助の請求権

第29条　船長は，海員その他船内にある者の行為が人命又は船舶に危害を及ぼしその他船内の秩序を著しく乱す場合において，必要があると認めるときは，行政庁に援助を請求することができる。

第４章　雇入契約等

第 50 条　船員手帳

第 50 条　船員は，船員手帳を受有しなければならない。
第２項　船長は，海員の乗船中その船員手帳を保管しなければならない．
第３項　船長は、国土交通省令で定めるところにより、船内における職務、雇入期間その他の船員の勤務に関する事項を船員手帳に記載しなければならない。
第４項　船員手帳の交付，再交付，訂正，書換え及び返還に関し必要な事項は，国土交通省令で定める。

⑴　**船員手帳の再交付**（則第 32 条）

船員は，次の①及び②の場合，遅滞なく，最寄りの地方運輸局等の事務所に出頭して，地方運輸局長等にその再交付を申請しなければならない。

①　船員手帳が滅失し，若しくはき損したとき。

②　船員手帳の写真が本人であることを認め難くなった場合において，写真欄の右横に余白のないとき。

⑵　**船員手帳の書換え**（則第 34 条第 1 項）

船員は，次の①及び②の場合，遅滞なく最寄りの地方運輸局等の事務所に出頭して，地方運輸局長等にその書換えを申請しなければならない。

①　船員手帳に余白がなくなったとき。

②　船員手帳の有効期間が経過したとき。

⑶　**船員手帳の有効期間**（則第 35 条第 1 項）

船員手帳は，交付，再交付又は書換えを受けたときから 10 年間有効とする。ただし，航海中にその期間が経過したときは，その航海が終了するまで，なお有効とする。

参考　外国人の受有する船員手帳の有効期間は，5 年とする。ただし，地方運輸局長が 5 年以内の期間を定めた場合においては，その期間とする。

例題 船員手帳に関する次の問いに答えよ。　　（船員法及び同法施行規則）**4級**

(1) 乗船中の海員の船員手帳は，誰が保管しなければならないか。

(2) 船員手帳の書換えを申請しなければならないのは，どのようなときか。

(3) 船員手帳の有効期間は，何年間か。

解

(1) 船長が保管しなければならない。

(2) ① 船員手帳に余白がなくなったとき。

② 船員手帳の有効期間が経過したとき。

(3) 交付，再交付又は書換えを受けたときから10年間有効とする。ただし，航海中にその期間が経過したときは，その航海が終了するまで，なお有効とする。

第９章　年少船員

第 86 条　年少船員の夜間労働の禁止

第 86 条　船舶所有者は，年齢 18 年未満の船員を午後 8 時から翌日の午前 5 時までの間において作業に従事させてはならない。ただし，国土交通省令の定める場合において午前零時から午前 5 時までの間を含む連続した 9 時間の休息をさせるときは，この限りでない。

第 2 項　前項の規定は，第 68 条第 1 号の作業に従事させる場合には，これを適用しない。

第 3 項　第 1 項の規定は，漁船及び船舶所有者と同一の家庭に属する者のみを使用する船舶については，これを適用しない。

参考　**妊産婦の夜間労働の制限**（第 88 条の 4）

船舶所有者は妊産婦の船員を午後 8 時から翌日の午前 5 時までの間において作業に従事させてはならない。

例題　船員法の夜間労働の制限について述べた次の文の［　　］内に当てはまる語句を，記号とともに答えよ。　　4 級・5 級

船舶所有者は，年齢 18 年未満の船員及び妊産婦の船員を午後［イ］時から翌日の午前［ロ］時までの間において作業に従事させてはならない。

解　イ：8　ロ：5

練習問題

1 次の(1)～(3)のとき，船長は，それぞれどのようにしなければならないか。5級
(1) 船舶が港を出入するとき又は狭い水路を通過するとき。
(2) 他の船舶の遭難を知ったとき。
(3) 荷役中，船舶を去るとき。（船員法）

答 (1) 船長は，甲板にあって自ら船舶を指揮しなければならない。
(2) 船長は，人命の救助に必要な手段を尽くさなければならない。
(3) 船長は，自己に代わって船舶を指揮すべき者にその職務を委任しなければならない。

2 次の(1)～(4)のとき，船長は，それぞれどのようにしなければならないか，又はどのようにすることができるか。（船員法）5級
(1) 予定の航路を変更して航行したとき。
(2) 他の船舶の遭難を知ったとき。
(3) 海員が船長の指定するときまでに船舶に乗り込まないとき。
(4) 海員が凶器，劇薬その他の危険物を所持するとき。

答 (1) 船長は，入港後，遅滞なく最寄りの地方運輸局等の事務所又は指定市町村長の事務所において，航行に関する報告をしなければならない。
(2) 船長は，人命の救助に必要な手段を尽くさなければならない。
(3) 船長は，その海員につき，懲戒することができる。
(4) 船長は，その危険物につき，保管，放棄その他の処置をすることができる。

3 船員法の規定に関する次の文の［　　］に適合する語句を，記号とともに記せ。
(1) 船長は，船舶が衝突したときは，互いに人命及び船舶の救助に必要な手段を尽くし，かつ，船舶の名称，［ア］，［イ］，発航港及び到達港を告げなければならない。
(2) 船長は，船内にあるものが死亡し，又は［ウ］となったときは，国土交通大臣にその旨を報告しなければならない。5級

答 (1) ア：所有者　　イ：船籍港
(2) ウ：行方不明

V

船員労働安全衛生規則

第 1 章　総則

趣旨(1 条)，船長による統括管理(1 条の 2)，
安全担当者の選任(2 条)，安全担当者の資格(3 条)，
安全担当者の業務(5 条)，改善意見の申出等(6 条)，
消火作業指揮者の業務(6 条の 3)，改善意見の申出等(6 条の 4)，
衛生担当者の業務(8 条)，補助者(10 条)，
安全衛生に関する教育及び訓練(11 条)，船員の遵守事項(16 条)

第 2 章　安全基準及び衛生基準等

第 1 節　安全基準

通行の安全(19 条)，燃えやすい廃棄物の処理(22 条)，
管系統の表示(23 条)，経験又は技能を要する危険作業(28 条)

第 2 節　衛生基準

船内衛生の保持(29 条)，通風及び換気(33 条)，
清水の積み込み及び貯蔵(38 条)，
飲用水の水質検査等(40 条の 2)

第 3 章　個別作業基準

塗装作業及び塗装剥離作業(47 条)，危険物の検知作業(49 条)，
高所作業(51 条)，舷外作業(52 条)

第 5 章　年少船員の就業制限

年少船員の就業制限(74 条)

第 1 章　総則

第 1 条　趣旨

第 1 条　船内作業による危害の防止及び船内衛生の保持に関し，船舶所有者のとるべき措置及びその基準並びに船員の遵守するべき事項は，他の法令に定めるもののほか，この省令に定めるところによる。

第 1 条の 2　船長による統括管理

第 1 条の 2　船舶所有者は，船内における安全及び衛生に関する事項に関し船長に統括管理させ，かつ，安全担当者，消火作業指揮者，衛生担当者その他の関係者の間の調整を行わせなければならない。

第 2 条　安全担当者の選任

第 2 条　船舶所有者は，船内においてこの省令に定める事項を行なうために，船長の意見をきいて，甲板部，機関部，無線部，事務部その他の各部について当該部の海員の中からそれぞれ安全担当者を選任しなければならない。

第 2 項　船舶所有者は，船内における各部の構成上やむを得ない場合においては，一の部の安全担当者を他の部の安全担当者に兼任させることができる。ただし，もっぱら漁獲物を冷凍し，若しくは加工する作業又はサルベージ，ケーブル布設若しくはしゅんせつの作業を行なう海員が 20 名をこえる部における安全担当者については，この限りでない。

第３条　安全担当者の資格

第３条　安全担当者は，当該部の業務に２年以上従事した経験を有する者であって，当該部の業務に精通する者でなければならない。ただし，他の部の安全担当者を兼任する場合における兼任する部の業務については，この限りではない。

第２項　前項の規定によるほか，引火性液体類（危険物船舶運送及び貯蔵規則（昭和32年運輸省令第30号）第２条第１号に掲げる引火性液体類をいう。）又は引火性若しくは爆発性の蒸気を発する物質（以下「引火性液体類等」という。）を常時運送する船舶の甲板部の安全担当者は，次に掲げる要件のいずれかに該当する者でなければならない。

一　第77条及び第78条の規定により国土交通大臣の登録を受けた講習（以下「登録タンカー安全担当者講習」という。）の課程を修了した者であること。

二　省略。

第３項　省略。

第５条　安全担当者の業務

第５条　船舶所有者は，次に掲げる事項を，安全担当者に行わせなければならない。

一　作業設備及び作業用具の点検及び整備に関すること。

二　安全装置，検知器具，消火器具，保護具その他危害防止のための設備及び用具の点検及び整備に関すること。

三　作業を行う際に危険な又は有害な状態が発生した場合又は発生するおそれのある場合の適当な応急措置又は防止措置に関すること。

四　発生した災害の原因の調査に関すること。

五　作業の安全に関する教育及び訓練に関すること。

六　安全管理に関する記録の作成及び管理に関すること。

例題 安全担当者は，次の(1)～(3)の事項に関して，それぞれどのような業務を行わなければならないか。 （船員労働安全衛生規則） 4級・5級

（1） 作業設備及び作業用具
（2） 発生した災害
（3） 作業の安全

解
（1） 作業設備及び作業用具の点検及び整備に関すること。
（2） 発生した災害の原因の調査に関すること。
（3） 作業の安全に関する教育及び訓練に関すること。

第6条　改善意見の申出等

第6条　安全担当者は，船長を経由し，船舶所有者に対して，作業設備，作業方法等について安全管理に関する改善意見を申し出ることができる。この場合において，船長は，必要と認めるときは，当該改善意見に自らの意見を付すことができる。

第2項　船舶所有者は，前項の申出があった場合は，その意見を尊重しなければならない。

例題 安全担当者は，船舶所有者に対して，どのようなことに関する改善意見を申し出ることができるか。また，この申し出は，だれを経由して行う必要があるか。

（船員労働安全衛生規則） 4級

解 安全担当者は，作業設備，作業方法等について安全管理に関する改善意見を，船長を経由して申し出ることができる。

第6条の3　消火作業指揮者の業務

第6条の3　船舶所有者は，次に掲げる事項を，消火作業指揮者に行わせなければならない。

一　消火設備及び消火器具の点検及び整備に関すること。
二　火災が発生した場合の消火作業の指揮に関すること。
三　発生した火災の原因の調査に関すること。
四　火災の予防に関する教育並びに消火作業に関する教育及び訓練に関すること。

第6条の4 改善意見の申出等

第6条の4 消火作業指揮者は，船長を経由し，船舶所有者に対して，消火設備，消火作業に関する訓練等について火災予防及び消火作業に関する改善意見を申し出ることができる。この場合において，船長は，必要と認めるときは，当該改善意見に自らの意見を付すことができる。

第2項 船舶所有者は，前項の申出があった場合は，この意見を尊重しなければならない。

第8条 衛生担当者の業務

第8条 船舶所有者は，次に掲げる事項（小型船にあっては，第4号に掲げる事項を除く。）を衛生担当者に行わせなければならない。

① 居住環境衛生の保持に関すること。

② 食料及び用水の衛生の保持に関すること。

③ 医薬品その他の衛生用品，医療書，衛生保護具等の点検及び整備に関すること。

④ 負傷又は疾病が発生した場合における適当な救急措置に関すること。

⑤ 発生した負傷又は疾病の原因の調査に関すること。

⑥ 衛生管理に関する記録の作成及び管理に関すること。

例題 衛生担当者は，次の(1)～(3)の事項に関して，それぞれどのような業務を行わなければならないか。 （船員労働安全衛生規則）**4級・5級**

（1）食糧及び用水

（2）医薬品その他の衛生用品

（3）負傷又は疾病が発生した場合

解

（1）衛生の保持に関すること。

（2）点検及び整備に関すること。

（3）適当な救急措置及びその原因の調査に関すること。

第 10 条　補助者

第 10 条　安全担当者，消火作業指揮者又は衛生担当者は，必要と認めるときは，その補助者を指名することができる。

第 11 条　安全衛生に関する教育及び訓練

第 11 条　船舶所有者は，次に掲げる事項について，船員に教育を施さなければならない。

一　船内の安全及び衛生に関する基礎的事項

二　船内の危険な又は有害な作業についての作業方法

三　保護具，命綱，安全ベルト及び作業用救命衣の使用方法

四　船内の安全及び衛生に関する規定を定めた場合は，当該規定の内容

五　乗り組む船舶の設備及び作業に関する具体的事項

第 2 項　省略。

第 16 条　船員の遵守事項

⑴　**船員の禁止行為**（第 1 項）

船員は，次に掲げる行為をしてはならない。

①　第 24 条に定める防火標識又は禁止標識のある箇所における当該標識に表示された禁止行為

②　第 46 条から第 48 条まで又は第 69 条第 1 項の規定により禁止された火気の使用又は喫煙

⑵　**保護具の使用**（第 2 項）

船員は，第 47 条第 2 項，第 48 条から第 51 条第 1 項まで，第 53 条から第 65 条第 1 項まで，第 66 条第 1 項，第 67 条，第 68 条第 1 項，第 69 条第 1 項又は第 71 条第 2 項から第 73 条までに規定する作業において保護具の使用を命ぜられたときは，当該保護具を使用しなければならない。

⑶　安全器具の使用（第３項）

船員は，第 51 条第１項（高所作業），第 52 条第１項（船体外板の塗装さび落とし等舷外に身体の重心を移して行う作業），第 57 条第１項（漁ろう作業），第 66 条第１項（船倉内作業）又は第 68 条第１項（着氷除去作業）に規定する作業において命綱，安全ベルト又は作業用救命衣の使用を命ぜられたときは，当該命綱，安全ベルト又は作業用救命衣を使用しなければならない。

第２章　安全基準及び衛生基準等

第１節　安全基準

第19条　通行の安全

第19条　船舶所有者は，船外との通行は，舷梯《てい》又は手すり及び踏みさんを施した幅40センチメートル以上の歩み板によらせなければならない。ただし，やむを得ない理由により，舷梯《てい》又は歩み板を用いることができない場合であって，通行の安全を確保するために必要な措置を講じているときは，この限りでない。

第２項〜第３項　省略。

第22条　燃えやすい廃棄物の処理

第22条　船舶所有者は，油の浸みた布ぎれ，木くずその他の著しく燃えやすい廃棄物は，防火性のふた付きの容器に収める等これを安全に処理しなければならない。

例題　船舶所有者は，油の浸みた布ぎれ，木くずその他の著しく燃えやすい廃棄物は，どのように処理しなければならないか。（船員労働安全衛生規則）**４級・５級**

解　防火性のふた付きの容器に収める等これを安全に処理しなければならない。

第23条　管系統の表示

第23条　船舶所有者は，船内の管系及び電路の系統の種別を告示で定める識別標準により表示しなければならない。

参考　**管系統の識別標準の例**

①　海水管…緑色
②　清水管…青色
③　燃料油管…赤色
④　潤滑油管…黄色
⑤　ビルジ管…黒色
⑥　蒸気管…銀色
⑦　圧搾空気管…ねずみ色

第 28 条　経験又は技能を要する危険作業

第 28 条　船舶所有者は，次に掲げる作業は，当該作業を所掌する部の業務に 6 月以上従事した経験を有する者又は船舶職員及び小型船舶操縦者法第 4 条の規定により当該作業を所掌する部の海技免許を受けた者，同法第 23 条第 1 項の規定により当該作業を所掌する部の船舶職員（同法第 2 条第 2 項に規定する船舶職員をいう。）になることについての承認を受けている者若しくは国土交通大臣が当該作業について認定した資格を有する者でなければ，これを行わせてはならない。ただし，当該作業の熟練者の指揮の下に作業を行わせる場合は当該作業を所掌する部の業務に 3 月以上従事した経験を有する者に当該作業を行わせることができる。

一　揚錨機，ラインホーラー，ネットホーラーその他の錨鎖，索具，漁具等海中に送入し，若しくは巻き上げる機械を操作し，又はこれらの機械により海中に送入若しくは巻き上げ中の錨鎖，索具，漁具等の走行を入力で調整する作業

二　クレーン，ウインチ，デリックその他の重量物を移動する機械又は装置を操作する作業

三　フォークリフトの運転の作業

四　運転中の機械又は動力伝導装置の運動している部分の注油，掃除，修理若しくは検査又は運動している調帯の掛換えの作業

五　切削又はせん孔用の工作機械を使用する作業

六　推進機関用の重油専焼罐《かん》に点火する作業

七　揚貨装置又は陸上のクレーン若しくはデリックの玉掛け作業

八　はい（積み重ねられた荷（小麦,大豆,鉱石等のばら物の荷を除く。）の集団をいう。）のはい付け又ははい崩しの作業

九　刃物を用いて鯨体を解体する作業

十　床面から２メートル以上の高所であって，墜落のおそれのある場所における作業

十一　舷外に身体の重心を移して行う作業

十二　危険物の状態，酸素の量又は人体に有害な気体を検知する作業

十三　石炭，鉄鉱石，穀物，石油その他の船倉内の酸素の欠乏の原因となる性質を有する物質をばら積みで運送する船舶において，これらの物質を積載している船倉内で行う作業

十四　電気工事作業(感電のおそれのあるものに限る。)

十五　可燃性ガス及び酸素を用いて行う金属の溶接，溶断又は加熱の作業

十六　冷凍のためガスを圧縮し，又は液化して高圧ガスを製造する作業

第２項　前項の規定にかかわらず，前項第３号，第６号，第７号，第 12 号又は第 13 号に掲げる作業については，国土交通大臣の登録を受けた講習（以下「登録危険作業」という。）の課程を修了した者に当該作業を行わせることができる。

第３項　船舶所有者は，ヘルメット式潜水器，マスク式潜水器その他の潜水器を用い，かつ，空気圧縮機若しくは手押しポンプによる送気又はボンベからの給気を受けて水深 10 メートル以上の場合において行う作業は，高気圧作業安全衛生規則（昭和 47 年労働省令第 40 号）第 52 条の規定による潜水士の免許を受けた者でなければ，これを行わせてはならない。

例題　船員労働安全衛生規則の規定によると,「経験又は技能を要する危険作業」に該当しない作業は次のうちどれか。　**4級**

（1）フォークリフトの運転の作業
（2）床面から２メートル以上の高所であって，墜落のおそれのある場所における作業
（3）動力さび落とし機を使用する作業
（4）危険物の状態，酸素の量又は人体に有毒ない気体を検知する作業

解　（4）動力さび落とし機を使用する作業

第2節　衛生基準

第29条　船内衛生の保持

第29条　船舶所有者は，船内の居住場所及び作業場所を清潔に保ち，気積，換気，採光，照明，温度，騒音，振動等の環境条件を衛生上良好な状態におくとともに，船員に十分な休養を与える等船員の健康の保持を図るよう努めなければならない。

第33条　通風及び換気

第33条　船舶所有者は，機関室，調理室等高温又は多湿の状態にある船内の作業場には，通風，換気等温湿度調節のための適当な措置を講じなければならない。

例題　船舶所有者が，通風，換気等温湿度調節のための適当な措置を講じなければならないのは，どのような場所か。　（船員労働安全衛生規則）**4級**

解　機関室，調理室等高温又は多湿の状態にある船内の作業場

第38条　清水の積み込み及び貯蔵

第38条　船舶所有者は，清水を積み込む場合は，清浄なものを積み込まなければならず，かつ，これを衛生的に積み込み，及び保つために，次に掲げる措置を講じなければならない。

一　清水の積み込み前には，元せん及びホースを洗浄すること。

二　清水用の元せん及びホースは専用のものとすること。

三　清水用の元せんにはふたをつけ，ホースは清潔な場所に保管すること。

四　清水タンクに使用する計量器具は専用のものとし，かつ，清潔に保存すること。

五　飲用水のタンクで内部がセメント塗装のものは，貯蔵する清水を清浄に保ちうる状態まであく抜きをすること。
六　その他清水を衛生的に保つための必要な措置

第40条の2　飲用水の水質検査等

第40条の2　船舶所有者は，飲用水のタンクに積み込まれた飲用水（小型船に積み込まれたものを除く。次項及び第3項において単に「飲用水」という。）について，少なくとも1年に1回，地方公共団体等の行う水質検査を受けなければならない。ただし，最後に水質検査を受けた日から1年を経過した日に，船舶が航海中であり，又は外国の港にある場合は，当該船舶が国内の港に到着した後遅滞なく水質検査を受ければよい。

第2項　船舶所有者は，前項の水質検査の結果，当該飲用水の水質が飲用に適しないと判定された場合は，速やかにタンク内の飲用水の交換その他必要な措置を講じなければならない。この場合において，地方運輸局長が必要と認めるときは，これらの措置を実施後，速やかに水質検査を受け，当該飲用水が飲用に適することについて水質検査を行う地方公共団体等の確認を受けなければならない。

第3項　船舶所有者は，少なくとも1月に1回，飲用水に含まれる遊離残留塩素の含有率についての検査を行わなければならない。この場合において，遊離残留塩素の含有率が百万分の0.1未満であったときは，船舶所有者は，速やかに改善措置を講じなければならない。

第4項　船舶所有者は，少なくとも2年（船舶安全法第10条第1項ただし書に規定する船舶にあつては，3年）に1回，飲用水のタンク，当該タンクに付属する管系等の洗浄を行わなければならない。ただし，最後に洗浄を行った日から当該期間を経過した日に，船舶が航海中であり，又は外国の港にある場合は，当該日から6月以内に洗浄を行えばよい。

第3章　個別作業基準

第47条　塗装作業及び塗装剥離作業

第47条　船舶所有者は，引火性若しくは可燃性の塗料又は溶剤を使用して塗装又は塗装の剥《はく》離作業を行なわせる場合は，次に掲げる措置を講じなければならない。

一　作業場所における火気の使用及び喫煙を禁止すること。

二　作業場所においては，火花を発し，又は高温となって点火源となるおそれのある器具を使用しないこと。

三　作業に使用した布ぎれ又は剥《はく》離したくずは，みだりに放置しないこと。

四　作業に従事する者以外の者をみだりに作業場所に近寄らせないこと。

五　作業場所の付近に，適当な消火器具を用意すること。

第2項　船舶所有者は，人体に有害な性質の塗料又は溶剤を使用して塗装又は塗装剥離作業を行わせる場合は，作業に従事する者にマスク，保護手袋その他の必要な保護具を使用させなければならない。

例題　引火性又は可燃性の塗料等を使用する塗装作業又は塗装の剥離作業において，船舶所有者が講じなければならない措置について述べた次の文のカッコ内に適合する語句を記号とともに記せ。　（船員労働安全衛生規則）**4級**

(1) 作業場所における［(ア)］及び［(イ)］を禁止すること。

(2) 作業場所においては［(ウ)］を発し，又は高温となって［(エ)］となるおそれのある器具を使用してはならない。

(3) 作業に使用した布ぎれ又は［(オ)］は，みだりに放置しないこと。

(4) 作業場所の付近に，適当な［(カ)］を用意すること。

解

(1) (ア)：火気の使用　(イ)：喫煙

(2) (ウ)：火花　(エ)：点火源

(3) (オ)：剥離したくず

(4) (カ)：消火器具

第 49 条　危険物等の検知作業

第 49 条　船舶所有者は，危険物の状態又は人体に有害な気体若しくは酸素の量を検知する作業を行なわせる場合は，次に掲げる措置を講じなければならない。

一　検知器具の作動状態を点検すること。

二　検知のために必要な試料を採取する場合は，船倉，密閉された区画等危険物が存在し若しくは存在した場所又は人体に有害な状態が存するおそれのある場所に立ち入らないで，これを行なうこと。

三　やむを得ず前号に掲げる場所に立ち入る場合は，作業に従事する者に危険物又は人体に有害な状態の性質に応じた呼吸具，保護眼鏡，保護衣，保護手袋その他の必要な保護具を使用させること。

四　作業に従事する者が頭痛，めまい，吐気等の身体の異常を訴えた場合その他事故があった場合は，ただちに作業を中止させ，安全性の確認が得られるまでは，作業を再開させないこと。

五　身体の異常を訴えた者には，すみやかに，医師による処置その他の適当な救急措置を講ずること。

六　当該作業により汚染し，又は汚染したおそれのある物を居住場所に持ち込ませないこと。

七　当該作業に従事する者との連絡のための看視員を配置すること。

第 51 条　高所作業

第 51 条　船舶所有者は，床面から 2 メートル以上の高所であって，墜落のおそれのある場所における作業を行わせる場合は，次に掲げる措置を講じなければならない。

一　作業に従事する者に保護帽及び命綱又は安全ベルトを使用させること。

二　ボースンチェアを使用するときは，機械の動力によらせないこと。

三　煙突，汽笛，レーダー，無線通信用アンテナその他の設備の付近で作業を行う場合に，当該設備の作動により作業に従事している者に危害を及ぼすおそれのあるときは，当該設備の関係者に作業の時間，内容等を通報しておくこと。

四　作業場所の下方における通行を制限すること。

五　作業に従事する者との連絡のための看視員を配置すること。ただし，事故があった場合に速やかに救助に必要な措置をとることができる状態で2人以上の者が同時に作業に従事するときは，この限りでない。

第2項　船舶所有者は，船体の動揺又は風速が著しく大である場合は，緊急の場合を除き，前項の作業を行なわせてはならない。

例題　高所作業に関する次の問いに答えよ。　（船員労働安全衛生規則）4級

(1) どのような場所で行う作業のことか。

(2) (1)の作業に従事する者は，どのような保護具等を使用しなければならないか。

(3) ボースンチェアを使用するときは，どのような注意をしなければならないか。

解

(1) 床面から2メートル以上の高所であって，墜落のおそれのある場所で行う作業をいう。

(2) 保護帽及び命綱又は安全ベルトを使用しなければならない。

(3) 機械の動力によらせないこと。

第52条　舷外作業

第52条　船舶所有者は，船体外板の塗装，さび落とし等舷外に身体の重心を移して行う作業を行わせる場合は，次に掲げる措置を講じなければならない。

一　作業に従事する者に命綱又は作業用救命衣を使用させること。

二　安全な昇降用具を使用させること。

三　つり足場を使用する場合等作業場所が甲板上にいる者から容易に視認できない場合は，当該作業場所の上部のブルワーク，手すり等つり足場等の支持箇所の付近に，作業を行っている旨を表示すること。

四　作業場所の付近におけるビルジ，汚水，汚物等の舷外排出及び投棄を禁止すること。

五　作業に従事する者との連絡のための看視員を配置すること。ただし，事故があった場合に速やかに救助に必要な措置をとることができる状態で２人以上の者が同時に作業するときは，この限りでない。

六　作業場所の付近に，救命浮環等の直ちに使用できる救命器具を用意すること。

第２項　前条第２項の規定は，前項の作業を行なう場合に，準用する。

例題　船員労働安全衛生規則に規定されている「舷外作業」に関する次の問いに答えよ。　（船員労働安全衛生規則）４級・５級

船舶所有者が講じなければならない措置について：

(1) 作業に従事する者には，安全な昇降用具のほか，どのようなものを使用させなければならないか。

(2) 作業場所の付近には，どのようなものを用意しておかなければならないか。

(3) 緊急の場合を除き，作業を行なわせてはならないのは，どのような場合か。

解

(1) 命綱又は作業用救命衣

(2) 救命浮環等の直ちに使用できる救命器具

(3) 船体の動揺又は風速が著しく大である場合

第５章　年少船員の就業制限

第 74 条　年少船員の就業制限

第 74 条　船舶所有者は，年齢 18 年未満の船員を，次の各号に掲げる作業に従事させてはならない。
一　腐しょく性物質，毒物又は有害性物質を収容した船倉又はタンク内の清掃作業
二　有害性の塗料又は溶剤を使用する塗装又は塗装剥《はく》離の作業
三　推進機関用ボイラーに使用する石炭を運び又はこれをたく作業
四　動力さび落とし機を使用する作業
五　炎天下において，直接日射を受けて長時間行なう作業
六　寒冷な場所において，直接外気にさらされて長時間行なう作業
七　冷凍庫内において長時間行なう作業
八　水中において，船体又は推進器を検査し，又は修理する作業
九　タンク又はボイラーの内部において，身体の全部又は相当部分を水にさらされて行う水洗作業
十　じんあい又は粉末の飛散する場所において長時間行なう作業
十一　1 人につき 30 キログラム以上の重量が負荷される運搬又は持ち上げる作業
十二　アルファ線，ベータ線，中性子線，エックス線その他の有害な放射線を受けるおそれがある作業

例題　年齢 18 年未満の船員に従事させてはならない作業は次のうちどれか。

4 級・5 級

(1) 動力さび落とし機を使用する作業
(2) フォークリフトの運転作業
(3) 電気工事作業
(4) 舷外に身体の重心を移して行う作業

（船員労働安全衛生規則）

解　(1) 動力さび落とし機を使用する作業

練習問題

1 船員労働安全衛生規則に定められている安全担当者の業務として，誤っているものは，次のうちどれか。 5級

(1) 消火器具及び保護具の点検及び整備
(2) 作業設備及び作業用具の点検及び整備
(3) 救命艇及び救命いかだの点検及び整備
(4) 検知器具及び安全装置の点検及び整備

答 (3) 救命艇及び救命いかだの点検及び整備

2 船員労働安全衛生規則に規定する安全担当者について述べた次の文のうち，誤っているものはどれか。 4級

(1) 安全担当者は，必要なとき，自分で補助者を指名できる。
(2) 安全担当者は，作業設備に関する改善意見を，船長を経由して船舶所有者に申し出ることができる。
(3) 安全担当者は，船長が船舶所有者の意見を聞いて，海員の中から選任する。
(4) 安全担当者は，作業の安全に関する教育及び訓練を行う。

答 (3) 安全担当者は，船長が船舶所有者の意見を聞いて，海員の中から選任する。

3 船員労働安全衛生規則について述べた次の文うち，正しいものはどれか。 5級

(1) 床面上2メートル以上の高さで墜落のおそれのある場所における作業は，高所作業である。
(2) 動力さび落とし機を使用する作業には年齢20年未満の船員は従事できない。
(3) 船内の燃料パイプ等の管系は，各社又は各船ごとに識別基準を定めて表示することができる。
(4) 居住環境衛生の保持に関する作業は，安全担当者の業務の1つである。

答 (1) 床面上2メートル以上の高さで墜落のおそれのある場所における作業は，高所作業である。

4 次の文のうち，船員労働安全衛生規則上，正しいものはどれか。 4級

(1) 少なくとも1年に1回，飲用水に含まれる遊離残留塩素の含有率についての検査を行わなければならない。
(2) 動力さび落とし機を使用する作業には年齢18年未満の船員は従事させてはならない。
(3) 船内の燃料パイプ等の管系には，各社又は各船ごとに識別基準を定めて表示することができる。
(4) 発生した災害の原因の調査に関することは，衛生担当者の業務の1つである。

答 (2) 動力さび落とし機を使用する作業には年齢 18 年未満の船員は従事させてはならない。

5 船員が，次の作業を行う場合は，危険防止のためどのような保護具を使用させなければならないか。船員労働安全衛生規則に規定しているものを 1 つずつあげよ。

4級

(1) 倉口開閉作業
(2) 揚貨装置を使用する作業
(3) 粉じんを著しく発散する場所で行なう作業
(4) 騒音又は振動の激しい動力さび落とし機を使用する作業
(5) 船体外板の塗装作業

答 (1) 保護帽，すべり止めのついた保護靴
(2) 保護帽，その他の必要な保護具
(3) 防じん性の呼吸具，保護眼鏡，その他必要な保護具
(4) 耳せん，保護手袋，騒音又は振動による障害を防護するために必要な保護具
(5) マスク，保護手袋，その他の必要な保護具
(以上のうち，それぞれ 1 つずつ答える)

VI

海洋汚染等及び海上災害の防止に関する法律

並びに同法律施行令及び同法律施行規則

第 1 章　総則

目的(1 条)，海洋汚染等及び海上災害の防止(2 条)，定義(3 条)

第 2 章　船舶からの油の排出の規制

船舶からの油の排出の禁止(4 条)，
油による海洋の汚染の防止のための設備等(5 条，5 条の 2)，
油及び水バラストの積載の制限(5 条の 3)，
分離バラストの排出方法(5 条の 4)，油濁防止管理者(6 条)，
油濁防止規程(7 条)，油濁防止緊急措置手引書(7 条の 2)，
油記録簿(8 条)，適用除外(9 条)

第 3 章　船舶からの廃棄物の排出の規制

船舶からの廃棄物の排出の禁止(10 条)

第 4 章の 5　船舶の海洋汚染防止設備等及び海洋汚染防止緊急措置手引書等並びに大気汚染防止検査対象設備及び揮発性物質放出防止措置手引書の検査等

定期検査(19 条の 36)，海洋汚染等防止証書(19 条の 37)，
検査対象船舶の航行(19 条の 44)

第 6 章　海洋の汚染及び海上災害の防止措置

油等の排出の通報等(38 条)，
海上災害が発生した場合の措置(42 条の 3)，
海上火災を発見した者の通報(42 条の 4)

第１章　総則

第１条　目的

現在の海洋は，船舶，海洋施設及び航空機から排出される油，有害液体物質等及び廃棄物により地球規模で汚染されており，これを放置すると生態学上将来の人類の生存が脅かされることとなるほか，1隻のLNGタンカーの爆発事故により東京湾が全滅する等の大規模な海上災害が発生する危険もはらんでいる。また，地球を取りまく大気は，船舶等から放出される排出ガス（煤煙，一酸化炭素，二酸化硫黄，窒素酸化物，フロンガス，放射性物質等の有害物質が含まれている。）により著しく汚染されており，オゾン層の破壊も進んでいる。本法は，このような厳しい海洋環境等を憂慮し，あらゆる効果的な規制及びとるべき措置等について規定することにより，海洋汚染等及び海上災害を防止し，もって海洋環境の保全等並びに人の生命及び身体並びに財産の保護に資することを目的としている。

参考　「保全」とは，保護して安全にすることをいう。

第２条　海洋汚染等及び海上災害の防止

第２条　何人も，船舶，海洋施設又は航空機からの油，有害液体物質等又は廃棄物の排出，船舶からの有害水バラストの排出，油，有害液体物質等又は廃棄物の海底下廃棄，船舶からの排出ガスの放出その他の行為により海洋汚染等をしないように努めなければならない。

第２項　船舶の船長又は船舶所有者，海洋施設等又は海洋危険物管理施設の管理者又は設置者その他の関係者は，油，有害液体物質等若しくは危険物の排出があった場合又は海上火災が発生した場合において排出された油又は有害液体物質等の防除，消火，延焼の防止等の措置を講ずることができるように常時備えるとともに，これらの事態が発生した場合には，当該措置を適確に実施することにより，海洋の汚染及び海上災害の防止に努めなければならない。

⑴　第 1 項の**有害液体物質等**とは，有害液体物質及び未査定液体物質をいう。（第 3 条第 5 号参照）

⑵　第 2 項の**防除**とは，排出油の広がりを防ぎ，引き続く排出油等の排出を防止し，排出された油等を除去することをいう。（則第 39 条第 1 項を参照）

例題 1 海洋汚染等及び海上災害の防止に関する法律の規定に関する次の文の［　　］内に適合する語句を記号とともに記せ。 **5 級**

何人も，船舶，海洋施設又は航空機からの［①］，［②］又は［③］の排出，船舶からの［④］の放出その他の行為により海洋汚染等をしないように努めなければならない。

解 ①：油　②：有害液体物質等　③：廃棄物　④：排出ガス

例題 2 船舶から油の排出があった場合，船長はどのような措置を講じなければならないか。（海洋汚染等及び海上災害の防止に関する法律） **4 級・5 級**

解 船長は，排出された油の防除の措置を適確に実施することにより，海洋の汚染及び海上災害の防止に努めなければならない。

参考「防除」とは，防ぎ取り除くことをいう。

例題 3 油，有害液体物質等若しくは危険物の排出があった場合又は海上火災が発生した場合において，当該船舶の船長は，どのような措置を講ずることができるよう常時備えなければならないか。（海洋汚染等及び海上災害の防止に関する法律） **4 級**

解 船長は，排出された油，有害液体物質等若しくは危険物の防除又は発生した海上火災の消火，延焼の防止等の措置を講ずることができるように常時備えなければならない。

例題 4 船舶から油の排出があった場合又は海上火災が発生した場合，当該船舶の船長は，どのような措置を実施することによって海洋の汚染及び海上災害の防止に努めなければならないか。（海洋汚染等及び海上災害の防止に関する法律） **4 級**

解 船長は，排出された油の防除又は発生した海上火災の消火，延焼の防止等の措置を適確に実施することにより，海洋の汚染及び海上災害の防止に努めなければならない。

第３条　定義

(1)　**船舶**とは，海域において航行の用に供する船舟類をいう。

(2)　**油**とは，原油，重油，潤滑油，軽油，灯油，揮発油その他の国土交通省令で定める油及びこれらの油を含む油性混合物をいう。

(3)　**有害液体物質**とは，油以外の液体物質のうち，海洋環境の保全の見地から有害である物質として政令で定める物質(令第１条の２参照。)であって，船舶によりばら積みの液体貨物として輸送されるもの及びこれを含む水バラスト，貨物艙の洗浄水その他船舶内において生じた不要な液体物質並びに海洋施設その他の海洋にものが流出するおそれのある場所にある施設において管理されるものをいう。

(4)　**未査定液体物質**とは，油及び有害液体物質以外の液体物質のうち，海洋環境の保全の見地から有害でない物質として政令で定める物質（令第１条の３参照。）以外の物質であって船舶によりばら積みの液体貨物として輸送されるもの及びこれを含む水バラスト，貨物艙の洗浄水その他船舶内において生じた不要な液体物質をいう。

(5)　**有害液体物質等**とは，有害液体物質及び未査定液体物質をいう。

(6)　**廃棄物**とは，人が不要とした物（油，有害液体物質等及び有害水バラストを除く。）をいう。

(7)　**排出ガス**とは，船舶において発生する物質であって大気を汚染するものとして政令で定めるもの（令第１条の６参照。）及びオゾン層破壊物質をいう。

(8)　**排出**とは，物を海洋に流し，又は落とすことをいう。

(9)　**放出**とは，物を海域の大気中に排出し，又は流出させることをいう。

(10)　**ビルジ**とは，船底にたまった油性混合物をいう。

(11)　**廃油**とは，船舶内において生じた不要な油をいう。

(12)　**危険物**とは，原油，液化石油ガスその他の政令で定める引火性の物質（令第１条の８参照。）をいう。

例題 1 海洋汚染等及び海上災害の防止に関する法律の用語の説明として，誤っているものは，次のうちどれか。　**5級**

（1）危険物とは，原油，液化石油ガスその他の政令で定める引火性の物質をいう。
（2）廃棄物とは，人が不要とした物（油，有害液体物質等及び有害水バラストを除く。）をいう。
（3）排出とは，物を海洋に流し，又は落とすことをいう。
（4）ビルジとは，船舶内にたまった有害液体物質をいう。

解（4）ビルジとは，船舶内にたまった有害液体物質をいう。

例題 2 海洋汚染等及び海上災害の防止に関する法律において，次の(1)〜(3)の用語の定義はそれぞれどのように定められているか。　**4級・5級**

（1）ビルジ　（2）廃油　（3）廃棄物

解（1）ビルジとは，船底にたまった油性混合物をいう。
（2）廃油とは，船舶内において生じた不要な油をいう。
（3）廃棄物とは，人が不要とした物（油，有害液体物質等及び有害水バラストを除く。）をいう。

第２章　船舶からの油の排出の規制

第４条　船舶からの油の排出の禁止

第４条　何人も，船舶から油を排出してはならない。

ただし，次の①及び②に該当する油の排出については，この限りでない。

①　船舶の安全を確保し，又は人命を救助するための油の排出

②　船舶の損傷その他やむを得ない原因により油が排出された場合において引き続く油の排出を防ぐための可能な一切の措置をとったときの当該油の排出

第２項（船舶からのビルジ等の排出が認められる場合）：次の①～③に掲げる事項が，政令で定める基準に適合している場合は，「ビルジ等」を船舶から排出することができる。

①　排出される油中の油分の濃度

②　排出海域

③　排出方法

第３項（タンカーからの貨物油を含む水バラスト等の排出が認められる場合）：次の①～④に掲げる事項が，政令で定める基準に適合している場合は，「水バラスト等」をタンカーから排出することができる。

①　排出される油分の総量

②　油分の瞬間排出率

③　排出海域

④　排出方法

⑴　第２項の「**ビルジ等**」とは，船舶からのビルジその他の油〔タンカーの水バラスト，貨物倉の洗浄水及びビルジ(以下「水バラスト等」という。)であって貨物油を含むものを除く。〕をいう。

⑵　第２項の**政令で定める基準**〔船舶からのビルジその他の油の排出基準(令第１条の８を参照)〕

一般海域における船舶からの「ビルジ等」の排出基準は，次の通りである。

①　排出される油中の油分の濃度は，15ppm 以下であること。

②　排出海域は，全ての国の領海の基線から12海里を超える海域で排出すること。

③　排出方法は，船舶が航行中に排出すること。

④　ビルジ等排出防止設備のうち国土交通省令で定める装置（油水分離装置，船舶の種類によってはビルジ用濃度監視装置）を作動させながら排出すること。

⑶　第3項の「**水バラスト等**」とは，タンカーの水バラスト，貨物倉の洗浄水及びビルジをいう。

⑷　第3項の**政令で定める基準**〔タンカーからの貨物油を含む水バラスト等の排出基準（令第1条の9を参照）〕

タンカーからの貨物油を含む「水バラスト等」の排出基準は，次の通りである。

①　排出される油分の総量は，直前の航海に積載されていた貨物油の総量の3万分の1以下であること。

②　油分の瞬間排出率は，1海里当たり30リットル以下であること。

③　排出海域は，全ての国の領海の基線から50海里を超える海域であること。

④　排出方法は，タンカーが航行中に排出すること。原則として海面より上の位置から排出すること。水バラスト等排出防止設備のうち国土交通省令で定める装置（バラスト用油排出監視制御装置，タンカーの種類によってはスロップタンク装置）を作動させながら排出すること。

例題1　次の文の［　　］内に適合する語句を記号とともに記せ。　**4級・5級**

排出される油中の油分の［㋐］，排出海域及び［㋑］に関して政令で定める基準に適合している「ビルジ等」は，船舶から排出することができる。

（海洋汚染等及び海上災害の防止に関す法律）

解

㋐：濃度　　㋑：排出方法

例題2　海洋汚染等及び海上災害の防止に関する法律の規定によると，海域における船舶からの油の排出は禁止されているが，船舶からの油の排出が特に許されるのは，「船舶の安全を確保し，又は人命を救助するための油の排出」のほか，どのような場合か。ただし，政令及び省令の定めによる適用除外となるものは除く。　**4級**

解

船舶の損傷その他やむを得ない原因により油が排出された場合において引き続く油の排出を防ぐための可能な一切の措置をとったときの当該油の排出があった場合

第５条～第５条の２　油による海洋の汚染の防止のための設備等

第５条　船舶所有者（当該船舶が共有されているときは船舶管理人，当該船舶が貸し渡されているときは船舶借入人。以下同じ。）は，船舶(ビルジ等が生ずることのない船舶を除く。)にビルジ等排出防止設備（船舶内に存在する油の船底への流入の防止又はビルジ等の船舶内における貯蔵若しくは処理のための設備をいう。第４項において同じ。）を設置しなければならない。

第２項　前項に定めるもののほか，タンカーには，水バラスト等排出防止設備（貨物油を含む水バラスト等の船舶内における貯蔵又は処理のための設備をいう。第４項において同じ。）を設置しなければならない。

第３項　前２項に定めるもののほか，国土交通省令で定めるタンカーには，分離バラストタンク（タンカーの貨物艙（ばら積みの液体貨物を輸送するためのものに限る。以下同じ。）及び燃料油タンクから完全に分離されているタンクであって水バラストの積載のために常置されているものをいう。以下同じ。）又は貨物艙原油洗浄設備（原油により貨物艙を洗浄する設備をいう。次項において同じ。）を設置しなければならない。

第４項　前３項の規定によるビルジ等排出防止設備，水バラスト等排出防止設備，分離バラストタンク及び貨物艙原油洗浄設備の設置に関する技術上の基準は，国土交通省令で定める。

第５条の２　タンカーの貨物艙及び前条第３項の規定により設置する分離バラストタンクは，衝突，乗揚げその他の事由により船舶に損傷が発生した場合において大量の油が排出されることを防止するため，国土交通省令で定める技術上の基準に適合するように設置しなければならない。

国土交通省令で定めるタンカーとは（技術上の基準を定める省令第 14 条参照）

上記の国土交通省令の定めるタンカーとは，次の①及び②をいう。

①　載貨重量トン数２万トン以上の原油タンカーは分離バラストタンク及び貨物艙原油洗浄設備を備え付けること。

②　載貨重量トン数３万トン以上の精製油運搬船は分離バラストタンクを備え付けること。

例題　海洋汚染等及び海上災害の防止に関する法律に規定している「油による海洋の汚染を防止するための設備等」について説明した次の文のうち，誤っているのはどれか。　**４級**

（1）ビルジ等排出防止設備：船舶内に存在する油の船底への流入の防止又はビルジ等の船舶内における貯蔵若しくは処理のための設備をいう。
（2）水バラスト等排出防止設備：貨物油を含む水バラスト等の船舶内における貯蔵又は処理のための設備をいう。
（3）分離バラストタンク：タンカーの貨物艙及び燃料タンクから完全に分離されているタンクであって水バラストの積載のために常置されているものをいう。
（4）貨物艙原油洗浄設備：蒸気で貨物艙の原油を洗浄する設備をいう。

解　（4）貨物艙原油洗浄設備：蒸気で貨物艙の原油を洗浄する設備をいう。

第５条の３　油及び水バラストの積載の制限

総トン数 400 トン以上の船舶は船首隔壁より前方にあるタンク（船首水槽）に油を積載してはならない。

第２項　次に掲げる①及び②には「水バラスト」を積載してはならない。

①　載貨重量トン数２万トン以上の原油タンカー及び載貨重量トン数３万トン以上の精製油運搬船の貨物艙

②　総トン数 150 トン以上のタンカー及び総トン数 4,000 トン以上のタンカー以外の船舶の燃料油タンク

ただし，悪天候下において船舶の安全を確保するためやむを得ない場合，その他国土交通省令で定める場合は，この限りではない。

水バラストを積載できる場合

第２項のただし書の「その他国土交通省令で定める場合」とは，水バラストを積載できる場合であって，次に掲げる①及び②の２つの場合がある。

①　載貨重量トン数２万トン以上の原油タンカー及び載貨重量トン数３万トン以上の精製油運搬船の貨物艙に水バラストを積載できる場合

ⓐ　ばら積みの固体貨物の輸送のための構造を有するタンカーが港湾荷

役機械の下で固体貨物の荷役を行うためやむを得ない場合

ⓑ　船舶が桁下高の小さい橋その他の障害物の下を安全に航行するためやむを得ない場合

ⓒ　港湾，運河等において船舶の安全を確保するため特別の喫水が要求される場合

②　総トン数150トン以上のタンカー及び総トン数4,000トン以上のタンカー以外の船舶の燃料油タンクに水バラストを積載できる場合

船舶の復原性を確保するためやむを得ない場合

第5条の4　分離バラストの排出方法

> 第5条の4　タンカーに設置された分離バラストタンクからの水バラストの排出は，国土交通省令で定める排出方法に従って行わなければならない。

分離バラストの排出方法

タンカーに設置された分離バラストタンクからの水バラストの排出は，次に掲げる①及び②のいずれかの方法により行わなければならない。

①　海面より上の位置から排出する方法

②　分離バラストタンクから水バラストを排出する直前に当該水バラストが油により汚染されてないことを確認した上，海面下に排出する方法。ただし，船舶が港及び沿岸の係留施設以外にある場合にあっては，ポンプを使用することなく排出しなければならない。（則第8条の14）

第6条　油濁防止管理者

> 第6条　船舶所有者は，国土交通省令で定める船舶ごとに，当該船舶に乗り組む船舶職員のうちから，船長（船長以外の者が船長に代わってその職務を行うべきときは，その者。以下同じ。）を補佐して船舶からの不適正な油の排出の防止に関する業務の管理（第8条の2第4項の船舶間貨物油積替作業管理者が行うものを除く。）を行わせるため，油濁

防止管理者を選任しなければならない。
第２項　油濁防止管理者は，国土交通省令で定める油の取扱いに関する作業の経験その他の要件を備えた者でなければならない。

⑴　第１項の「国土交通省令で定める船舶」とは，**油濁防止管理者を選任すべき船舶**のことで，総トン数 200 トン以上のタンカーである。（則第９条を参照）

⑵　第２項の「国土交通省令で定める油の取扱いに関する作業の経験その他の要件」とは，**油濁防止管理者の要件**のことで，次に掲げる①と②である。（則第 10 条を参照）

①　海技従事者の免許を受けている者であること。

②　タンカーに乗り組んで油の取扱いに関する作業に１年以上従事した経験を有する者であること。

第７条　油濁防止規程

第７条　船舶所有者は，国土交通省令で定める船舶ごとに，国土交通省令で定めるところにより，油の不適正な排出の防止に関する業務の管理に関する事項及び油の取扱いに関する作業を行う者が遵守すべき事項その他油の不適正な排出の防止に関する事項（次条第１項に規定する事項は除く。）について，油濁防止規程を定め，これを当該船舶内に備え置き，又は掲示しておかなければならない。
第２項　油濁防止管理者（油濁防止管理者が選任されていない船舶にあつては、船長。以下同じ。）は，前項の油濁防止規程（以下「油濁防止規程」という。）に定められた事項を，当該船舶の乗組員及び乗組員以外の者で当該船舶に係る業務を行う者のうち油の取扱いに関する作業を行うものに周知させなければならない。

⑴　**油濁防止規程の作成及び船内掲示義務**（第１項）

船舶所有者は，下記に掲げる①及び②の船舶（推進機関を有しない船舶又は係留中の船舶を除く。）ごとに，油の不適正な排出の防止に関する業務の管理に関する事項及び油の取扱いに関する作業を行う者が遵守すべき事項その他油の不適正な排出の防止に関する事項（次条第１項に規定する事項は除く。）について，油濁防止規程を定め，これを当該船舶内に備え置き，又は掲示しておかなければならない。

① 総トン数150トン以上のタンカー

② タンカー以外の船舶で総トン数400トン以上のもの（則第11条）

⑵ **油濁防止管理者の周知義務**（第２項）

油濁防止管理者は，前項の油濁防止規程に定められた事項を，当該船舶の乗組員及び乗組員以外の者で当該船舶に係る業務を行う者のうち油の取扱いに関する作業を行うものに周知させなければならない。

第７条の２　油濁防止緊急措置手引書

第７条の２　船舶所有者は，国土交通省令で定める船舶ごとに，当該船舶から油の不適正な排出があり，又は排出のおそれがある場合において当該船舶内にある者が直ちにとるべき措置に関する事項について，油濁防止緊急措置手引書を作成し，これを当該船舶内に備え置き，又は掲示しておかなければならない。

第２項　前項の規定による油濁防止緊急措置手引書の作成及び備置き又は掲示に関する技術上の基準は，国土交通省令で定める。

第３項　前条第２項の規定は，第１項の油濁防止緊急措置手引書（第９条の４第７項及び第19条の36において「油濁防止緊急措置手引書」という。）について準用する。

⑴ **油濁防止緊急措置手引書の作成及び掲示義務**（第１項）

船舶所有者は，下記に掲げる①及び②の船舶（推進機関を有しない船舶又は係留中の船舶を除く。）ごとに，当該船舶から油の不適正な排出があり，又は排出のおそれがある場合において当該船舶内にある者が直ちにとるべき措置に関する事項について，油濁防止緊急措置手引書を作成し，これを当該船舶内に備え置き，又は掲示しておかなければならない。

① 総トン数150トン以上のタンカー

② タンカー以外の船舶で総トン数400トン以上のもの

⑵　**油濁防止管理者の周知義務**（第２項）

油濁防止管理者は，前項の油濁防止緊急措置手引書に定められた事項を，当該船舶の乗組員及び乗組員以外の者で当該船舶に係る業務を行う者のうち油の取扱いに関する作業を行うものに周知させなければならない。

第８条　油記録簿

> 第８条　船長（もっぱら他の船舶に引かれ，又は押されて航行する船舶（以下「引かれ船等」という。）にあっては，船舶所有者。次項及び第３項において同じ。）は，油記録簿を船舶内（引かれ船等にあっては，当該船舶を管理する船舶所有者の事務所。第３項において同じ。）に備え付けなければならない。ただし，タンカー以外の船舶でビルジが生ずることのないものについては，この限りでない。
>
> 第２項　油濁防止管理者は，当該船舶における油の排出その他油の取扱いに関する作業で国土交通省令で定めるものが行われたときは，その都度，国土交通省令で定めるところにより，油記録簿への記載を行わなければならない。
>
> 第３項　船長は，油記録簿をその最後の記載をした日から３年間船舶内に保存しなければならない。
>
> 第４項　前３項に定めるもののほか，油記録簿の様式その他油記録簿に関し必要な次項は，国土交通省令で定める。

⑴　油記録簿を船舶内に備え付けなければならない船舶は，次に掲げる①と②の船舶である。

①　全てのタンカー

②　タンカー以外の総トン数 100 トン以上の船舶（ビルジを生じないものは除く）

⑵　第２項の「国土交通省令で定めるもの」とは，**油記録簿への記載が必要となる作業**のことで，次に掲げる①～⑯の作業である。

①　船舶の燃料油タンクへの水バラストの積込み又は燃料油タンクの洗浄

②　船舶の燃料油タンクからの水バラスト又は洗浄水の排出又は処分

③　船舶におけるスラッジの収集及び処分

④ 船舶の機関区域のビルジの排出又は処分
⑤ 燃料油及びばら積みの潤滑油の補給
⑥ タンカーへの貨物油の積込み
⑦ 航海中のタンカーにおける貨物油の移替え
⑧ タンカーからの貨物油の取卸し
⑨ 貨物艙原油洗浄設備を設置するタンカーにおける原油洗浄
⑩ タンカーの貨物艙への水バラストの積込み
⑪ タンカーの貨物艙の洗浄
⑫ タンカーからの汚れた水バラストの排出又は処分
⑬ タンカーのスロップタンクからの水の排出
⑭ タンカーにおける油性残留物の処分
⑮ タンカーの貨物艙からのクリーンバラストの排出
⑯ 事故その他の理由による例外的な油の排出

⑶ **油記録簿の保存期間**（第３項）

船長は，油記録簿をその最後の記載をした日から３年間船舶内に保存しなければならない。

第９条　適用除外

第９条　第５条第１項，第５条の３第１項及び第２項並びに第６条から第８条までの規定は，タンカー以外の船舶で総トン数 100 トン未満のものについては，適用しない。
第２項～第３項　省略。

例題１ 船長が，油記録簿を船舶内に備え付けなければならないのは，どのような船舶か。　（海洋汚染等及び海上災害の防止に関する法律及び同法施行規則）5級

解
① 全てのタンカー
② タンカー以外の船舶で総トン数 100 トン以上のもの（ただし，ビルジを生じることのない船舶については，この限りでない。）

例題 2　油記録簿を船内に備え付けることを要しないのは，どのような船舶か。5級
（海洋汚染等及び海上災害の防止に関する法律及び同法施行規則）

解
① タンカー以外の船舶で総トン数 100 トン未満のもの
② タンカー以外の船舶でビルジを生じることのないもの
③ 引かれ船等（もっぱら他の船舶に引かれ，又は押されて航行する船舶）

例題 3　海洋汚染等及び海上災害の防止に関する法律第 8 条の規定によれば，油記録簿の船内保存期間については，どのように定められているか。4級

解　船長は，油記録簿をその最後の記載をした日から 3 年間船舶内に保存しなければならない。

例題 4　総トン数 200 トン以上のタンカーにおいて，油の排出その他油の取扱いに関する作業で国土交通省令で定めるものが行われたときは，だれが油記録簿への記載を行わなければならないか。次のうちから選べ。5級
（1）船長
（2）機関長
（3）有害液体汚染防止管理者
（4）油濁防止管理者
（海洋汚染等及び海上災害の防止に関する法律）

解　（4）油濁防止管理者

例題 5　油記録簿に関して述べた次の文のうち，誤っているものはどれか。5級
（1）油記録簿の船内保存期間は，最後の記載をした日から 3 年間である。
（2）油記録簿の様式，油記録簿の記載事項等は，法律で定められている。
（3）引かれ船等以外のタンカーは，油記録簿の船内備え付けが義務づけられている。
（4）油濁防止管理者が選任されていない船舶では，機関長が油記録簿に記載する。
（海洋汚染等及び海上災害の防止に関する法律）

解　（4）油濁防止管理者が選任されていない船舶では，機関長が油記録簿に記載する。

例題 6　油記録へ記載しなければならないのは，どのような作業が行われたときか。次のうちから選べ。4級
（1）スラッジを陸揚げしたとき。
（2）燃料油タンクを点検したとき。
（3）航海のため自船の燃料油を消費したとき。

（4）他の船舶からのものと思われる流出油を発見したとき。

（海洋汚染等及び海上災害の防止に関する法律及び同法施行規則）

解

（1）スラッジを陸揚げしたとき。

第３章　船舶からの廃棄物の排出の規制

第 10 条　船舶からの廃棄物の排出の禁止

第 10 条　何人も，海域において，船舶から廃棄物を排出してはならない。ただし，次の各号のいずれかに該当する廃棄物の排出については，この限りでない。
一　船舶の安全を確保し，又は人命を確保するための廃棄物の排出
二　船舶の損傷その他やむを得ない原因により廃棄物が排出された場合において引き続く廃棄物の排出を防止するための可能な一切の措置をとったときの当該廃棄物の排出
第２項～第３項　省略。

例題　海洋汚染等及び海上災害の防止に関する法律第 10 条の３で規定されている「船舶発生廃棄物汚染防止規程」に関する次の問いに答えよ。　**4級**
（1）「船舶発生廃棄物」とは何か。本法律で定めるところを述べよ。
（2）船舶所有者は，この規程を船舶内でどのようにしておかなければならないか。

解
（1）船舶内にある船員その他の者の日常生活に伴い生ずるごみ又はこれに類する廃棄物をいう。
（2）船舶内に備え置き，又は掲示しておかなければならない。

第４章の５　船舶の海洋汚染防止設備等及び海洋汚染防止緊急措置手引書等並びに大気汚染防止検査対象設備及び揮発性物質放出防止措置手引書の検査等

第 19 条の 36　定期検査

⑴　この条の「**検査対象船**」とは，次に掲げる①～③の船舶をいう。

①　海洋汚染防止設備を設置すべき船舶のうち，当該船舶からの油，有害液体物質又はふん尿等の排出があった場合における海洋の汚染を最小限度にとどめるために国土交通大臣の検査を必要とするものとしてその用途，航行する海域，大きさ等の区分に応じ国土交通省令で定める船舶

②　油濁防止緊急措置手引書又は有害液体汚染防止緊急措置手引書を備えおき，又は掲示すべき船舶

③　船舶からの排出ガスの放出があった場合における大気の汚染を最小限度にとどめるために国土交通大臣の検査を必要とするものとしてその用途，航行する海域，大きさ等の区分に応じ国土交通省令で定める船舶

⑵　この条の「**海洋汚染防止設備**」とは，検査対象船舶に設置されたビルジ等排出防止設備，水バラスト等排出防止設備，分離バラストタンク，貨物艙原油洗浄設備，有害液体物質排出防止設備及びふん尿等排出防止設備をいう。

⑶　この条の「**海洋汚染防止設備等**」とは，検査対象船舶に設置された海洋汚染防止設備（タンカー又は第９条の３ 第３項に規定する船舶にあっては，その貨物艙を含む。）をいう。

⑷　この条の「**海洋汚染防止緊急措置手引書等**」とは，当該船舶に備え置き，又は掲示された油濁防止緊急措置手引書，有害液体汚染防止緊急措置手引書又は海洋汚染防止緊急措置手引書をいう。

⑸　この条の「**大気汚染防止検査対象設備**」とは，第 19 条の７ 第１項及び第２項に規定する原動機，第 19 条の 21 第２項に規定する硫黄酸化物放出低減装置，第 19 条の 24 第１項に規定する揮発性物質放出防止設備，第 19 条の 26 第２項に規定する船舶発生油等償却設備をいう。

第 19 条の 37　海洋汚染等防止証書

第 19 条の 37　国土交通大臣は，定期検査の結果，当該海洋汚染防止設備等，当該海洋汚染防止緊急措置手引書等及び当該大気汚染防止検査対象設備が，それぞれの技術基準に適合すると認めるときは，船舶所有者に対し，海洋汚染防止設備等，海洋汚染防止緊急措置手引書等及び大気汚染防止検査対象設備に関し国土交通省令で定める区分に従い，海洋汚染等防止証書を交付しなければならない。

第 2 項　前項の海洋汚染等防止証書の有効期間は，5 年とする。ただし，その有効期間が満了するときにおいて，国土交通省令で定める事由がある船舶については，3 月を限りその有効期間を延長することができる。

例題　海洋汚染等及び海上災害の防止に関する法律に規定する「海洋汚染等防止証書」について述べた次の文のうち誤っているのはどれか。　**4級**

(1) 定期検査の結果，海洋汚染防止設備等，海洋汚染防止緊急措置手引書等及び大気汚染防止検査対象設備及び揮発性物質放出防止措置手引書が，それぞれの技術基準に適合すると認められた場合は，海洋汚染等防止証書が交付される。

(2) 海洋汚染等防止証書の有効期間は，2 年である。ただし，国土交通省令で定める事由があれば，6 月を限度にその有効期間を延長できる。

(3) 国土交通大臣は，海洋汚染等防止証書に船舶の用途，航行する海域その他の事項に関し必要な条件を記載できる。

(4) 船舶は，その船級を抹消されたときは，海洋汚染等防止証書の有効期間も満了する。

解

(2) 海洋汚染等防止証書の有効期間は，2 年である。ただし，国土交通省令で定める事由があれば，6 月を限度にその有効期間を延長できる。

第 19 条の 44　検査対象船舶の航行

第 19 条の 44　検査対象船舶は，有効な海洋汚染等防止証書又は臨時海洋汚染等防止証書の交付を受けているものでなければ，航行の用に供してはならない。

第 2 項　検査対象船舶（次項に規定するものを除く。）は，有効な国際海洋汚染等防止証書の交付を受けているものでなければ，国際航海に従事させてはならない。

第 3 項　検査対象船舶（有害水バラスト処理設備を設置し、又は有害水バラスト汚染防止措置手引書を備え置き，若しくは掲示すべきものに限る。）は，有効な国際海洋汚染等防止証書の交付を受けているものでなければ，一の国の内水，領海若しくは排他的経済水域又は公海における航海以外の航海に従事させてはならない。

第 4 項　検査対象船舶は，海洋汚染等防止証書，臨時海洋汚染等防止証書又は国際海洋汚染等防止証書に記載された条件に従わなければ，航行の用に供してはならない。

第 4 項　第 1 項及び前項の規定は，第 19 条の 26 第 1 項の確認、法定検査又は船舶安全法第 5 条第 1 項の規定による検査のために試運転を行う場合については，適用しない。

第６章　海洋の汚染及び海上災害の防止措置

第38条　油等の排出の通報等

船舶から次に掲げる油その他の物質（以下この条において「油等」という。）の排出があった場合には，当該船舶の船長は，国土交通省令で定めるところにより，当該排出があった日時及び場所，排出の状況，海洋の汚染の防止のために講じた措置その他の事項を直ちに最寄りの海上保安機関に通報しなければならない。ただし，当該排出された油等が国土交通省令で定める範囲を超えて広がるおそれがないと認められるときには，この限りでない。

⑴　本条第１項ただし書きの国土交通省令で定める範囲（**通報を要しない排出油等の広がりの範囲**）は，１万平方メートルとする。（則第28条）

⑵　本条第１項第１号の蒸発しにくい油で国土交通省令で定める**特定油**は，次に掲げる油とする。（則第29条）

①　原油

②　日本工業規格K2205（重油）に適合する重油

③　前号の重油以外の重油で日本工業規格K2254の５により試験したときに摂氏340°以下の温度で体積の50パーセントを超える量が蒸留される重油以外の重油

④　潤滑油

⑤　前各号に掲げる油を含む油性混合物

⑶　通報を必要とする油の濃度及び量の基準

㋐　本条第１項第１号の特定油の排出基準は，次のとおりとする。（則第30条）

①　特定油分（排出される油に含まれる前条（則第29条）第１号から第４号までに掲げる特定油をいう。）の濃度が，排出される特定油１万立方センチメートル当たり10立方センチメートルであること。

②　特定油の量が，100リットルの特定油分を含む量であること。

㋑　本条第１項第２号の油（特定油を除く。）の排出基準は，次のとおりとする。（則第30条の２）

① 油分の濃度が，排出される油1万立方センチメートル当たり10立方センチメートルであること。

② 油の量が，100リットルの油分を含む量であること。

(4) 通報を必要とする有害液体物質等の量は，次の表の左欄に掲げる有害液体物質等の区分に応じ，それぞれ同表の右欄に掲げる量とする。（則第30条の2の2）

有害液体物質等の区分	量
令別表第1第1号に掲げるX類物質等(一部除くものあり。)	1リットル
令別表第1第2号に掲げるY類物質等(一部除くものあり。)	100リットル
令別表第1第3号に掲げるZ類物質等(一部除くものあり。)	1,000リットル
未査定液体物質であって船舶によりばら積みの液体貨物として輸送されるもの	1リットル

(5) 本条第1項第4号の国土交通省令で定める物質（海洋環境に特に悪影響を及ぼす物質）は，令別表第1第1号に掲げるX類物質等と同程度に有害であるものとして告示で定める物質とする。（則第30条の2の3）

(6) 本条第1項第4号の国土交通省令で定める量は，1キログラムとする。（則第30条の2の4）

(7) 油又は有害液体物質が，第1項ただし書の国土交通省令で定める範囲（1万平方メートル）を超えて海面に広がっていることを発見した者は，遅滞なく，その旨を最寄りの海上保安機関に通報しなければならない。

例題 次の文の［　　］内に適合する語句を記号とともに記せ。 ［4級］

油又は［㋐］が国土交通省令で定める範囲を超えて海面に広がっていることを発見した者は，遅滞なく，その旨を最寄りの［㋑］に通報しなければならない。

（海洋汚染等及び海上災害の防止に関する法律）

［解］ ㋐：有害液体物質

㋑：海上保安機関

第 42 条の 3　海上火災が発生した場合の措置

第 42 条の 3　貨物としてばら積みの危険物を積載している船舶，海洋危険物管理施設又は危険物の海上火災が発生したときは，次に掲げる者は，国土交通省令で定めるところにより，海上火災が発生した日時及び場所，海上火災の状況並びに海上火災が発生した船舶若しくは海洋危険物管理施設又は海上火災が発生した危険物が積載されていた船舶若しくは管理されていた海洋危険物管理施設その他の施設（陸地にあるものを含む。）に関する事項を直ちに最寄りの海上保安庁の事務所に通報しなければならない。ただし，第 38 条第 1 項から第 5 項まで，前条第 1 項又は石油コンビナート等災害防止法第 23 条第 1 項による通報をした場合は，この限りでない。

一　当該海上火災が発生した船舶の船長又は当該海上火災が発生した海洋危険物管理施設の管理者

二　当該海上火災が発生した危険物が積載されていた船舶の船長又は当該海上火災が発生した危険物が管理されていた施設の管理者

三　前 2 号の船舶内にある者及び前 2 号の施設の従業者である者以外の者で当該海上火災の原因となる行為をしたもの（その者が船舶内にある者であるときは，当該船舶の船長）

第 2 項　前項に規定する場合において，同項各号に掲げる者は，直ちに，消火若しくは延焼の防止又は人命の救助のための応急措置を講ずるとともに，海上火災の現場付近にある者又は船舶に対し注意を喚起するための措置を講じなければならない。

第 3 項　省略。

第 42 条の 4　海上火災を発見した者の通報

第 42 条の 4　海上火災を発見した者は，遅滞なく，その旨を最寄りの海上保安庁の事務所に通報しなければならない。

練習問題

海洋汚染等及び海上災害の防止に関する法律に規定されていないものは，次のうちどれか。 4級

（1）船舶からの油の排出の規制
（2）船舶における廃棄物の焼却の規制
（3）油の荷役を終了したときの注意
（4）排出油の防除のための資材の船内備付け

答（3）油の荷役を終了したときの注意

実力テスト ここで実力テスト（第３回）を実施しましょう！

Ⅶ

口述試験のみに出題される一般法規

1 船舶法　及び同法施行細則

2 船舶安全法　及び同法施行規則

3 危険物船舶運送及び貯蔵規則

4 漁船特殊規則

5 船舶職員及び小型船舶操縦者法
並びに同法施行令及び同法施行規則

6 海難審判法

7 検疫法　及び同法施行規則

1 船舶法

第５条の２　船舶国籍証書の検認

第５条の２　日本船舶の所有者は，国土交通大臣の定むる期日までに船舶国籍証書をその船舶の船籍港を管轄する管海官庁（その船舶の運航上の都合により止むこと得ざる事由あるときは最寄りの管海官庁）に提出しその検認を受くることを要す。

第２項　前項の期日は船舶国籍証書の交付を受けたる日又は船舶国籍証書に付き前回の検認を受けたる日より総トン数 100 トン以上の鋼製船舶にありては４年を，総トン数 100 トン未満の鋼製船舶にありては２年を，木製船舶にありては１年を経過したる後たることを要す。

第３項　船舶が外国にある場合その他やむこと得ざる事由により第１項の規定により国土交通大臣の定むる期日までに船舶国籍証書を提出すること得ざる場合においてその期日までにその船舶の所有者より理由を具して申請ありたるときは船籍港を管轄する管海官庁は提出期日の延期を認むることを得延期せられたる期日までに提出すること得ざる場合又同じ。

第４項　日本船舶の所有者が第１項の規定により国土交通大臣の定むる期日又は前項の規定により延期せられたる期日までに船舶国籍証書を提出せざるときは船舶国籍証書はその効力を失う。この場合において船籍港を管轄する管海官庁は船舶原簿に付き職権を以って抹消の登録をなすことを要す。

例題　日本の鋼船は，船舶国籍証書の交付を受けた日又は前回の検認を受けた日から何年を経過した後の指定日までに，船舶国籍証書の検認を受けなければならないか。
4級・5級

解　総トン数 100 トン以上の鋼船は，４年を経過した後の指定日まで。
総トン数 100 トン未満の鋼船は，２年を経過した後の指定日まで。

細則第 43 条　国旗の掲揚

細則第 43 条　船舶は下の場合において国旗を後部に掲くべし。
一　日本国の灯台又は海岸望楼より要求せられたるとき。
二　外国の港を出入するとき。
三　外国貿易船日本国の港を出入するとき。
四　法令に別段の定あるとき。
五　管海官庁より指示ありたるとき。
六　海上保安庁の船舶又は航空機より要求せられたるとき。

例題 1　日本船舶が，船舶の後部に日本国旗を掲げなければならないのはどのような場合か。３つあげよ。　**4 級・5 級**

解　〔次のうちから３つ答える〕
① 日本国の灯台又は海岸望楼から要求されたとき。
② 外国の港を出入りするとき。
③ 外国貿易船が日本国の港を出入りするとき。
④ 法令に別段の定があるとき。
⑤ 管海官庁より指示があったとき。
⑥ 海上保安庁の船舶又は航空機から要求されたとき。

例題 2　日本船舶が外国の港を出入りするとき，日本国旗はどこに掲げなければならないか。また，このことについて規定している法規名は，何というか。　**5 級**

解　船舶の後部に掲げなければならない。法規名は，船舶法施行細則という。

細則第 44 条　船舶に標示すべき事項

細則第 44 条　船舶に標示すべき事項及びその標示方法は下の如し。
一　船首両舷の外部に船名，船尾外部の見やすい場所に船名及び船籍港名を 10 センチメートル以上の漢字，平仮名，片仮名，アラビア数字，ローマ字又は国土交通大臣の指定する記号を以って記すこと。
二　中央部船梁その他適当のところに船舶の番号及び総トン数を彫刻し又はこれを彫刻したる板を釘著すること。

三　船首及び船尾の外部両側面において喫水を示すため船底より最大喫水線以上に至るまで20センチメートル毎に10センチメートルのアラビア数字を以って喫水尺度を記し数字の下端はその数字の標示せる喫水線と一致せしむること。

第2項〜第3項　省略。

2 船舶安全法

〔船舶の施設〕

第１条　日本船舶航行供用の要件

第１条　日本船舶は本法によりその堪航性を保持しかつ人命の安全を保持するに必要なる施設をなすに非ざればこれを航行の用に供することを得ず。

【注】 本条の「堪航性」とは，船舶が航海を続けていくために通常起こることが予想される海上危険に対して堪える強さをいう。

第２条　船舶の所要施設

第２条　船舶は下に掲ぐる事項につき国土交通省令（漁船のみに関するものについては国土交通省令・農林水産省令）の定むるところにより施設することを要す。

一　船体
二　機関
三　帆装
四　排水設備
五　操舵，係船及び揚錨の設備
六　救命及び消防の設備
七　居住設備
八　衛生設備
九　航海用具
十　危険物その他の特殊貨物の積み付け設備
十一　荷役その他の作業の設備
十二　電気設備
十三　前各号の外国土交通大臣において特に定むる事項

第２項　省略。

第３条　満載喫水線の標示

第３条　下に掲ぐる船舶は国土交通省令の定むるところにより満載喫水線を標示することを要す。ただし，潜水船その他国土交通大臣において特に満載喫水線を標示する必要なしと認むる船舶はこの限りにあらず。
　一　遠洋区域又は近海区域を航行区域とする船舶
　二　沿海区域を航行区域とする長さ 24 メートル以上の船舶
　三　総トン数 20 トン以上の漁船

第４条　無線電信及び無線電話施設の強制

第４条　船舶は国土交通省令の定むるところによりその航行する水域に応じ電波法（昭和 25 年法律第 131 号）による無線電信又は無線電話にして船舶の堪航性及び人命の安全に関し陸上との間において相互に行う無線通信に使用し得るもの（以下無線電信等と称す。）を施設することを要す。ただし，航海の目的その他の事情により国土交通大臣において止むことを得ず又は必要なしと認むるときはこの限りにあらず。
第２項　省略。

第５条　定期検査，中間検査，臨時検査，臨時航行検査，特別検査

船舶所有者は，第２条第１項の規定の適用のある船舶につき，同項各号に掲げる事項，第３条の船舶につき，満載喫水線，前条第１項の規定の適用のある船舶につき，無線電信等に関し，国土交通省令の定めるところにより次の区別による検査を受けなければならない。

① 初めて航行の用に供するとき又は第 10 条に規定する有効期間満了したときに行う精密な検査（**定期検査**）

② 定期検査と定期検査の中間において国土交通大臣の定める時期に行う簡易な検査（**中間検査**）

③　第2条第1項の各号に掲げる事項又は無線電信等につき国土交通省令の定める改造又は修繕を行うとき，第9条第1項の規定により定められた満載喫水線の位置又は船舶検査証書に記載した条件の変更を受けようとするとき，その他国土交通省令の定めるときに行う検査（**臨時検査**）

④　船舶検査証書を受有していない船舶を臨時に航行の用に供するときに行う検査（**臨時航行検査**）

⑤　前各号のほか，一定の範囲の船舶につき，第2条第1項の国土交通省令又は国土交通省令・農林水産省令に適合しないおそれのあることにより，国土交通大臣が特に必要があると認めたときに行う検査（**特別検査**）

例題 1　船舶検査の種類を5つあげよ。　4級・5級

解
① 定期検査
② 中間検査（第1種中間検査，第2種中間検査及び第3種中間検査）
③ 臨時検査
④ 臨時航行検査
⑤ 特別検査

例題 2　船舶は，次の(1)～(4)の場合，それぞれ何という検査を受けなければならないか。　4級・5級

(1) 船舶検査証書の有効期間が満了したとき
(2) 船舶検査証書に記載した条件の変更を求めようとするとき
(3) 船舶検査証書を受有していない船舶を臨時に航行の用に供するとき
(4) 船舶を初めて航行の用に供するとき

解
(1) 定期検査
(2) 臨時検査
(3) 臨時航行検査
(4) 定期検査

第9条　船舶検査証書等の交付

第9条　管海官庁は定期検査に合格したる船舶に対してはその航行区域（漁船に付いては従業制限），最大搭載人員，制限汽圧及び満載喫水線の位置を定め船舶検査証書及び船舶検査済票（小型船舶に限る）を交付すべし。
第2項　以下省略。

例題1 船舶検査証書に記載されている航行区域には，どのような種類があるか。また，沿海区域とは，特に指定された水域以外は，一般的に海岸から何海里以内となっているか。　4級・5級

解
平水区域，沿海区域，近海区域及び遠洋区域
海岸から20海里以内

例題2 船舶検査証書に記載されている「最大搭載人員」とは，何か。　4級・5級

解
最大搭載人員とは，船舶の安全を確保するため，当該船舶に搭載できる最大の人員をいう。最大搭載人員は，漁船以外の船舶にあっては旅客，船員及びその他乗船者の別に定められている。
船舶は，原則として最大搭載人員を超えて人を搭載してはならない。

第10条　船舶検査証書の有効期間

第10条　船舶検査証書の有効期間は5年とする。ただし旅客船を除き平水区域を航行区域とする船舶又は小型船舶にして国土交通省令を以って定むるものに付いては6年とする。
第2項　以下省略。

例題 船舶検査証書に関する次の問いに答えよ。　4級・5級
(1) この証書は，どのような検査に合格したときに交付されるか。
(2) この証書の有効期間は，何年か。
(3) この証書には，どのような事項が記載されているか。4つあげよ。
(4) 船長は，この証書をどこに備えておかなければならないか。

解　(1) 定期検査

(2) 5年

(3)〔次のうちから4つ答える。〕(則33条参照。)

① 船種及び船名	② 船舶番号
③ 船籍港	④ 総トン数又は船舶の長さ
⑤ 用途	⑥ 船舶所有者
⑦ 航行区域(漁船は従業制限)	⑧ 最大搭載人員
⑨ 制限汽圧	⑩ 満載喫水線の位置
⑪ その他航行上の条件	⑫ 有効期間

(4) 船内

第10条の2　船舶検査手帳

第10条の2　管海官庁は船舶の検査に関する事項を記録するため最初の定期検査に合格したる船舶に対して船舶検査手帳を交付すべし。

第13条　堪航性等に関する調査及び処分

第13条　船舶乗組員20人未満の船舶にありてはその2分の1以上，その他の船舶にありては乗組員10人以上が国土交通省令に定むるところに依り当該船舶の堪航性又は居住設備衛生設備その他の人命の安全に関する設備に付き重大なる欠陥ある旨を申し立てたる場合においては管海官庁はその事実を調査し必要ありと認むるときは前条第3項の処分を行うことを要す。

〔総則〕

則第1条　定義

第6項　この省令において「平水区域」とは，湖，川及び港内の水域並びに特定の52の指定水域をいう。

第7項　この省令において「沿海区域」とは，日本本土及びその周辺の主な島の海岸から20海里以内の水域並びに特定の22の指定水域をいう。
第8項　この省令において「近海区域」とは，東は東経175度，南は南緯11度，西は東経94度，北は北緯93度の線により囲まれた水域をいう。
第9項　この省令において「遠洋区域」とは，全ての水域をいう。

例題　沿海区域とはどのような区域か。説明せよ。　4級・5級

解　沿海区域とは，日本本土及びその周辺の主な島の海岸から20海里以内の水域並びに特定の10の指定水域をいう。

〔検査〕
（検査の執行）

則第17条　定期検査

則第17条　定期検査は，船舶検査証書の有効期間の満了の前に受けることができる。

則第18条　中間検査

則第18条　中間検査の種類は，第1種中間検査(次の第1号～第4号に掲げる検査を行う中間検査をいう。)，第2種中間検査(次の第2号及び第4号に掲げる検査を行う中間検査をいう。)，及び第3種中間検査(次の第1号及び第3号に掲げる検査を行う中間検査をいう。)とする。
第1号　船舶安全法第2条第1項第1号(船体)，第2号(機関)，第4号(排水設備)，第5号(操舵，係船及び揚錨の設備)及び第11号から第13号までに掲げる事項(荷役その他の作業の設備，電気設備，前各号の外国土交通大臣において特に定める事項)について行う船体を上架する

こと又は管海官庁がこれと同等と認める準備を必要とする検査。

第２号　船舶安全法第２条第１項第１号，第２号，第４号，第５号及び第11号から第13号までに掲げる事項について行う船体を上架すること又は管海官庁がこれと同等と認める準備を必要としない検査。

第３号　船舶安全法第２条第１項第３号(帆装)，第７号(居住設備)及び第８号(衛生設備)に掲げる事項について行う検査。

第４号　船舶安全法第２条第１項第６号(救命及び消防の設備)，第９号(航海用具)及び第10号(危険物その他特殊貨物の積付設備)に掲げる事項，満載喫水線並びに無線電信等について行う検査。

中間検査の時期は，下表のとおりとする。(第２項)

区分	種類	時期
国際航海に従事する長さ24m以上の非旅客船	第２種中間検査	検査基準日の前後３月以内
	第３種中間検査	定期検査または第３種中間検査に合格した日から起算して36月を経過する日までの間
国内各港間のみを航行する非旅客船	第１種中間検査	船舶検査証書の有効期間の起算日から21月を経過する日から39月を経過するまでの間

中間検査の受検時期

次表は，旅客船以外の船舶の中間検査の種類とその受検時期を表したものである。

船舶の区分	中間検査の種類	受検時期
国際航海に従事する長さ24メートル以上の非旅客船	第２種中間検査 第３種中間検査	検査基準日の前後３月以内 定期検査又は第３種中間検査に合格した日から起算して36月を経過する日までの間
国内各港間のみを航海する非旅客船	第１種中間検査	船舶検査証書の有効期間の起算日から21月を経過する日から39月を経過する日までの間

【注】「検査基準日」とは，船舶検査証書の有効期間が満了する日に相当する毎年の日をいう。

例題 1 国内各港間のみを航行する一般貨物船が，定期的に受けなければならない船舶検査の種類等について，次の問いに答えよ。 4級・5級

(1) 初めて船舶を航行の用に供するときに受けなければならない検査は，何か。

(2) (1)の検査の次に受けるのは，どのような検査で，その時期はいつか。

解

(1) 定期検査

(2) 第 1 種中間検査，受検時期は船舶検査証書の有効期間の起算日から 21 月を経過する日から 39 月を経過する日までの間

例題 2 船舶が受けなければならない中間検査の種類をあげよ。また，次に掲げる(1)から(3)の船舶が，それぞれ受検しなければならない中間検査の種類と時期について述べよ。 4級・5級

(1) 旅客船（国際航海に従事しないもの）

(2) 国際航海に従事する非旅客船

(3) 国内の港の間のみを航海する非旅客船

解

中間検査の種類：第 1 種中間検査，第 2 種中間検査及び第 3 種中間検査

(1) 第 1 種中間検査：検査基準日の前後 3 月以内

(2) 第 2 種中間検査：検査基準日の前後 3 月以内

第 3 種中間検査：定期検査又は第 3 種中間検査に合格した日から起算して 36 月を経過する日までの間

(3) 第 1 種中間検査：船舶検査証書の有効期間の起算日から 21 月を経過する日から 39 月を経過する日までの間

（船舶検査証書等）

則第 40 条　船舶検査証書等の備付け

則第 40 条　船長は，船舶検査証書及び臨時変更証を船内に備えておかなければならない。

〔雑則〕

則第59条　揚貨装置等の使用制限等

則第59条　揚貨装置は，指定を受けた制限荷重をこえる荷重を負荷して使用してはならない。

第2項　デリック装置は，指定を受けた制限角度未満の角度で使用してはならない。

第3項　ジブクレーンは，指定を受けた制限半径をこえる旋回半径で使用してはならない。

第4項　以下省略。

3 危険物船舶運送及び貯蔵規則

〔総則〕

第1条　通則

第1条　船舶による危険物の運送及び貯蔵並びに常用危険物の取扱い並びにこれらに関し施設しなければならない事項及びその標準については，他の命令の規定によるほか，この規則の定めるところによる。

第2条　用語（一部抜粋）

第2条　この規則において，次の各号に掲げる用語の意義は，それぞれ当該各号に定めるところによる。

一　危険物　次に掲げるものをいう。

ア　火薬類

イ　高圧ガス

ウ　引火性液体類

エ　可燃性物質類

オ　酸化性物質類

カ　毒物類

キ　放射性物質等

ク　腐食性物質

ケ　有害性物質

一の二　ばら積み液体危険物　ばら積みして運送される液体の物質であって，次に掲げるものをいう。

ア　液化ガス物質

イ　液体化学薬品

ウ　引火性液体物質

エ　有害性液体物質

二　常用危険物　船舶の航行又は人命の安全を保持するため，当該船舶において使用する危険物をいう。
十　タンカー　危険物である液体貨物を船体の一部を構成するタンクにばら積みして運送又は貯蔵する船舶（はしけを除く。）をいう。
十一　タンク船　危険物である液体貨物を船体の一部を構成しないタンク（暴露甲板上に据え付けられたものを除く。）にばら積みして運送又は貯蔵する船舶（はしけを除く。）をいう。

〔危険物の運送〕
（通則）

第５条の４　荷役

第５条の４　危険物の船積み，陸揚げその他の荷役をする場合は，船長又はその職務を代行する者は，これに立ち会わなければならない。

第５条の７　危険物を積載している船舶の標識

第５条の７　湖川港内において航行し，又は停泊する船舶であって，貨物として火薬類，高圧ガス，引火性液体類，有機過酸化物，毒物又は放射性物質等を積載しているものは，昼間は赤旗を夜間は赤灯を，マストその他の見やすい場所に掲げなければならない。ただし，海上交通安全法（昭和 47 年法律第 115 号）第 22 条第３号に掲げる危険物積載船が海上交通安全法施行規則（昭和 48 年運輸省令第９号）第 22 条の表危険物積載船の項に掲げる標識又は灯火を掲げている場合は，この限りでない。

例題　湖川港内において航行し，又は停泊する船舶であって，貨物として火薬類，高圧ガス，引火性液体類，有機過酸化物，毒物又は放射性物質等を積載しているものは，どのような標識を，どこに掲げなければならないか。　**4級・5級**

解 昼間は赤旗を，夜間は赤灯を，マストその他の見やすい場所に掲げなければならない。

〔ばら積み液体危険物の運送〕
（引火性液体物質）

第 326 条　油タンカーによる引火性液体物質の運送

第 326 条　油タンカーのタンクに引火性液体物質を積載して運送する場合は，次条から第 336 条まで及び第 351 条の規定によらなければならない。

第 326 条の 2　荷役前の注意

第 326 条の 2　引火性液体物質の荷役をする場合は，あらかじめ，消防に必要な準備を完了しておかなければならない。
第 2 項　引火性液体物質の荷役をする場合において，前項の準備をするときは，船舶消防設備規則に規定する消防設備に加え，告示で定める消火装置を備えなければならない。

例題 油タンカーが引火性液体物質の荷役をする場合，あらかじめ，どのような準備を完了しておかなければならないか。 4 級・5 級

解
① あらかじめ，消防に必要な準備を完了しておかなければならない。
② ①の準備をするときは，船舶消防設備規則に規定する消防設備に加え，2 個以上の持運び式泡消火器又はこれと同等以上の効力を有する消火措置を備えなければならない。

第 327 条　火気取扱いの制限等

第 327 条　油タンカー内においては，喫煙をし，又は火気を取り扱って

はならない。ただし，船長がこれらの行為が特に必要であると認めた場合であって，危険を防止するために十分な措置を講じた場合は，この限りでない。
第２項　船長は，必要のない者の船内への立入りを禁止しなければならない。
第３項　油タンカー内においては，安全マッチ以外のマッチ及びむき出しの鉄製工具その他火花を発しやすい物品を所持し，又は鉄びょうのついている靴類をはいてはならない。
第４項　船長は，船内の適当な箇所に第１項及び第２項の禁止事項を掲示しなければならない。
第５項　油タンク及びコファダムにおいては，防爆型の懐中電灯及び移動灯以外の照明を用いてはならない。ただし，あらかじめ，ガス検定を行い，爆発又は火災のおそれがないことについて船長が確認した場合は，この限りでない。
第６項　油タンク内のガス抜きを行う場合は，ガスエジェクターを使用する等水蒸気を高速でタンク内に噴出する方法によってはならない。

例題１　油タンカーの船長は，船内における喫煙，火気の取り扱い，及び必要のない者の船内への立ち入りを禁止しなければならないが，これを周知徹底させるためにどのようにしておかなければならないか。　４級・５級

解　船長は，船内の適当な箇所に，船内での喫煙禁止，火気取り扱いの禁止及び必要のない者の船内への立ち入り禁止の各事項を掲示しなければならない。

例題２　油タンカー内では，次の物品について，それぞれどんな種類のものの所持又は使用が禁止されているか。　４級・５級
（1）マッチ　（2）工具　（3）靴

解
（1）安全マッチ以外のマッチを所持してはならない。
（2）むき出しの鉄製工具を所持してはならない。
（3）鉄びょうのついている靴類をはいてはならない。

例題 3 危険物船舶運送及び貯蔵規則に関する次の(1)及び(2)の問いに答えよ。

(1) 油タンカーの油タンク及びコファダムにおいては，どのような照明を用いてはならないか。

(2) 油タンカーの油タンク内のガス抜きを行う場合，どのような方法によって行うことを禁止しているか。 4級・5級

解

(1) 防爆型の懐中電灯及び移動灯以外の照明を用いてはならない。

(2) ガスエジェクターを使用する等水蒸気を高速でタンク内に噴出する方法によってはならない。

第 329 条　無線設備の使用の注意

第 329 条　引火性液体物質であって引火点が摂氏 23 度未満のもの（以下この節において「低引火点引火性液体物質」という。）を運送する油タンカーの船長は，無線室に荷役中の使用の禁止等無線設備の使用に関する注意事項を掲示しておかなければならない。

4 漁船特殊規則

第 2 条　従業制限

第 2 条　漁船の従業制限は，総トン数 20 トン以上の漁船にあっては，第 1 種，第 2 種及び第 3 種の 3 種とし，総トン数 20 トン未満の漁船（船舶安全法第 32 条の漁船の範囲を定める政令（昭和 49 年政令第 258 号）に規定する漁船を除く以下「小型漁船」という。）にあっては小型第 1 種及び小型第 2 種とする。

例題　漁船の従業制限について，次の(1)及び(2)の問いに答えよ。　4 級・5 級

（1）総トン数 20 トン以上の漁船の従業制限の種類をあげよ。
（2）漁船の従業制限に関することは，何という法規に規定しているか。

解
（1）第 1 種従業制限，第 2 種従業制限，第 3 種従業制限
（2）漁船特殊規則

5 船舶職員及び小型船舶操縦者法

〔総則〕

第1条 目的

第1条 この法律は，船舶職員として船舶に乗り組ませるべき者の資格並びに小型船舶操縦者として小型船舶に乗船させるべき者の資格及び遵守事項等を定め，もって船舶の航行の安全を図ることを目的とする。

第2条 定義

第2条 省略。

第2項 この法律において「船舶職員」とは，船舶において，船長の職務を行う者（小型船舶操縦者を除く。）並びに航海士，機関長，機関士，通信長及び通信士の職務を行う者をいう。

第3項 前項の船舶職員には，運航士（船舶の設備その他の事項に関し国土交通省令で定める基準に適合する船舶において次の各号の一に掲げる職務を行う者をいう。

一 航海士の行う船舶の運航に関する職務のうち政令で定めるもののみを行う職務

二 機関士の行う機関の運転に関する職務のうち政令で定めるもののみ行う職務

三 前2号に掲げる職務を併せ行う職務

四 航海士の職務及び第2号に掲げる職務を併せ行う職務

五 機関士の職務及び第1号に掲げる職務を併せ行う職務

第4項 省略。

第5項 この法律において「海技士」とは，第4条の規定による海技免許を受けた者をいう。

第6項 省略。

【注】 船舶職員及び小型船舶操縦者法では，船長は船舶職員となる。

〔船舶職員〕

（海技士の免許及び海技士国家試験）

第４条　海技士の免許

第４条　船舶職員になろうとする者は，海技士の免許（以下「海技免許」という。）を受けなければならない。

第２項　海技免許は，国土交通大臣が行う海技士国家試験（以下「海技試験」という。）に合格し，かつ，その資格に応じ人命救助その他の船舶職員としての職務を行うに当たり必要な事項に関する知識及び能力を習得させるための講習（以下「海技免許講習」という。）であって第17条及び第17条の２の規定により国土交通大臣の登録を受けたもの（以下「登録海技免許講習」という。）の課程を修了した者について行う。

第３項　海技免許の申請は，申請者が海技試験に合格した日から１年以内にこれをしなければならない。

第７条　登録及び海技免状

第７条　国土交通大臣は，海技免許を与えたときは，海技士免許原簿に登録し，かつ，海技免状を交付しなければならない。

第２項　海技士免許原簿は，国土交通省に備える。

第７条の２　海技免状の有効期間

第７条の２　海技免状の有効期間は，５年とする。

第２項　前項の有効期間は，その満了の際，申請により更新することができる。

第３項　国土交通大臣は，前項の規定による海技免状の有効期間の更新の申請があった場合には，その者が国土交通省令で定める身体適正に関する基準を満たし，かつ，次の各号のいずれかに該当する者であると認めるときでなければ，海技免状の有効期間の更新をしてはならない。
一　国土交通省令で定める乗船履歴を有する者
二　国土交通大臣が，その者の業務に関する経験を考慮して，前号に掲げるものと同等以上の知識及び経験を有すると認定した者
三　その資格に応じ海難防止その他の船舶職員として職務を行うに当たり必要な事項に関する最新の知識及び能力を習得させるための講習（以下「海技免状更新講習」という。）であって，第 17 条の 16 及び第 17 条の 17 において準用する第 17 条の 2 の規定により国土交通大臣の登録を受けたもの（以下「登録海技免状更新講習」という。）の課程を修了した者
第 4 項　以下省略。

例題　海技免状の有効期間は，何年か。また，その有効期間が満了する際，どのようにすることができるか。　4 級・5 級

解　海技免状の有効期間は，5 年である。海技免状の有効期間が満了する際，その有効期間の更新を申請することができる。

第 10 条　海技免許の取消し等

第 10 条　国土交通大臣は，海技士が次の各号のいずれかに該当するときは，その海技免許を取り消し，2 年以内の期間を定めてその業務の停止を命じ，又はその者を戒告することができる。ただし，これらの事由によって発生した海難について海難審判庁が審判を開始したときは，この限りでない。
一　この法律又はこの法律に基づく命令の規定に違反したとき。
二　船舶職員としての職務又は小型船舶操縦者としての業務を行うに当たり，海上衝突予防法（昭和 52 年法律第 62 号）その他の法令の規定に違反したとき。
第 2 項　国土交通大臣は，海技士が心身の障害により船舶職員の職務を適正に行うことができない者として国土交通省令で定めるものになったと認めるときは，その海技免許を取り消すことができる。

第３項　国土交通大臣は，前２項の規定により海技免許の取消しをしようとするときは，交通政策審議会の意見を聴かなければならない。

例題 海技従事者が，その免許を取り消されることがあるのはどのような場合か。
４級・５級

解
① 船舶職員及び小型船舶操縦者法及び同法に基づく命令の規定に違反したとき。
② 船舶職員として職務を行うに当たり，海上衝突予防法その他の法令の規定に違反したとき。

（船舶職員の乗組み）

第21条　海技士がなることができる船舶職員

第21条　乗組み基準において必要とされる資格に係る海技免状を受有している海技士でなければ，乗り組み基準に定める船舶職員として，その船舶に乗り組んではならない。
第２項　20歳に満たない者は，船長又は機関長の職務を行う船舶職員として，第18条第２項の国土交通省令で定める船舶に乗り組んではならない。
第３項　第18条第３項の国土交通省令で定める電波法第40条の資格について同法第41条の免許を受けた者以外の者は，船長又は航海士の職務を行う船舶職員として，同項の国土交通省令で定める船舶に乗り組んではならない。

例題１ ５級海技士(航海)の資格を受有する海技士が，船長として乗り組むことができる船舶の種類をあげよ。
５級

解
① 平水区域を航行区域とする総トン数1,600トン未満の船舶
② 沿海区域を航行区域とする船舶又は丙区域内において従業する漁船のうち総トン数500トン未満のもの
③ 近海区域を航行区域とする船舶又は乙区域内で従業する漁船のうち総トン数200トン未満のもの

例題 2 4 級海技士(航海)の資格を受有する海技士が，船長として乗り組むことができる船舶の種類をあげよ。 **4 級**

解
① 平水区域を航行区域とする総トン数 1,600 トン以上の船舶
② 沿海区域を航行区域とする船舶又は丙区域内において従業する漁船のうち総トン数 5,000 トン未満のもの
③ 近海区域を航行区域とする船舶又は乙区域内で従業する漁船のうち総トン数 500 トン未満のもの
④ 遠洋区域を航行区域とする船舶又は甲区域内で従業する漁船のうち総トン数 200 トン未満のもの

【注】 5 級海技士（航海）及び 4 級海技士（航海）の資格を受有する海技士が船長として乗り組むことができる船舶の種類(令第 5 条別表第 1 第 1 号の表(配乗表)より一部抜粋)

資格	船舶職員	船舶
5 級海技士(航海)	船長	① 平水区域を航行区域とする総トン数 1,600 トン未満の船舶 ② 沿海区域を航行区域とする船舶又は丙区域内において従業する漁船のうち総トン数 500 トン未満のもの ③ 近海区域を航行区域とする船舶又は乙区域内で従業する漁船のうち総トン数 200 トン未満のもの
4 級海技士(航海)	船長	① 平水区域を航行区域とする総トン数 1,600 トン以上の船舶 ② 沿海区域を航行区域とする船舶又は丙区域内において従業する漁船のうち総トン数 5,000 トン未満のもの ③ 近海区域を航行区域とする船舶又は乙区域内で従業する漁船のうち総トン数 500 トン未満のもの ④ 遠洋区域を航行区域とする船舶又は甲区域内で従業する漁船のうち総トン数 200 トン未満のもの

漁船の従業区域について(配乗表の適用に関する通則による。)

(1) 丙区域とは，主として日本の主島の海岸線から 200 海里以内の水域をいう。
(2) 乙区域とは，94° E, 180° E, 13° S 及び 63° N の線により囲まれた水域であって丙区域以外のものをいう。
(3) 甲区域とは，丙区域及び乙区域以外の水域をいう。

〔雑則〕

第 25 条　海技免状又は操縦免許証の携行

第 25 条　海技士又は小型船舶操縦士は，船舶職員として船舶に乗り組む場合又は小型船舶操縦者として小型船舶に乗船する場合には，船内に海技免状又は操縦免許証を備え置かなければならない。

例題　海技士は，船舶職員として船舶に乗り組む場合には，海技免状をどこに備え置かなければならないか。　4 級・5 級

解　船舶職員として乗り組む船舶の船内に備え置かなければならない。

第 25 条の 2　海技免状又は操縦免許証の譲渡等の禁止

第 25 条の 2　海技士又は小型船舶操縦士は，その受有する海技免状又は操縦免許証を他人に譲渡し，又は貸与してはならない。

例題　海技士は，受有する海技免状を他人に与え又は貸すことができるか。　4 級・5 級

解　海技免状を他人に譲渡し又は貸与してはならない。（海技士がこの規定に違反すると，罰則が適用される。）

6 海難審判法

〔総則〕

第1条　目的

第1条　この法律は，職務上の故意又は過失によって海難を発生させた海技士若しくは小型船舶操縦士又は水先人に対する懲戒を行うため，国土交通省に設置する海難審判所における審判の手続き等を定め，もって海難の発生の防止に寄与することを目的とする。

例題　海難審判法の目的を述べよ。　4級・5級

解　この法律は，職務上の故意又は過失によって海難を発生させた海技士若しくは小型船舶操縦士又は水先人に対する懲戒を行うため，国土交通省に設置する海難審判所における審判の手続き等を定め，もつてその発生の防止に寄与することを目的とする。

第2条　定義

第2条　この法律において「海難」とは，次に掲げるものをいう。
　一　船舶の運用に関連した船舶又は船舶以外の施設の損傷
　二　船舶の構造，設備又は運用に関連した人の死傷
　三　船舶の安全又は運航の阻害

第3条　懲戒

第3条　海難審判所は，海難が海技士（船舶職員及び小型船舶操縦者法（昭和26年法律第149号）第23条第1項の承認を受けたものを含む。第8条及び第28条第1項において同じ。）若しくは小型船舶操縦士又は水先人の職務上の故意又は過失によって発生したものであるときは，裁決をもってこれを懲戒しなければならない。

第4条　懲戒の種類

第4条　懲戒は，次の3種とし，その適用は，行為の軽重に従ってこれを定める。
　一　免許（船舶職員及び小型船舶操縦者法第23条第1項の承認を含む。第49条及び第51条において同じ。）の取消し
　二　業務の停止
　三　戒告
第2項　業務の停止の期間は，1月以上3年以下とする。

例題　海難審判法で定める懲戒の種類をあげよ。　4級・5級

解
①　免許の取消し
②　業務の停止（業務の停止の期間は，1月以上3年以下とする。）
③　戒告

7 検疫法

〔総則〕

第1条　目的

第1条　この法律は，国内に常在しない感染症の病原体が船舶又は航空機を介して国内に侵入することを防止するとともに，船舶又は航空機に関してその他の感染症の予防に必要な措置を講ずることを目的とする。

例題　検疫法の目的を述べよ。　4級・5級

解　この法律は，国内に常在しない感染症の病原体が船舶又は航空機を介して国内に侵入することを防止するとともに，船舶又は航空機に関してその他の感染症の予防に必要な措置を講ずることを目的とする。

第2条　検疫感染症

第2条　この法律において「検疫感染症」とは，次に掲げる感染症をいう。

一　感染症の予防及び感染症の患者に対する医療に関する法律（平成10年法律第114号）に規定する一類感染症

二　感染症の予防及び感染症の患者に対する医療に関する法律に規定する新型インフルエンザ等感染症

三　前2号に掲げるもののほか，国内に常在しない感染症のうちその病原体が国内に侵入することを防止するためその病原体の有無に関する検査が必要なものとして政令で定めるもの

【注】　第3号の政令で定める感染症とは，チクングニア熱，デング熱，鳥インフルエンザ及びマラリアとする。（令第1条）

例題　国内に常在しない感染症のうちその病原体が国内に侵入することを防止するためその病原体の有無に関する検査が必要な検疫感染症の種類を２つあげよ。

4級・5級

解　〔次のうちから２つ答える。〕
①　チクングニア熱　　②　デング熱
③　鳥インフルエンザ　④　マラリア

〔検疫〕

第４条　入港等の禁止

第４条　次に掲げる船舶又は航空機（以下それぞれ「外国から来航した船舶」又は「外国から来航した航空機」という。）の長(長に代ってその職務を行うものを含む。以下同じ。)は，検疫済症又は仮検疫済証の交付（第17条第２項の通知を含む。第９条を除き，以下同じ。）を受けた後でなければ，当該船舶を国内（本州，北海道，四国及び九州並びに厚生労働省令で定めるこれらに附属する島の区域内をいう。以下同じ。）の港に入れ，又は当該航空機を検疫飛行場以外の国内の場所（港の水面を含む。）に着陸させ，若しくは着水させてはならない。ただし，外国から来航した船舶の長が，検疫を受けるため当該船舶を第８条第１項に規定する検疫区域若しくは同条第３項の規定により指示された場所に入れる場合若しくは次条ただし書第１号の確認を受けた者の上陸若しくは同号の確認を受けた物若しくは第13条の２の指示に係る貨物の陸揚のため当該船舶を港（第８条第１項に規定する検疫区域又は同条第３項の規定により指示された場所を除く。）に入れる場合又は外国から来航した航空機の長が，検疫所長（検疫所の支所又は出張所の長を含む。以下同じ。）の許可を受けて当該航空機を着陸させ，若しくは着水させる場合は，この限りでない。
一　外国を発航し，又は外国に寄港して来航した船舶又は航空機
二　航行中に，外国を発航し又は外国に寄港した他の船舶又は航空機（検疫済証又は仮検疫済症の交付を受けている船舶又は航空機を除く。）から人を乗り移らせ，又は物を運び込んだ船舶又は航空機

第５条　交通等の制限

第５条　外国から来航した船舶又は外国から来航した航空機（以下「船舶等」という。）については，その長が検疫済症又は仮検疫済症の交付を受けた後でなければ，何人も，当該船舶から上陸し，若しくは物を陸揚げし，又は当該航空機及び検疫飛行場ごとに検疫所長が指定する場所から離れ，若しくは物を運び出してはならない。ただし，次の各号のいずれかに該当するときは，この限りでない。

一　検疫感染症の病原体に汚染していないことが明らかである旨の検疫所長の確認を受けて，当該船舶から上陸し，若しくは物を陸揚げし，又は当該航空機及び検疫飛行場ごとに検疫所長が指定する場所から離れ，若しくは物を運び出すとき。

二　第 13 条の２の指示に従って，当該貨物を陸揚げし，又は運び出すとき。

三　緊急やむを得ないと認められる場合において，検疫所長の許可を受けたとき。

例題　外国から来航した船舶から日本の港に人が上陸し又は物を陸揚げできる条件を述べよ。　**4級・5級**

解　検疫所長から，検疫済証又は仮検疫済症の交付を受けなければならない。

第６条　検疫前の通報

第６条　検疫を受けようとする船舶等の長は，当該船舶等が検疫港又は検疫飛行場に近づいたときは，適宜の方法で，当該検疫港又は検疫飛行場に置かれている検疫所（検疫所の支所及び出張所を含む。以下同じ。）の長に，検疫感染症の患者又は死者の有無その他厚生労働省令で定める事項を通報しなければならない。

第8条　検疫区域

第8条　船舶の長は，第17条第2項の通知を受けた場合を除くほか，検疫を受けようとするときは，当該船舶を検疫区域に入れなければならない。
第2項　省略。
第3項　前2項の場合において，天候その他の理由により，検疫所長が，当該船舶等を検疫区域以外の場所に入れるべきことを指示したときは，船舶等の長は，その指示に従わなければならない。
第4項　第1項及び第2項の検疫区域は，厚生労働大臣が，国土交通大臣と協議して，検疫港又は検疫飛行場ごとに一以上を定め，告示する。

第9条　検疫信号

第9条　船舶の長は，検疫を受けるため当該船舶を検疫区域又は前条第3項の規定により指示された場所に入れたときから，検疫済証又は仮検疫済症の交付を受けるまでの間，厚生労働省令の定めるところにより，当該船舶に検疫信号を掲げなければならない。船舶が港内に停泊中に，第19条第1項の規定により仮検疫済証が失効し，又は同条第2項の規定により仮検疫済症が失効した旨の通知を受けた場合において，その失効又は失効の通知の時から，当該船舶を港外に退去させ，又は更に検疫済証若しくは仮検疫済症の交付を受けるまでの間も，同様とする。

本条に規定する「検疫信号」は，次によるものとする。(則第2条)

船舶の前しょう頭その他見やすい場所に，昼間においては黄色の方旗（国際信号旗のQ旗）を掲げ，夜間においては紅白2灯を，紅灯を上白灯を下にして連掲するものとする。

例題 検疫を受けようとする船舶の船長は，いつからいつまでの間，どこに，どのような検疫信号を掲げなければならないか。 **4級・5級**

解
① 船舶を検疫区域又は検疫所長の指示した場所に入れてから，検疫済証又は仮検疫済症の交付を受けるまでの間
② 船舶の前しょう頭その他見やすい場所
③ 昼間においては黄色の方旗(国際信号旗のQ旗)，夜間においては紅白2灯を，紅灯を上白灯を下にして連掲したもの

第17条　検疫済証の交付

第17条　検疫所長は，当該船舶等を介して，検疫感染症の病原体が国内に侵入するおそれがないと認めたときは，当該船舶等の長に対して，検疫済症を交付しなければならない。
第2項　検疫所長は，船舶の船長が第6条の通報をした上厚生労働省令で定めるところにより，厚生労働省令で定める事項を通報した場合において，これらの通報により当該船舶を介して，検疫感染症の病原体が国内に侵入することがないと認めたときは，あらかじめ，当該船舶の船長に対して，検疫済証の交付をする旨の通知をしなければならない。

第18条　仮検疫済証の交付

第18条　検疫所長は，検疫済証を交付することができない場合においても，当該船舶等を介して検疫感染症の病原体が国内に侵入するおそれがほとんどないと認めたときは，当該船舶等の長に対して，一定の期間を定めて，仮検疫済証を交付することができる。
第2項～第5項　省略。

実力テスト／修了試験

問題と解答

５級 実力テスト（第１回～第３回）

５級 実力テスト 解答と配点

５級 修了試験

５級 修了試験 解答と配点

４級 実力テスト（第１回～第３回）

４級 実力テスト 解答と配点

４級 修了試験

４級 修了試験 解答と配点

5級 実力テスト(第1回) 【2時間】

1 (一) 海上衝突予防法に規定する次の(1)及び(2)の用語の定義をそれぞれ述べよ。
(1) 漁ろうに従事している船舶
(2) 引き船灯
(二) 海上衝突予防法の航法では，船舶は，常時，安全な速力で航行しなければならないと規定しているが，この速力は，どのような動作をとることができるものでなければならないか。

2 海上衝突予防に関する次の問いに答えよ。
(一) 追越し船の航法について：
(1) どのような船舶が，「追越し船」か。
(2) 追越し船A丸と追い越される船舶B丸が接近して衝突のおそれがある場合は，それぞれどのような処置をとらなければならないか。
(二) 視界良好な海域を航行している船舶が，他の船舶の船影を見ないで長音1回の汽笛信号を聞くことがあるのは，どのような場合か。また，その場合，この船舶はどのようにしなければならないか。

3 下図(1)～(3)に示す灯火及び形象物は，それぞれどのような船舶のどのような状態を表すか。ただし，図中の○は白灯，◎は紅灯，⊗は緑灯を，また，(3)は形象物を示す。

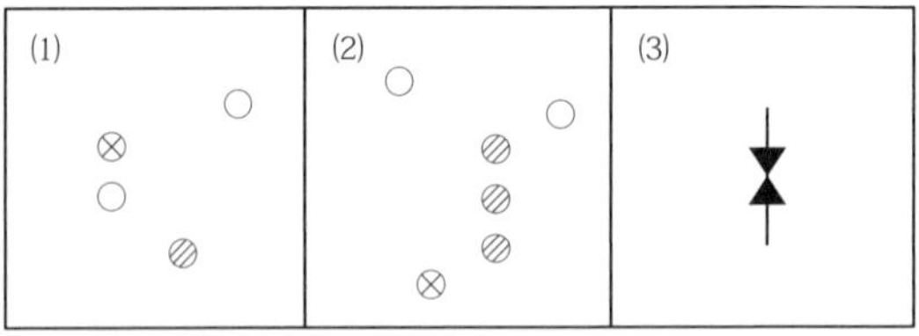

4 海上衝突予防法に規定する「各種船舶間の航法」に関し，航行中の帆船(漁ろうに従事している船舶を除く。)と航行中の漁ろうに従事している船舶とが接近し，衝突するおそれがある場合，両船はそれぞれどのような航法をとらなければならないか。

5 (一) 海上衝突予防法に定める灯火について：
(1) 船舶は，本法に定められている灯火を，いつからいつまでの間，また，どのようなときに表示しなければならないか。
(2) 船舶は，本法に定められている灯火以外のどのような灯火を表示してはならないか。
(二) 互いに他の船舶の視野の内にある動力船が，他の船舶の進路を避けるために航法規定にしたがって針路を左転している場合，当該動力船は，どのような汽笛信号を行なわなければならないか。 (海上衝突予防法)

5級 実力テスト（第2回）　【2時間】

1　海上交通安全法及び同法施行規則に関する次の問いに答えよ。

（一）次の用語の意義は，それぞれどのように定められているか。

（1）巨大船　（2）漁ろう船等

（二）航路における一般的航法によると，航路を横断しようとしている漁ろうに従事している船舶が，同じ航路をこれに沿って航行している巨大船と衝突するおそれがあるときは，どちらの船舶が避航しなければならないか。

2　海上交通安全法及び同法施行規則に関する次の問いに答えよ。

（一）次の(1)～(4)の航路の名称を，それぞれ記せ。

（1）航路をこれに沿って航行するとき，北の方向に航行しなければならない航路

（2）航路をこれに沿って航行するとき，できる限り，その航路の中央から右の部分を航行しなければならない航路

（3）航路の横断が禁止されている区間のある航路

（4）航路をこれに沿って航行するとき，その航路の一部の区間では，12ノット以下の速力で航行しなければならない航路

（二）一定の間隔で毎分180回以上200回以下の閃光を発する紅色の全周灯を掲げているのは，どのような船舶か。

3　海上交通安全法及び同法施行規則に関する次の問いに答えよ。

（一）行先の表示について：

（1）信号によって行先を表示しなければならないのは，どのような船舶か。

（2）(1)の船舶は，行先の表示をどのようなときに行わなければならないか。

（二）巨大船と巨大船以外の他の船舶とが航路内で行き会うことが予想される場合，危険な行き会いを避けるため，海上保安庁長官が，巨大船以外の定められた船舶に対して必要な間航路外で待機すべき旨を指示することができる航路の名称を記せ。

4　港則法及び同法施行規則に関する次の問いに答えよ。

（一）次の用語の定義を述べよ。

（1）特定港　（2）汽艇等

（二）船舶は，次の(1)及び(2)の場合，どのように航行しなければならないか。

（1）特定港の航路内を航行中，他の船舶と行き会う場合

（2）港内において，防波堤の突端付近を航行する場合

5　港則法及び同法施行規則に関する次の問いに答えよ。

（一）船舶が航路内で投錨し，又は曳航している船舶を放すことが認められるのは，どのような場合か。

（二）危険物を積載した船舶が，特定港に入港しようとする場合は，どのようにしなければならないか。

5級 実力テスト（第3回） 【2時間】

1 船長が，甲板にあって自ら船舶を指揮しなければならないのは，どのような場合か。 （船員法）

2 船内秩序を維持するため，海員は次の(1)～(4)について，どのようなことを守らなければならないか。
（1）上長の命令
（2）船内の食料又は淡水
（3）喫煙
（4）日用品以外の物品 （船員法）

3 船員法の夜間労働の制限について述べた次の文の □ 内に当てはまる語句を，記号とともに答えよ。
船舶所有者は，年齢18年未満の船員及び妊産婦の船員を午後 (ア) 時から翌日の午前 (イ) 時までの間において作業に従事させてはならない。

4 舷外作業を行う場合，作業に従事する者は，安全を確保するためにどのようなものを使用し，また，どのようなものを用意しなければならないか。
（船員労働安全衛生規則）

5 船舶から油の排出があった場合，船長はどのような措置を講じなければならないか。
（海洋汚染及び海上災害の防止に関する法律）

5 級 実力テスト 解答と配点

実力テスト(第 1 回) 〔計 100 点〕

1 (一)(1) 船舶の操縦性能を制限する網，なわその他の漁具を用いて漁ろうしている船舶をいう。

(2) 船尾灯と同一の特性を有する黄灯をいう。 〔各 5 点〕

(二) ① 他の船舶との衝突を避けるための適切かつ有効な動作をとることができる速力でなければならない。

② 又はそのときの状況に適した距離で停止することができる速力でなければならない。 〔各 5 点〕

2 (一)(1) 船舶の正横後 22° − 30′ (2 点)を超える後方の位置(夜間にあってはその船舶のいずれの舷灯も見ることができない位置)から接近してきてその船舶を追い越す船舶をいう。 〔5 点〕

(2)〔追越し船 A 丸のとるべき処置〕

A 丸は，「追越し船の航法」(予防法第 13 条)が適用されて避航船となるので，B 丸を確実に追い越し，かつ，十分に遠ざかるまで B 丸の進路を避けなければならない。

〔追い越される船舶 B 丸のとるべき処置〕

B 丸は，「保持船の航法」(予防法第 17 条)が適用されて保持船となるので，

① そのままの針路と速力を保って，A 丸に十分注意しながら航行する。

② A 丸の避航動作に疑問を感じたときは，汽笛で急速に短音を 5 回以上鳴らし，A 丸に避航動作をとるように促す。

③ それでも A 丸が避航動作をとらないときは，保持船の第 1 義務から離れて A 丸との衝突を避けるための動作をとる。

④ なお，A 丸と間近に接近し，A 丸の動作のみでは A 丸との衝突を避けることができないと認めたときは，衝突を避けるための最善の協力動作をとる。 〔5 点〕

(二) 障害物があるため他の船舶を見ることができない狭い水道等の湾曲部その他の水域に接近する場合。

この船舶は，その狭い水道等の湾曲部の付近又は障害物の背後において，他船の鳴らす長音 1 回による汽笛信号を聞いた場合は，十分に注意して航行するとともに，長音 1 回の汽笛信号を行うことによりこれに応答しなければならない。 〔10 点〕

3 (1) トロールによって漁ろうに従事している長さ 50 メートル以上の船舶で，左舷側を見せ，対水速力を有する状態を表している。 〔7 点〕

(2) 航行中の長さ 50 メートル以上の喫水制限船で，右舷側を見せている状態を

表している。〔7点〕

(3) 昼間，漁ろうに従事している船舶で，漁具を水平距離150メートルを超えて船外に出していない状態を表している。〔6点〕

4 〔航行中の帆船のとるべき航法〕

帆船は，「各種船舶間の航法」（予防法第18条第2項）が適用されて避航船となるので，漁ろうに従事している船舶の進路を避けなければならない。〔10点〕

〔航行中の漁ろうに従事している船舶のとるべき航法〕

漁ろうに従事している船舶は，「保持船の航法」（予防法第17条）が適用されて，保持船となるので，できる限り，そのままの針路と速力を保って，帆船に十分注意して航行しなければならない。〔10点〕

5 (一) (1) ① 日没から日出までの間

② 視界制限状態にあるとき〔各3点〕

(2) ① 法定灯火と誤認される灯火

② 法定灯火の視認を妨げる灯火

③ 法定灯火の特性の識別を妨げる灯火

④ 見張りを妨げる灯火〔各1点〕

(二) 短音2回鳴らさなければならない。〔10点〕

実力テスト（第2回）〔計100点〕

1 (一) (1) 巨大船とは，長さ200メートル以上の船舶をいう。〔5点〕

(2) 漁ろう船等とは，次の①及び②の船舶をいう。

① 漁ろうに従事している船舶

② 工事又は作業を行なっているため，接近してくる他の船舶の進路を避けることが容易でない国土交通省令で定める船舶で，国土交通省令で定めるところにより灯火又は標識を表示しているもの〔5点〕

(二) 航路を横断しようとしている漁ろうに従事している船舶〔10点〕

2 (一) (1) 中ノ瀬航路，宇高東航路

(2) 伊良湖水道航路，水島航路

(3) 備讃瀬戸東航路，来島海峡航路

(4) 備讃瀬戸東航路，備讃瀬戸北航路，備讃瀬戸南航路〔各2.5点〕

(二) 緊急用務船（又は緊急用務を行っている船舶）〔10点〕

3 (一) (1) 総トン数100トン以上の船舶で汽笛を備えているもの

(2) 航路外から航路に入り，航路から港外に出，又は航路を横断しようとする場合〔各5点〕

(二) 伊良湖水道航路，水島航路〔10点〕

4　(一) (1) 汽艇等とは，汽艇（総トン数 20 トン未満の汽船をいう。），はしけ及び端舟その他ろかいのみをもって運転し，又は主としてろかいをもって運転する船舶をいう。
(2) 特定港とは，喫水の深い船舶が出入りできる港又は外国船舶が常時出入りしている港であって，港則法施行令で定めるものをいう。〔各 5 点〕
(二) (1) 右側を航行しなければならない。
(2) 防波堤の突端を右舷に見て航行するときは，できるだけこれに近寄り，左舷に見て航行するときは，できるだけこれに遠ざかって航行しなければならない。〔各 5 点〕

5　(一) ① 海難を避けようとする場合
② 運転の自由を失った場合
③ 人命又は急迫した危険のある船舶の救助に従事する場合
④ 港長の許可を受けて工事又は作業に従事する場合〔各 2.5 点〕
(二) 港の境界外で港長の指揮を受けなければならない。〔10 点〕

実力テスト（第 3 回）〔計 100 点〕

1　① 船舶が港を出入するとき。〔7 点〕
② 船舶が狭い水路を通過するとき。〔7 点〕
③ その他船舶に危険のおそれがあるとき。〔6 点〕

2　(1) 上長の職務上の命令に従うこと。
(2) 船内の食料又は淡水を濫費しないこと。
(3) 禁止された場所で喫煙しないこと。
(4) 船長の許可なく日用品以外の物品を船内に持ち込み，又は船内から持ち出さないこと。〔各 5 点〕

3　(ア) 8　(イ) 5〔各 10 点〕

4　〔使用すべきもの〕① 命綱又は作業用救命衣
② 安全な昇降用具〔各 5 点〕
〔用意すべきもの〕救命浮環等の直ちに使用できる救命器具〔10 点〕

5　船長は，排出された油の防除等の措置を適確に実施することにより，海洋の汚染及び海上災害の防止に努めなければならない。〔20 点〕

5級 修了試験 【2時間】

1 海上衝突予防法に関する次の問いに答えよ。

（一）船舶が，接近してくる他の船舶のコンパス方位に明確な変化が認められる場合においても，これと衝突するおそれがあり得ることを考慮しなければならないのは，どのような場合か。

（二）右図のようにＡ及びＢの２隻の動力船が互いに接近し衝突するおそれがあるときは，ＡがＢの進路を避けなければならないが：

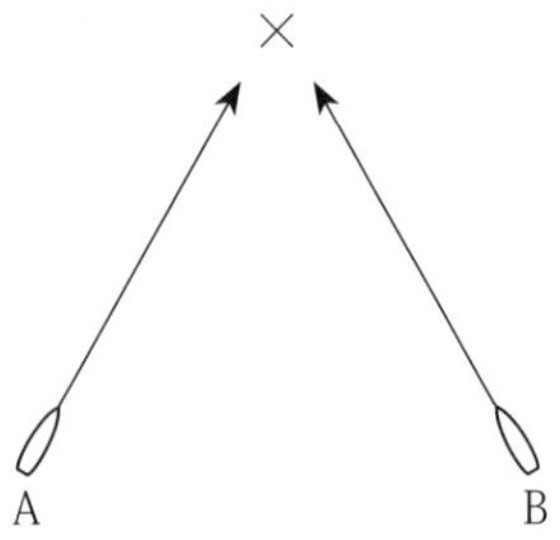

（1）Ａが衝突を避けるための十分な動作をとっているかどうか疑わしい場合，Ｂはどのようにしなければならないか。

（2）Ａが適切な避航動作をとっていないことが明らかになった場合，Ｂはどのような動作をとることができるか。また，Ｂがこの動作をとるときは，どのような注意が必要か。

（3）ＢがＡとの衝突を避けるための最善の協力動作をとらなければならないのは，どのような場合か。

（三）下図(1)～(3)に示す灯火及び形象物は，それぞれどのような船舶のどのような状態を表すか。ただし，図中の○は白灯，⊘は紅灯，⊗は緑灯を，また，(3)は形象物を示す。

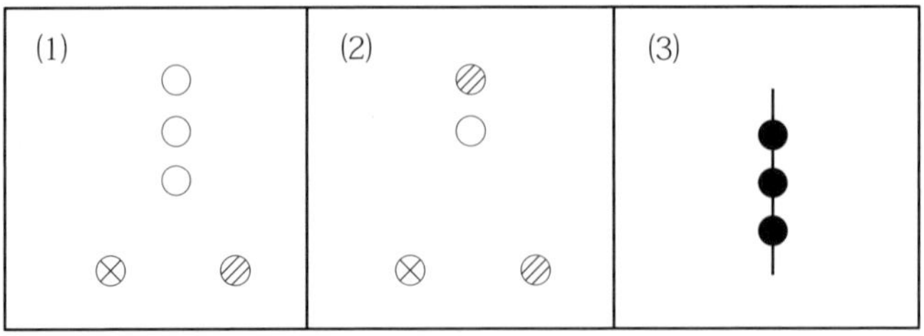

2 （一）海上交通安全法及び同法施行規則に関する次の問いに答えよ。

（1）本法に定める航路において，他の船舶の右舷側を追いこそうとする船舶が行う汽笛信号は，どれか。

㋐ 長音１回に引き続く短音１回　　㋑ 長音１回に引き続く短音２回

㋒ 長音２回に引き続く短音１回　　㋓ 長音２回に引き続く短音２回

（2）浦賀水道航路について：

㋐ この航路に沿って航行するときは，どのように航行しなければならないか。

㋑ この航路において，航路を横断する場合を除き，何ノットを超える速力で航行しなければならないか。（その速力が対地なのか対水なのかも含めること。)

(二) (1) 港則法によれば「汽艇等」とは，どのような船舶か。

(2) 右図に示すように，特定港の航路を航行中の動力船 A(総トン数 600 トン)と航路に入ろうとする動力船 B(総トン数 2,000 トン)とが衝突するおそれがあるとき，A 及び B は，それぞれどのような措置をとらなければならないか。

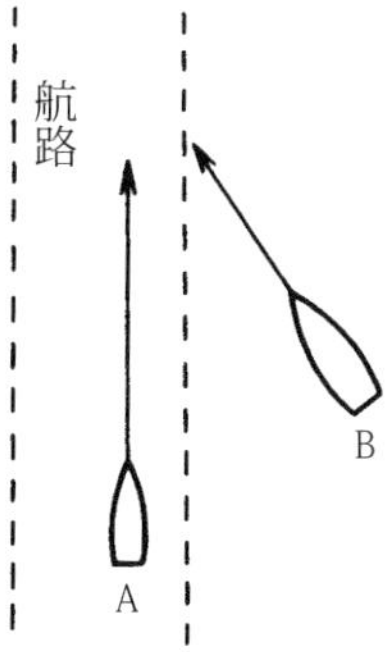

3 (一) 次の信号を行っているのはそれぞれどのような船舶か。ただし，(1)は，視界制限状態にある水域おいて行われている信号である。　(海上衝突予防法)

(1) 1 分を超えない間隔で急速に号鐘を約 5 分間鳴らすとともにその直前及び直後に号鐘をそれぞれ 3 回明確に点打する信号

(2) 短音 3 回の汽笛信号を鳴らすと同時に，せん光を 3 回発する信号

(二) 予定の航路を変更して航海したとき，入港後，船長は誰にどのような報告をしなければならないか。　(船員法及び同法施行規則)

(三) 安全担当者は，次の(1)及び(2)については，それぞれどのような業務を行わなければならないか。　(船員労働安全衛生規則)

(1) 作業設備及び作業用具　　(2) 発生した災害

(四) 海洋汚染等及び海上災害の防止に関する法律で規定している「油記録簿」について述べた次の(A)と(B)の文について，それぞれの正誤を判断し，下の(1)〜(4)のうちからあてはまるものを選べ。

> (A) タンカー以外の船舶でビルジが生ずることのないものは，油記録簿を備え付ける必要がない。
> (B) 船長は，油記録簿をその最後の記載をした日から 5 年間船舶内に保存しなければならない。

(1) (A)は正しく，(B)は誤っている。
(2) (A)は誤っていて，(B)は正しい。
(3) (A)も(B)も正しい。
(4) (A)も(B)も誤っている。

5 級 修了試験 解答と配点〔計 100 点〕

1 （一）大型船舶若しくは曳航作業に従事している船舶に接近し，又は近距離で他の船舶に接近するとき。〔9 点〕

（二）(1) B は，A に対し，急速に短音を 5 回以上鳴らすことにより汽笛信号を行わなければならない。〔4 点〕

(2) B は，直ちに A との衝突を避けるための動作をとることができる。また，この場合，B は，やむを得ない場合を除き，針路を左転してはならない。〔4 点〕

(3) A と間近に接近したため，A の動作のみでは A との衝突を避けることができないと認めた場合〔4 点〕

（三）(1) 船舶その他の物件を引いている航行中の長さ 50 メートル未満の動力船で，正船首方向を見せ，曳航物件の後端までの距離が 200 メートルを超えているもの。

又は船舶その他の物件を引いている航行中の長さ 50 メートル以上の動力船で，正船首方向を見せ，曳航物件の後端までの距離が 200 メートル以下であるもの。〔4 点〕

(2) トロールにより漁ろうに従事している長さ 50 メートル未満の船舶で，対水速力を有し，正船首を見せているもの。〔4 点〕

(3) 昼間　乗り揚げている船舶。〔4 点〕

2 （一）(1) (ア) 長音 1 回に引き続く短音 1 回〔8 点〕

(2) (ア) 船舶は，同航路の中央から右の部分を航行しなければならない。

(イ) 対水速力 12 ノットを超える速力で航行してはならない。〔各 4 点〕

（二）(1) 汽艇（総トン数 20 トン未満の汽船をいう。），はしけ及び端舟その他ろかいをもって運転し，又は主としてろかいをもって運転する船舶をいう。〔8 点〕

(2) B は，減速又は針路を右転して A の進路を避けなければならない。

A は，保持船となるので，そのままの針路と速力を保って，B に十分注意して航行する。もし，B の避航動作に疑問や不安を感じたときは，急速に短音 5 回以上鳴らすことにより汽笛信号を行い，B に積極的な避航動作をとるように促す。それでもなお B が避航動作をとらないときは，減速又は停止して B との衝突回避動作をとる。〔10 点〕

3 （一）(1) 乗り揚げている長さ 100 メートル未満の船舶

(2) 互いに他の船舶に視野の内にある場合において，航行中の動力船が機関を後進にかけている場合〔各 4 点〕

（二）遅滞なく，最寄りの地方運輸局等の事務所又は指定市町村長の事務所の長に航行に関する報告をしなければならない。〔9 点〕

（三）(1) 点検及び整備に関すること

(2) 原因の調査に関すること〔各 4 点〕

（四）(1) (A)は正しく，(B)は誤っている。〔8 点〕

4 級 実力テスト（第 1 回）　【2 時間】

1　（一）海上衝突予防法に規定する次の(1)及び(2)の用語の定義をそれぞれ述べよ。

(1) 喫水制限船　　(2) 船尾灯

（二）船舶が，他の船舶と衝突するおそれがあるかないかを判断する場合，接近してくる他の船舶のコンパス方位については，どのように判断し，また，どのようなことを考慮しなければならないか。　（海上衝突予防法）

2　海上衝突予防法に関する次の問いに答えよ。

（一）行会い船の航法について：

(1) 2 隻の動力船が，真向かい又はほとんど真向かいに行き会う場合において，衝突するおそれがあるときの航法を述べよ。

(2)「行会い船」とは，夜間，2 隻の動力船がどのような状況にある関係をいうか。

(3) 動力船は，自船が他の動力船に対して行会い船の状況にあるかどうかを確かめることができない場合，どのような状況にあると判断しなければならないか。

（二）視界制限状態にある水域において航行中の船舶が，他の船舶の存在をレーダーのみにより探知し，当該他の船舶と著しく接近するか又は衝突するおそれがあると判断して，これらの事態を避けるための動作をとる場合，やむを得ない場合を除いて，どのようなときに針路を左に転じてはならないか。

3　一般動力船 A が夜間航行中，自船の正船首方向に右図のような他の船舶 B の灯火を認め，互いに接近する場合：

(1) B は，どのような船舶か。

(2) この場合に適用される航法は何か。（「…の航法」の要領で答えよ。）

(3) A 及び B は，それぞれどのような航法上の処置をとらなければならないか。　（海上衝突予防法）

〔注：図中の○は白灯，▨は紅灯，⊗は緑灯を示す。〕

4　（一）海上衝突予防法によると，次の(1)及び(2)の船舶は，それぞれどのような音響信号を行わなければならないか。

(1) 視界制限状態にある水域を航行中の一般動力船

(2) 視界制限状態にある水域で錨泊中の操縦性能制限船

（二）海上衝突予防法によると，どのような条件がそろったときに，動力船は汽笛による操船信号を行わなければならないか。

5　次の(1)及び(2)を用いて行う遭難信号の方法をそれぞれ述べよ。

（海上衝突予防法及び同法施行規則）

(1) 霧中信号器　　(2) 腕

4級 実力テスト(第2回) 【2時間】

1 海上交通安全法及び同法施行規則に関する次の問いに答えよ。
(一) 瀬戸内海にある航路について:
(1) 航路の名称を東から順番に記せ。
(2) (1)の航路のうち,どの航路とどの航路が交差しているか。
(二) 漁ろうに従事しながら航路外から航路に入ろうとしている船舶が,航路をこれに沿って航行している巨大船と衝突するおそれがあるときは,どちらの船舶が避航しなければならないか。

2 海上交通安全法及び同法施行規則に関する次の問いに答えよ。
(一) 漁ろう船等とは,漁ろうに従事している船舶のほか,どのような船舶をいうか。
(二) 次の(1)~(3)の航路を船舶がこれに沿って航行する場合は,どのような速力で,どのように航行しなければならないか。また,これらの航路のうち,航路を横断する航行が制限されている区間のある航路はどれか。航路名を記せ。
(1) 備讃瀬戸東航路　(2) 宇高東航路　(3) 水島航路

3 海上交通安全法及び同法施行規則に関する次の問いに答えよ。
(一) 来島海峡航路の全区間を西水道を経由して航行する船舶の航法について:
(1) この水道を経由しなければならないのは,潮流の方向がどのようなときか。
(2) できる限り,どこに近寄って航行しなければならないか。
(二) 夜間,本法の適用海域において航行し,停留し,又は錨泊している巨大船は,海上衝突予防法で規定している灯火のほかに,どのような灯火を表示しなければならないか。

4 右図は,港則法に定める特定港において,出航する動力船A丸(総トン数550トン)と入航する動力船B丸(総トン数1,200トン)とがそのまま進行すると,防波堤の入口付近で衝突するおそれがある場合を示す。次の問いに答えよ。

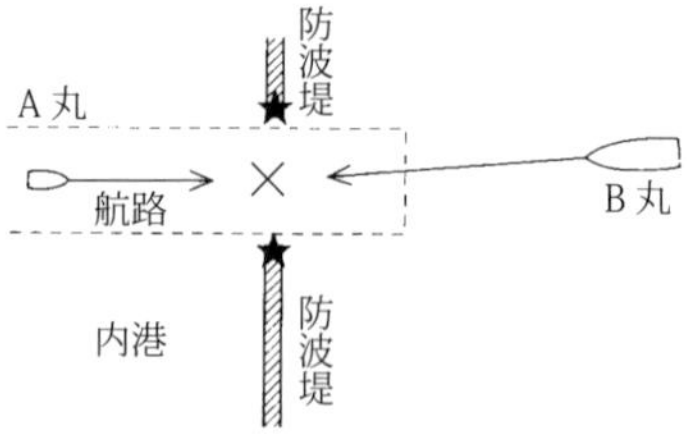

(1) この場合に適用される航法規定を述べよ。
(2) A丸は,どのような処置をとらなければならないか。
(3) B丸は,どのような処置をとらなければならないか。

5 港則法の規定により,次の(1)及び(2)については,それぞれどのようなことを守らなければならないか。
(1) 喫煙又は火気の取り扱い
(2) バラスト,廃油,石炭がら,ごみその他これに類する廃物の投棄

4 級 実力テスト（第 3 回）　【2 時間】

1　船長は，船舶が衝突したときは，自己の指揮する船舶に急迫した危険がある場合を除き：

（1）互いにどのような手段を尽くさなければならないか。

（2）(1)の手段を尽くし，かつ，どのようなことを告げなければならないか。

（船員法）

2　航行に関する報告の規定により，船長が国土交通大臣に報告しなければならないのは，「船舶の衝突，乗揚，沈没，滅失，火災，機関の損傷その他の海難が発生したとき。」のほか，どのような場合か。4 つあげよ。　（船員法）

3　船員手帳に関する次の問いに答えよ。

（1）乗船中の海員の船員手帳は，だれが保管しなければならないか。

（2）船員手帳の書換えを申請しなければならないのは，どのようなときか。

（3）船員手帳の有効期間は，何年間か。　（船員法及び同法施行規則）

4　安全担当者は，次の(1)及び(2)については，それぞれどのような業務を行わなければならないか。

（1）作業設備及び作業用具

（2）発生した災害　（船員労働安全衛生規則）

5　海洋汚染等及び海上災害の防止に関する法律の規定によると，海域における船舶からの油の排出は禁止されているが，船舶からの油の排出が特に許されるのは，「船舶の安全を確保し，又は人命を救助するための油の排出」のほか，どのような場合か。

4級 実力テスト 解答と配点

実力テスト(第1回) 〔計100点〕

1 (一) (1) 船舶の喫水と水深との関係によりその進路から離れることが著しく制限されている動力船をいう。

(2) 12点(135°)にわたる水平の弧を照らす白灯であって，その射光が正船尾方向から各舷6点(67°－30′)までの間を照らすように装置されるものをいう。 〔各5点〕

(二) 船舶は，接近してくる他の船舶のコンパス方位に明確な変化が認められない場合は，これと衝突するおそれがあるものと判断しなければならない。

また，接近してくる他の船舶のコンパス方位に明確な変化が認められる場合においても，大型船舶若しくは曳航作業に従事している船舶に接近し，又は近距離で他の船舶に接近するときは，これと衝突するおそれがあり得ることを考慮しなければならない。 〔10点〕

2 (一) (1) 2隻の動力船が真向かい又はほとんど真向かいに行き会う場合において衝突するおそれがあるときは，各動力船は，互いに他の動力船の左舷側を通過することができるようにそれぞれ針路を右に転じなければならない。 〔3点〕

(2) 行会い船とは，夜間，2隻の動力船が，互いに他の動力船の掲げる両側の舷灯を見ながら(交互に見る場合を含む。)接近する関係をいう。 〔3点〕

(3) 行会い船の状況にあると判断しなければならない。 〔4点〕

(二) ① 他の船舶が自船の正横の前方に存在するとき 〔3点〕

② 他の船舶が自船の左正横に存在するとき 〔3点〕

③ 他の船舶が自船の左正横後に存在するとき 〔4点〕

3 (1) トロールによって漁ろうに従事している長さ50メートル以上の船舶で，正船首を見せ，対水速力を有するもの 〔7点〕

(2)「各種船舶間の航法」(予防法第18条第1項) 〔7点〕

(3)〔Aのとるべき航法上の処置〕

一般動力船Aは，「各種船舶間の航法」が適用されて避航船となるので，針路を大きく右転又は左転してBの進路を避ける。なお，この場合，Bから出ているトロール網の方向に十分注意して避航する。 〔3点〕

〔Bのとるべき航法上の処置〕

トロールによって漁ろうに従事している船舶Bは，「保持船の航法」が適用されるので，

① できる限り，そのままの針路及び速力を保って，Aに十分注意して航行する。

② Aが，この法律の規定に基づく適切な動作をとっていないことが明らか

になった場合は，B との衝突を避けるための動作をとる。
③ なお，A との衝突を避けるための最善の協力動作は，いつでもとれる態勢にしておく。〔3 点〕

4 （一）（1）① 対水速力を有するときは，2 分を超えない間隔で長音を 1 回鳴らすことにより汽笛信号を行わなければならない。〔2 点〕
② 対水速力を有しないときは，約 2 秒の間隔の 2 回の長音を 2 分を超えない間隔で鳴らすことにより汽笛信号を行わなければならない。〔3 点〕
（2）2 分を超えない間隔で「長音，短音，短音」を鳴らすことにより汽笛信号を行わなければならない。〔5 点〕
（二）次に掲げる条件が全て揃った場合である。
① 航行中であること〔3 点〕
② 互いに他の船舶の視野の内にあること〔3 点〕
③ この法律の規定によりその針路を転じ，又は機関を後進にかけていること〔4 点〕

5 （1）霧中信号器(汽笛，号鐘及びどら)を連続して鳴らす。
（2）左右に伸ばした腕を繰り返しゆっくり上下させる。〔各 10 点〕

実力テスト(第 2 回)〔計 100 点〕

1 （一）（1）① 明石海峡航路
② 備讃瀬戸東航路
③ 宇高東航路
④ 宇高西航路
⑤ 備讃瀬戸北航路及び備讃瀬戸南航路
⑥ 水島航路
⑦ 来島海峡航路〔各 1 点〕
（2）① 備讃瀬戸東航路と宇高東航路
② 備讃瀬戸東航路と宇高西航路
③ 備讃瀬戸北航路と水島航路〔各 1 点〕
（二）漁ろうに従事しながら航路外から航路に入ろうとしている船舶〔10 点〕

2 （一）工事又は作業を行なっているため接近してくる他の船舶の進路を避けることが容易でない国土交通省令で定める船舶で国土交通省令で定めるところにより灯火又は標識を表示しているものをいう。〔10 点〕
（二）（1）速力が制限されている区間では 12 ノット以下，それ以外の区間では任意の速力で，同航路の中央から右の部分を航行しなければならない。
（2）任意の速力で，北の方向に航行しなければならない。

(3) 12 ノット以下の速力で，できる限り，同航路の中央から右の部分を航行しなければならない。〔各 2 点〕

航路を横断する航行が制限されている区間のある航路は，備讃瀬戸東航路である。〔4 点〕

3 (一) (1) 逆潮のとき

(2) 四国側〔各 5 点〕

(二) 緑色閃光灯 1 個(1 分間に 180 回以上 200 回以下の閃光を発する全周灯)〔10 点〕

4 (1) 汽船が港の防波堤の入口又は入口付近で他の汽船と出会うおそれのあるときは，入航する汽船は，防波堤の外で出航する汽船の進路を避けなければならない。(港則法第 15 条)〔7 点〕

(2) A 丸は，予防法第 17 条の「保持船の航法」が適用されて保持船となるので，次のような処置をとらなければならない。

① そのままの針路と速力を保って，B 丸に十分に注意して出航する。

② もし，B 丸の避航動作に疑問を感じたときは，汽笛で短音を急速に 5 回以上鳴らして，B 丸に避航を促す。

③ それでも B 丸が避航動作をとらないときは，機関を全速後進にかけ，汽笛で短音を 3 回鳴らし，B 丸との衝突回避動作をとる。

④ なお，衝突を避けるための最善の協力動作はいつでもとれる態勢にしておく。〔7 点〕

(3) B 丸は，港則法第 15 条の航法が適用されて避航船となるので，次のような処置をとらなければならない。

① 直ちに針路を大きく右転し，汽笛で短音を 1 回明確に鳴らし，防波堤の外側で A 丸の進路を避ける。

② B 丸は，出航してくる A 丸に不安を与えないように，自船の船首を A 丸の方向に向けないように注意する。〔6 点〕

5 (1) 何人も，港内においては，相当の注意をしないで，油送船の付近で喫煙し，又は火気を取り扱ってはならない。〔10 点〕

(2) 何人も，港内又は港の境界外 10,000 メートル以内の水面においては，みだりに，バラスト，廃油，石炭から，ごみその他これに類する廃物を捨ててはならない。〔10 点〕

実力テスト(第 3 回)〔計 100 点〕

1 (1) 人命及び船舶の救助に必要な手段を尽くさなければならない。〔10 点〕

(2) 船名，船舶所有者，船籍港，発航港，到達港〔10 点〕

2　〔次のうちから 4 つ答える〕
① 人命又は船舶の救助に従事したとき
② 無線電信によって知ったときを除いて，航行中他の船舶の遭難を知ったとき
③ 船内にある者が死亡し，又は行方不明となったとき
④ 予定の航路を変更したとき
⑤ 船舶が抑留され，又は捕獲されたときその他船舶に関し著しい事故があったとき 〔20 点〕

3 （1）船長が保管しなければならない。 〔7 点〕
（2）① 船員手帳に余白がなくなったとき。
② 船員手帳の有効期間が経過したとき。 〔各 3 点〕
（3）船員手帳は，交付，再交付又は書換えを受けたときから 10 年間有効とする。ただし，航海中にその期間が経過したときは，その航海が終了するまで，なお有効とする。 〔7 点〕

4 （1）作業設備及び作業用具の点検及び整備に関すること。
（2）発生した災害の原因の調査に関すること。 〔各 10 点〕

5　船舶の損傷，その他やむを得ない原因により油が排出された場合において，引き続く油の排出を防ぐための可能な一切の措置をとったときの当該油の排出。〔20 点〕

4 級 修了試験 【2 時間】

1　海上衝突予防法及び同法施行規則に関する次の問いに答えよ。

（一）レーダーを使用している船舶は，他の船舶と衝突するおそれがあることを早期に知るために，レーダーをどのように使用しなければならないか。

（二）行き会い船の航法について：

(1)「行会い船」とは，夜間，2 隻の動力船がどのような状況にある関係か。

(2) (1)の関係にある 2 隻の動力船が衝突するおそれがあるときの航法を述べよ。

(3) 動力船は，自船が他の動力船に対して行会い船の状況にあるかどうかを確かめることができない場合，どのような状況にあると判断しなければならないか。

（三）航行中のトロールによる漁ろうに従事している船舶(長さ 60 メートル)に関する次の問いに答えよ。

(1) どのような灯火・形象物を掲げなければならないか。

(2) できる限りどのような船舶の進路を避けなければならないか。

（四）霧中信号器を用いて行う遭難信号の方法を述べよ。

2　（一）海上交通安全法及び同法施行規則に関する次の問いに答えよ。

(1) 航路における一般的航法によると，漁ろう船等が航路をこれに沿って航行している巨大船と衝突するおそれがあって，その巨大船の進路を避けなければならないのは，「航路で停留している場合」のほか，航路に対してどのように航行している場合か。

(2) 宇高西航路をこれに沿って航行している船舶は，どの方向に，どのようの速力で航行しなければならないか。

(3) 昼間，本法の適用海域において航行し停留し，又は錨泊している長さ 250 メートルの危険物積載船は，海上衝突予防法で規定している形象物のほかに，どのような標識を表示しなければならないか。

（二）右図は，港則法に定める特定港において，出航する動力船 A(総トン数 600 トン)と入航する動力船 B(総トン数 2,000 トン)とがそのまま進行すると，防波堤の入口付近で出会うおそれがある場合を示す。次の問いに答えよ。

(1) この場合に適用される航法規定を述べよ。

(2) A 及び B はそれぞれどのような処置をとらなければならないか。

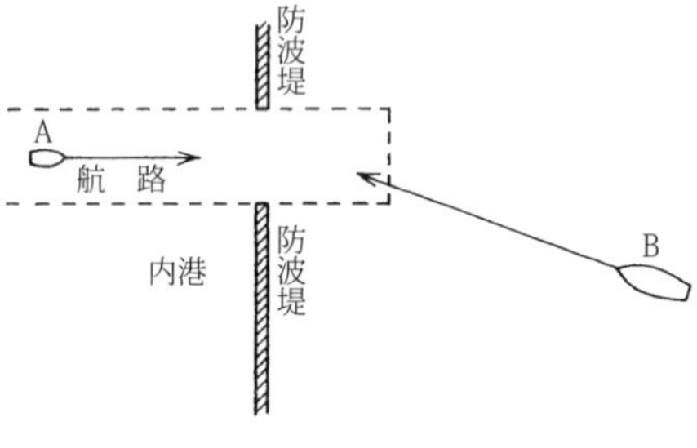

3 (一) 海上衝突予防法第 33 条の規定により，長さ 100 メートル以上の船舶が備えなければならない音響信号設備をあげよ。

(二) 船員法に規定されている「船舶が衝突した場合にける処置」に関する次の問いに答えよ。

(1) 衝突したときは，船長はどのような手段を講じなければならないか。

(2) (1)の手段を尽くし，かつ，どのようなことを相手船に告げなければならないか。

(三) 安全担当者は，次の(1)～(3)の事項に関して，それぞれどのような業務を行うか。 (船員労働安全衛生規則)

(1) 作業設備及び作業用具

(2) 発生した災害

(3) 作業の安全

(四) 海洋汚染等及び海上災害の防止に関する法律に規定していないものは，次のうちどれか。

(1) 船舶からの廃棄物の排出の規制

(2) 船舶からの排出ガスの放出の規制

(3) 船舶における貨物の消毒のためのくん蒸の規制

(4) 船舶における油等の焼却の規制

4級 修了試験 解答と配点〔計100点〕

1 (一) レーダーを使用している船舶は，他の船舶と衝突するおそれがあることを早期に知るための長距離レーダーレンジによる操作，探知した物件のレーダープロッティングその他の系統的な観察等を行うことにより，当該レーダーを適切に用いなければならない。〔8点〕

(二) (1) 2隻の動力船が真向い又はほとんど真向かいに行き会う場合において，当該他の動力船のマスト灯2個を垂直線上又は殆ど垂直線上に見るとき，又は両側の舷灯を見るときの両船の関係をいう。

(2) 各動力船は，互いに他の動力船の左舷側を通過することができるように，それぞれ針路を右に転じなければなない。

(3) 自船は行会い船の状況にあると判断しなければならない。〔各3点〕

(三) (1) 次の灯火及び形象物を掲げる。

〔灯火〕

① 緑色全周灯1個を掲げ，その垂直線上の下方に白色全周灯1個を掲げる。

② 緑色の全周灯よりも後方の高い位置にマスト灯1個を掲げる。

③ 対水速力を有する場合は，舷灯一対と船尾灯を掲げる。〔3点〕

〔形象物〕

昼間は，鼓形形象物1個を最も見えやすい場所に掲げる。〔2点〕

(2) できる限り次の船舶の進路を避けなければならない。

① 運転不自由船

② 操縦性能制限船〔各2点〕

(四) 霧中信号器を連続して鳴らす。〔8点〕

2 (一) (1) ① 航路外から航路へ入ろうとしている場合

② 航路から航路外へ出ようとしている場合

③ 航路を横断しようとしている場合

④ 航路をこれに沿わないで航行している場合〔4点〕

(2) 南の方向へ，任意の速力で航行しなければならない。〔6点〕

(3) 最も見えやすい場所に黒色円筒形形象物2個を垂直線上に連掲し，かつ，第1代表旗の下にB旗を連掲する。〔6点〕

(二) (1) 汽船が港の防波堤の入口又は入口付近で他の汽船と出会うおそれのあるときは，入航する汽船は，防波堤の外で出航する汽船の進路を避けなければならない。〔8点〕

(2) Aは，「保持船の航法」が適用されるので，

① そのままの針路と速力を保って，Bに十分注意して出航する。

② もし，Bの避航動作に疑問又は不安を感じたときは，汽笛で短音5回以上を急速に鳴らし，Bに積極的に避航動作をとるように促す。

③ それでもなおBが適切な避航動作をとらないときは，直ちに機関を

全速後進に使用すると同時に汽笛短音 3 回を明確に発し，B との衝突回避動作をとる。

④ なお，B との衝突を避けるための最善の協力動作は，いつでもとれる態勢にしておく。〔4 点〕

B は，「防波堤の入口又は入口付近における汽船の航法」（港則法第 15 条）が適用されるので，直ちに針路を大きく左転し，汽笛短音 2 回を明確に発して防波堤の外で A の進路を避ける。〔5 点〕

3（一）汽笛，号鐘及びどら〔8 点〕

（二）（1）船長は互いに人命及び船舶の救助に必要な手段を尽くさなければならない。

（2）船舶の名称，所有者，船籍港，発航港及び到達港を告げなければならない。〔各 4 点〕

（三）（1）作業設備及び作業用具の点検整備に関すること

（2）発生した災害の原因の調査に関すること

（3）作業の安全に関する教育及び訓練に関すること〔各 3 点〕

（四）（3）船舶における貨物の消毒のためのくん蒸の規制〔8 点〕

【著者紹介】

青柳 紀博（あおやぎ のりひろ）

長崎市在住。1940年生まれ。水産大学校卒，富士汽船株式会社に入社して海上勤務を経験する。その後，長崎海技専門学院にて教授に就任する。現在，独立して長崎海技マリネットを開設して運営中。著書に『海技士4･5N 口述対策問題集』（海文堂出版），『海技士4･5N（航海）合格テキスト』（海文堂出版），『海技士4･5N（運用）合格テキスト』（海文堂出版）がある。

ISBN978-4-303-41821-2

海技士4・5N（法規）合格テキスト

2020年8月10日　初版発行

著　者　青柳紀博

検印省略

発行者　岡田雄希

発行所　海文堂出版株式会社

本　社　東京都文京区水道2-5-4（〒112-0005）

電話 03（3815）3291㈹　FAX 03（3815）3953

http://www.kaibundo.jp/

支　社　神戸市中央区元町通3-5-10（〒650-0022）

日本書籍出版協会会員・工学書協会会員・自然科学書協会会員

PRINTED IN JAPAN　　印刷　東光整版印刷／製本　ブロケード